船―引合から解船まで

関西造船協会編集委員会 編

日本船舶海洋工学会

目　　次

序 1

第 I 部

はじめに 5
天賦の交通機関 5
大海原 6
造船学 7
担当部署 8

[第1章] 引合から契約まで (1) 11
　1.1　引合の始まり 11
　1.2　船主要求事項 12
　　　1.2.1　船の種類 13
　　　1.2.2　船速 13
　　　1.2.3　載貨重量（船の大きさ） 13
　　　1.2.4　航行区域 14
　　　1.2.5　最大搭載人員 15
　　　1.2.6　適用規則および／または適用船級 15
　　　1.2.7　主要寸法に関する航行上の諸制限 16
　1.3　引合設計・見積設計 17
　　　1.3.1　一般 17
　　　1.3.2　基本計画・総合設計 18

    1.3.3 性能設計 23
    1.3.4 構造設計 25
    1.3.5 艤装設計 26
  1.4 船価見積 26
  1.5 応札 27
  1.6 最後に 27

[第2章] 引合から契約まで (2) 29
  2.1 内示 29
  2.2 詳細検討の着手 30
    2.2.1 仕様書の作成 30
    2.2.2 一般配置および居住区配置の検討 33
    2.2.3 機関室配置の検討 34
    2.2.4 船体構造の検討 35
    2.2.5 線図の検討 37
    2.2.6 性能確認諸計算の実施 38
  2.3 船主打合せ 38
    2.3.1 契約仕様書および付属図書の確認 38
    2.3.2 船価打合せ 39
    2.3.3 契約条件の確認 40
  2.4 造船契約 40
  2.5 基本設計の実施 41
    2.5.1 承認図および参考図の作成 41
    2.5.2 線図の作成および水槽試験の実施 42
    2.5.3 船殻構造図の作成 43
    2.5.4 主要機器メーカの選定および発注 44
  2.6 建造許可申請・入級申請 45
  2.7 詳細設計への引継 46

[第3章] 契約から詳細設計まで 49
 3.1 はじめに 49
 3.2 承認申請図 50
 3.3 詳細設計 51
  3.3.1 詳細性能計算 51
  3.3.2 構造設計 54
  3.3.3 鉄艤装設計 55
  3.3.4 管艤装設計 58
  3.3.5 木艤装設計 61
  3.3.6 塗装設計 62
  3.3.7 機関艤装設計 63
  3.3.8 電気艤装設計 65
 3.4 各種検査，試験および試運転要領書 66
 3.5 完成図書 66

[第4章] 生産計画から艤装工事まで 69
 4.1 生産計画 69
  4.1.1 ブロック分割の検討 69
  4.1.2 日程計画検討 71
 4.2 現図 73
 4.3 船殻工事 74
  4.3.1 鋼材入手 74
  4.3.2 加工開始 74
  4.3.3 ブロック組立 75
  4.3.4 搭載 77
  4.3.5 進水 78
 4.4 艤装工事 79
  4.4.1 艤装工事の分類 79
  4.4.2 先行艤装 79

4.4.3　船内艤装 81
　4.5　塗装 82

[第5章] 検査，試運転 85
　5.1　検査の分類 85
　5.2　船殻検査 86
　　　5.2.1　構造検査 86
　　　5.2.2　タンク検査 88
　　　5.2.3　計測および取付確認検査 88
　5.3　船体艤装検査 89
　　　5.3.1　一品検査 89
　　　5.3.2　作動試験 90
　　　5.3.3　完成検査 90
　　　5.3.4　塗装検査 90
　5.4　機関艤装検査 91
　　　5.4.1　外注艤装品検査 91
　　　5.4.2　一品検査 91
　　　5.4.3　据付検査 91
　　　5.4.4　作動試験 92
　5.5　電気艤装検査 92
　　　5.5.1　配線検査 93
　　　5.5.2　作動試験 94
　5.6　重査 96
　5.7　海上試運転 96
　　　5.7.1　船体部試験 97
　　　5.7.2　機関部試験 99
　　　5.7.3　電気部試験 102

［第6章］引き渡しからスクラップまで 105

6.1 引き渡し 105
6.2 船舶管理会社 106
    6.2.1 船舶管理会社の発達 106
    6.2.2 船舶管理会社の組織 107
6.3 就航後の本船管理 110
    6.3.1 竣工前 110
    6.3.2 処女航海 110
    6.3.3 teething problem 111
    6.3.4 ギャランティクレーム（guarantee claim） 112
    6.3.5 保証ドック（guarantee dock） 113
6.4 検査 113
    6.4.1 船級維持検査 113
    6.4.2 Port State Control（PSC） 115
    6.4.3 その他の検査 116
6.5 保守管理 117
    6.5.1 on board maintenance 117
    6.5.2 その他の保守管理 120
    6.5.3 ドック 121
6.6 船体構造の保守 124
6.7 バラストタンク内部腐食の保守 126
6.8 タンカーのカーゴオイルタンクの腐食と保守 127
6.9 バルクキャリアの腐食と保守 130
6.10 機関関係の保守 132
6.11 事故，海難 132
    6.11.1 重大海難事故と規制強化 132
    6.11.2 一般の事故 134
6.12 スクラップ 135

第 II 部

[第 1 章] 国際条約・運航 139
  1.1 船舶の安全を規制する国際条約 139
  1.2 船の運航形態とその周辺 142
    1.2.1 船会社 142
    1.2.2 船舶管理会社 143
    1.2.3 定期航路事業と不定期航路事業 143
    1.2.4 用船 144
    1.2.5 海上運送契約 145
    1.2.6 運賃 146

[第 2 章] 一般 147
  2.1 船舶サイズの通称 147
    2.1.1 ULCC, VLCC 147
    2.1.2 スエズマックスタンカー (Suez max tanker) 148
    2.1.3 アフラマックスタンカー (AFRA max tanker) 148
    2.1.4 パナマックス (Panamax) 149
    2.1.5 ハンディーバルカー (handy bulker) 149
    2.1.6 ケープサイズバルカー (Cape size bulker) 150
    2.1.7 レークサイズバルカー (Lake size bulker) 150
  2.2 船舶の種別・航行区域など 151
    2.2.1 船舶の種別 151
    2.2.2 航行区域 151
    2.2.3 航海の種別 153
    2.2.4 第 1 種船〜第 4 種船 154
    2.2.5 高速船の分類 154
  2.3 排水量・載貨重量・総トン数など 155
    2.3.1 排水量 (displacement) 155
    2.3.2 基準排水量 155

目 次　**vii**

　　　2.3.3　載貨重量（deadweight） *156*
　　　2.3.4　軽荷重量（lightweight） *156*
　　　2.3.5　総トン数（gross tonnage） *157*
　　　2.3.6　純トン数（net tonnage） *157*
　　　2.3.7　運河トン数 *157*
　　　2.3.8　輸送能力の表示 *158*
　　2.4　造船契約 *158*
　　　2.4.1　契約書の内容 *159*
　　　2.4.2　付属図書 *160*
　　　2.4.3　性能保証 *161*
　　　2.4.4　引渡し遅延 *162*
　　　2.4.5　契約船価，支払い条件 *162*
　　2.5　海上保険 *162*

［第3章］性能 *167*
　　3.1　線図 *167*
　　　3.1.1　線図の要素 *167*
　　　3.1.2　線図の書き方 *169*
　　3.2　ハイドロ計算 *169*
　　3.3　水槽試験およびCFD（Computational Fluid Dynamics） *171*
　　　3.3.1　水槽試験（tank test） *171*
　　　3.3.2　CFDによる数値計算 *174*
　　3.4　操縦性能・耐航性能 *177*
　　　3.4.1　操縦性能 *177*
　　　3.4.2　耐航性能 *180*
　　3.5　馬力推定・自航要素・シーマージン *183*
　　　3.5.1　馬力推定 *183*
　　　3.5.2　自航要素 *186*
　　　3.5.3　シーマージン *186*
　　3.6　省エネ付加物 *187*

[第4章] 構造 197

4.1 船体構造方式 197
- 4.1.1 船体構造と船体強度 197
- 4.1.2 構造方式の種類 197
- 4.1.3 構造方式の決定 199
- 4.1.4 構造方式別による代表的な船 199

4.2 船体構造図面 200
- 4.2.1 中央横断面図（midship section）... 201
- 4.2.2 鋼材配置図（construction profile）... 201
- 4.2.3 外板展開図（shell expansion）... 203

4.3 船体強度 203
- 4.3.1 ルール計算（design by rule）... 203
- 4.3.2 直接強度計算（design by analysis）... 203
- 4.3.3 縦強度（longitudinal strength）... 204
- 4.3.4 横強度（transverse strength）... 205
- 4.3.5 局部強度（local strength）... 207

4.4 船体構造材料 208
- 4.4.1 船体用鋼板 208
- 4.4.2 その他の船体構造用材料 211

4.5 船体振動 212
- 4.5.1 初期計画段階 212
- 4.5.2 構造設計段階 213
- 4.5.3 海上試運転段階 214
- 4.5.4 振動の評価基準 215
- 4.5.5 就航後の振動問題 215
- 4.5.6 振動対策 216

[第5章] 艤装 217

5.1 腐食，防食 217
- 5.1.1 腐食の原因と現象 217

目次 ix

　　5.1.2 新造船の防食 219
5.2 マーク 221
　　5.2.1 運航上必要なマーク 222
　　5.2.2 船主要望により取り付けられるマーク 224
5.3 騒音 (noise) 予測 224
　　5.3.1 実績法 226
　　5.3.2 簡易計算法 226
　　5.3.3 理論計算法 227
5.4 配管系統図 228
　　5.4.1 記載の内容 229
　　5.4.2 配管系統図の構成 230
5.5 居住区配置図（joiner plan）...................................... 231

[第6章] 機関 235
6.1 主機関 235
　　6.1.1 ディーゼル機関 235
　　6.1.2 蒸気タービン機関 237
　　6.1.3 ガスタービン機関 238
6.2 NO_x, SO_x 対策 239
　　6.2.1 NO_x 239
　　6.2.2 SO_x 240
　　6.2.3 NO_x, SO_x に関する規制 240

[第7章] 建造 243
7.1 建造線表 243
　　7.1.1 主要日程（線表）... 244
　　7.1.2 大日程（総合日程）.. 244
　　7.1.3 中日程（マスタースケジュール）........................... 245
7.2 工作精度（精度基準）.. 246

    7.2.1 罫書（マーキング）精度（accuracy of marking） 247
    7.2.2 切断精度（accuracy of cutting） 247
    7.2.3 加工精度（accuracy of fabrication） 248
    7.2.4 取付精度（accuracy of alignment） 248
    7.2.5 組立ブロック精度（accuracy of assembly） 248
    7.2.6 「日本鋼船工作法精度基準」
          （Japan Shipbuilding Quality Standard；JSQS） 248
  7.3 軽荷重量査定・傾斜試験 250
    7.3.1 軽荷重量査定（lightweight measurement） 251
    7.3.2 傾斜試験（inclining test） 251
    7.3.3 軽荷重量査定・傾斜試験の流れ 252
  7.4 溶接施工法 254
    7.4.1 溶接の原理 254
    7.4.2 造船工作における溶接の自動化 257
  7.5 非破壊検査（non-destructive test） 261
    7.5.1 外観検査 261
    7.5.2 放射線透過試験（RT；Radiographic Test） 261
    7.5.3 超音波探傷試験（UT；Ultrasonic Test） 264
    7.5.4 磁粉探傷試験（MT；Magnetic particle Test） 264
    7.5.5 浸透探傷試験（PT；Penetration Test） 264

[第8章] 運航 267
  8.1 復原性資料 267
  8.2 ローディングマニュアル 270
  8.3 運航 272
    8.3.1 用船形態 272
    8.3.2 必要経費 273
  8.4 船内の職制と担当業務 275
    8.4.1 船内組織 275
    8.4.2 担当業務内容 276

序

　船舶の分野で仕事をしていても，近年は専門的になり過ぎて，一世代前の先輩方のように幅広い知識を持ったいわゆる造船屋さんが育たなくなったように感じていた．しかし，これを補うべき書物も無い．

　今から8年前の平成8年に，意味は違うが語呂で言えば"揺籠から墓場まで"に相当する船の一生の物語をまとめようという話が編集委員会で提案された．"らん"の名付けと同様，標題で一苦労した．"揺籠"は"引合"で簡単であった．"墓場"に対応する廃船は余りにも相応しくない．古今用語撰の著者池田勝先生〈故人〉が"古くなった船を解体する"ことを意味する古語に"解船"がありこれを"ときぶね"と読むということで"解船"と決まった．標題の"引合から解船まで"の誕生である．

　らん第35号〈平成9年4月〉から第42号〈平成11年1月〉までの8回に引き続いて，第43号〈平成11年4月〉からは本文中の用語解説を第49号〈平成12年10月〉まで7回，計15回．4年におよぶ大連載となった．

　連載終了後の平成13年には単行本としてまとめようという話が有ったが，その作業量が膨大であることから立ち消えとなっていた．しかし，平成14年からの造船系3学協会連携・統合の動きから，その機運は一気に高まり，今回の単行本発刊の運びとなった．関西造船協会の編集委員並びに執筆にご協力戴いた多くの方々の力作であり，その内容に関して編集委員会は自画自賛している．例えば連載第1回のピンク色の添付図一枚だけでも相当の価値があると自負しており，事実この図の完成で企画は半ば成功したと当時は思った．

　単行本化にあたり，本文を第I部に用語解説を第II部に配した．本文では，造船所の船舶技師の立場から，船とはどのように設計，建造運航されてゆくのかということを時系列に解説し，その中に出てくる理論や技術の内容などについても説明した．その際，単なる手法の紹介や専門用語の単発的な説明ではなく，それらが用いられる背景，全体の中での位置づけや関連性に重点を置き，誰が読んでも分かりやすい解説を目指した．用語解説では本文で充分に説明できなかった部分や，すこし専門的に過ぎるため省略した用語などについて解説した．

　造船に携わる先輩方，現役の方またこれから造船業に携わる方，色々の方それぞれに広く愛されることを願って止まない．

平成16年1月
関西造船協会編集委員会
理事　冨田　康光

「船―引合から解船まで」は平成 16 年に関西造船協会より 1000 部が発行された．本書は造船所における新人研修用などとして大好評を得，2 年余りで完売した．その後も本書の販売計画について問い合わせが多数よせられた．この要望に応えるため，（社）日本船舶海洋工学会関西支部に「船―引合から解船まで」出版委員会を設置し，一般書店の店頭に並ぶ本として海文堂出版より販売することが決定された．

今回の出版では大きな改訂作業は行わず，旧版の編集上の修正や写真・図表を鮮明なものと取替える程度にとどめた．そのため，記載内容の中には最新の情報に言及していない箇所も含まれている．本書を実務の参考書として使う場合には注意されたい．特に，国際基準や船級規則などについては，できる限り脚注を入れて注意を喚起した．

本書の出版にあたっては旧関西造船協会編集委員会のメンバーが再び集結し，ボランティアとして作業をした．また，販売価格を低く抑えて本書がなるべく多くの人の手に渡るようにと，学会の広報費から編集費用の一部を補助していただいた．これら，本書出版の後押しをしていただいた関係各位の熱意が本書を通して読者に伝われば望外の喜びである．

平成 19 年 9 月
（社）日本船舶海洋工学会関西支部
「船―引合から解船まで」出版委員会
主査　髙木　健

「船―引合から解船まで」は平成 19 年の発売後幸いにご好評をいただき，このたび第 5 版が発行されることになった．平成 19 年の初版発行以来，船舶の国際規則・基準には大幅な改正が加えられ，初版の内容に現行基準・規則と大きく異なる箇所が多数生じている．今回の重版では本文に改訂は加えていないので，本書を実務に使用される場合は，最新の国際基準・船級規則と常に照合することをお願いしたい．国際基準・船級規則に関する最新情報は（一財）日本船舶技術研究協会 http://www.jstra.jp および（一財）日本海事協会 http://www.classnk.or.jp の WEB ページ・出版物・講演会・セミナー等で入手できるので，これらを参照願いたい．

平成 29 年 4 月
（公社）日本船舶海洋工学会関西支部
「船―引合いから解船まで」出版委員会

第Ⅰ部

船—引合から解船まで

はじめに

　船の引合から建造,廃船までを船の一生にたとえるならば,この一生に船が出会う人の数は膨大なものである.その人々の役割や関与の程度,内容もさまざまで,船会社や造船会社はもとより各種機器メーカー,管海官庁や船級協会,乗組員,旅客,荷役業者,荷主,保険業者など枚挙にいとまがない.このように多くの人が一隻の一生に係わりながらも,その全貌を見渡している人がどのくらいいるだろうか.細分化され専門化されている現代では,そのような人の数は減っているに違いない.そこで,「船—引合から解船(ときぶね)まで」と題して,船の一生の間のいろいろな場面で適用される知識や技術に関する解説をする.本書は,主として造船所の船舶技師(造船屋)の立場から,船はどのように設計,建造,運航されてゆくのかということを平易に解説し,その中に出てくる理論や技術の内容などについても説明する.その際,単なる手法の紹介や専門用語の単発的な説明ではなく,それが用いられる背景,全体の中での位置づけや関連性に重点を置き,だれが読んでも分かりやすい解説を目指したい.

天賦の交通機関

　風呂の中で発見されたと言われるアルキメデスの原理は,船が天賦の物流機関であることを教えている.たとえば,倍の重量の貨物を運ぶ輸送機関を考えると,航空機ならば諸寸法は約1.4倍になるが船舶は1.25倍で済む。もし,貨

物の重量が 1000 倍ならば 31 倍と 10 倍の違いがでる．これは，航空機が翼面積に比例する揚力で支えられているのに対して，船舶が体積に比例する浮力で支えられているからである．大洋を渡航できる今日の船が造られるまでには，大変な苦労と長い時間がかかった．丸木をくりぬいた太古の舟から最新の専用船に至るまでの約六千年の歴史の中で，常により多くの貨物をより安全により速く運ぶことを目的として，人間はさまざまな知恵と努力と工夫を凝らして現代の 300 m を超える巨大船を作り上げた．昔の帆船から得た知識を集め，先駆者たちの勇敢な経験を生かしてようやく今日の技術にたどり着いたのである．その過程では，数学や物理学などの学問知識，造船技術者，冶金学者，電気技師などの専門家たちの知恵と創造力，筋骨たくましい労働者たちの努力が，大きな役割を果たしたことは言うまでもない．この偉大な共同作業の結実は，完成した船を一目見ただけでわかる．風まかせの帆船時代，蒸気機関の発明により迎えた郵便船の時代を経て，現代の船舶は国際分業制に伴う大量輸送の立役者として世界経済を発展させ続けているのである．人類の歴史の中で，さまざまな輸送機関が発明されては消えていったが，船は常に人類に貢献し続けている．

大海原

　錨を下ろして岸壁についている船は所在なげに見えるが，ひとたび海原に出るとがらりとその姿を変え，絶対の自信に溢れた姿で走りはじめる．船は大海原を航海するために造られているのである．外洋には気圧の影響による風や波やうねり，太陽と月および地球との相対的な引力による潮汐流，さらには海流とさまざまな外乱が存在する．たとえば，水面の波は風によって引き起こされ，この波の大きさは風の強さと水面がどの程度広くて障害が無いかにより決まる．数百メートルの池ではどんなに強い風が吹いても大きな波は生じないが，何の障害もない海ではそよ風の力で平屋の高さに等しい高波が生じることもある．嵐にでもなれば，海上における風速は時速 100 km を超える強風となり，波高は 15 m を超える大波となる．ある台風のとき，フィリピン沖では高さ 37 m の波が荒れ狂ったとの記録も残っている．このような外乱の中で，風が吹こうが波が荒れようが道標のない海原を数十万トンの荷物や数千人の乗客を積んで船は

何千キロも走らなければならない．飛行機なら悪天候に出会っても迂回したり高度を上げて避けることもできるが，船はそう簡単にはいかないのである．

　原油を運ぶ大型油槽船（VLCC）の長さは300mを超え，幅は60m近くにもなる．これは102階建てのエンパイアステートビルに匹敵する．この大きな建造物は10数名の乗組員によって運航され，ペルシャ湾から日本へ貴重なエネルギー源を運ぶ．池に浮かぶボートは非常に頑丈でめったに壊れることはないが，VLCCをボートのサイズに置き換えると外板はわずか0.1mmと紙の厚さ程度となり，嵐の中では鋼板製のVLCCも船体をたわませ捩じらせる．万が一，嵐の中で沈没などの事故を起こすと，積み荷の損害以外に人命の損失や海洋汚染などの大きな社会問題を起こす．人類が造った最も大きな動く建造物は，海がたたきつける強力なパンチをかわすために堅牢さと柔軟さの精密なバランスと，嵐の時にでも船を推し進めることができる大きな力を兼ね備えることが必要なのである．さらに，10数名の乗組員で嵐を乗り切れるとともに，彼らにとって心地よい住居であることも必要である．そのために，計り知れない創造力と技術が船の建造の時につぎ込まれる．人類が創造した物の中で，船ほどどんな悪条件のもとでも自立できるように設計されたものはないだろう．

造船学

　何世紀ものあいだ船を造るには経験だけが頼りだったが，現在の造船には多岐にわたる高度な技術が駆使されている．そして，高度に専門化された水屋（性能設計者），構造屋（構造強度設計者），艤装屋（艤装設計者），工作・修繕屋（現場技術者）などの多数の技術者集団の共同作業で船が造られている．それぞれの造船屋が必要とする知識や技術は様々であり，造船学の中で学問として形作られている船舶算法，抵抗・推進，構造力学などのみならず，デザインや人間工学まで含まれる．各専門集団内では，情報伝達をより速く正確に行うための技術専門用語（technical term）や短縮語が頻繁に用いられており，専門化が進むにつれてそれに拍車がかかっている．さらに，環境や人命に関する新しい規則が次々に創られ，これも短縮語を増やす一因となっている．造船業においては，このような専門語や短縮語で象徴される膨大な知識と技術を一個人で

網羅することはもはや不可能であり，それぞれ自分の守備範囲の知識や技術をもとに他の造船屋と協力し合って船を造っていくのである．

21世紀の造船を担う学生諸君や，酒宴で自分の領分以外の専門用語や短縮語についていけなくなった造船屋諸氏は，最新の用語や技術がどの技術者集団により，船の一生のどの段階で，何の目的で，どのように用いられているのか素朴な疑問をもたれているのではないだろうか．本書が，寝転がってあるいは電車の中で読んでいただいても，これらの疑問解決や願望の一助になれば筆者一同嬉しい限りである．船と海とのかかわり合いは，未だ完全には解き明かされていないし，研究者や技術者の日々の努力により，工学や技術は日々更新されて新語や用語が生み出されている．個々の新語や技術用語の詳細内容は各専門誌や教科書に任せるとして，本書では各用語がどのように位置づけされているかに主眼を置きたい．

担当部署

巻頭の添付図に，造船の各作業行程とそれぞれに関わる部署および作業内容をまとめてみた．この図からも，いかに多くの部署で多くの検討を経て，かつそれらが互いに複雑に関連しあいながら船が造られているかお分かりいただけると思う．図の横軸は時間軸で，注文主が船価などの見積を依頼する引合から，船が完成して注文主に渡す引渡までの間は1カ月毎，引渡後は1年毎に目盛りが入れてある（ただし，この時間軸はごく一般的な船の例である）．一方，縦軸は造船に関わる造船所の部署を示している．どの部署でも大なり小なり造船学が活躍する．

船の発注者で所有者となる船主は，物流システムの中で効率よく機能する船の発注仕様を決めなければならない．船主には経済学および輸送システム工学に関する知識が必要であるが，就航後の保守点検の違いにより，船の寿命も異なる．このため，造船学全般にわたる知識も求められる．

計画船が安全性などに関する一定基準を満たすための法規，すなわち諸規則や規格に適合し，多数の人命や多量の貨物を搭載して安全に航海できる船であることを検査し確認する政府・船級では，船の設計や建造に関わる種々の知識

が必要とされる．

　造船所の各部署のうち，船主と造船所との窓口になる営業や，船のコストを算出する見積，さらに鋼材などの材料や外注品を購入・調達する資材・調達では造船学以外に経済学も重要である．

　次に，造船所の設計や工作を直接行う各部署について述べる．計画船主要寸法や船の諸設備の全体配置を決定するとともに，他部署の検討や設計結果を基に，船主から要求された諸機能を満たし，かつ就航後は安全に航海でき，諸設備の保守点検が容易にできる船に全体をまとめあげるのが基本計画・総合設計である．ここでは，他部署で用いる各分野の学問が広範囲に必要である。特に，船舶の安全性の基本となる復原性能などの検討を行うために船舶算法の知識が重要である．

　船殻の構造配置および強度検討を行う構造設計では，外力のもとで船体に生じる変形・応力を解析する構造力学や材料力学，その変形・応力の状態で強度評価を行う材料強度学や破壊力学，さらには波浪などの外力推定のため流体力学や運動力学などの知識が求められる．

　推進性能と操縦性能および風波のなかの耐航性能を検討し，要求された流力性能を満足させる水面下の船体や付加物形状を設計するのが性能設計で，広範な流体力学と運動力学の知識を活用する．

　主機や各種荷役装置などの機械類やパイプ類を個々の船に要求される機能を満足させるためにシステムとして結合させて設計するのが艤装設計である．艤装設計ではa)機関室以外において電気関係を除く全てのシステムと配置を設計する船装設計，b)電気関係を除く機関室の全てのシステムと配置を設計する機装設計，そしてc)船内の全ての機器間の電気系統などを設計する電装設計とに大きく分けられる．乗組員の生活環境に留意し，かつ船が輸送機器として機能を十分に発揮できるようにするために，熱力学，振動工学，電気工学さらには人間工学などの学問分野が使用されるとともに，管内流体を検討するための流体力学や機器設置のための構造力学などの知識も求められる．

　設計通りに船が建造されているか，外注品の性能が指定通りであるかなどの検査を行う検査では，担当する製品または部品についての知識が必要となる他，設計意図を理解し製品の機能を確認できるだけの知識や，各種検査用機器につ

いての知識も求められる．

　建造が予定通りのスケジュールで行われているかなどの工程管理を行う建造工程管理では，設計で用いられる各分野の知識，人員や作業行程を管理する管理技術に関する知識が求められる．さらに，船の建造を行う造船工場では，設計で用いられる各分野の知識の他に船を建造するための知識も重要である．例えば，溶接工学をはじめとして工作機械や各種搭載機器に関する知識などである．また，工作法や工作精度により船体強度に影響を与える場合もあるので，これらの知識も求められる．

　このように，現在の造船では種々の専門集団が多岐にわたる検討を加え，工夫しあいながら，個々の船を作りあげている．本書では，各建造段階毎に各部署で用いられている専門用語を解説し，最新工学，技術に関する素朴な疑問を掲載するが，常に巻頭の添付図を思い浮かべて読まれることを期待する．

「解船」について

　解船は古語では「ときぶね」と読み，一般の最新用語では「廃船」と呼ぶ．しかし，船を人に置き換えたとき，この言葉では余りにも悲しい．身体のみが存在して心がなく，脳死につながるようで，むしろ臓器移植ではないが，船体は解体されても記録や写真，図面に残って，いつまでも語り継がれる船でありたい．これが造船屋の夢（ロマン）ではなかったかと思う．"Naval Architect（造船芸術家）" と呼ぶ造船技師，造船技術者より，我々は造船屋（や）という古くさい屋号方式をとる．細かくは，計画屋，水屋，構造屋，艤装屋，工作・修繕屋等であり，成駒屋，松島屋と呼ばれる歌舞伎の掛け声に近い粋（いき）を感じる．決して卑下でなく，誇りなのである．

池田勝（池田勝船舶事務所）

第1章

引合から契約まで (1)

本章では船舶建造の始まりとも言うべき引合から応札までを述べる．

1.1 引合の始まり

「**引合**」とは広辞苑では「売買の取引．また，取引の前に条件などを問い合わせること」とある．船の引合は船の注文主である**船主**（ship owner または単に **owner**）がこのような船を造ってほしいと造船所に打診するところから始まり，応札を経て契約に至る過程（契約に至らず失注する場合もあるが，その場合は失注が確定するまで）を指す．

最初の打診は，ほとんどの場合，造船所の営業部門に対して行われる．営業部門は，船を発注してくれそうな船主に対し，常日頃からアプローチし，情報を入手する．海外の船主に対しては，造船所の海外事務所を通じてコンタクトをしている．

一般に，国内船主は今までの建造実績よりその船主特有の仕様（その船主の標準仕様）が分かっている場合が多いので，こんな船を造りたいといった簡単な情報ですむ場合が多い．

一方，外国の船主などは**オープンテンダー**（open tender）と称して船主自身が望む仕様を記した**テンダースペック**（tender specifications）を示し，全世界の造船所に対し引合を出すことがある．この場合，各造船所で異なる仕

様の格差をなくす（あるいは少なくする）ことができ，船主にとっては，船価と納期に重点を置くことができるメリットがあるが，仕様を細かく規定するため船主の労力は増大する．

いずれにしても，船を建造する最初の一歩として，少なくとも何をどのくらいの量積む船で，どこをどのくらいの船速で走る船か，また，船員または旅客数は何人か，**船籍**（register of ship）はどこかといった技術情報を船主が造船所に与えることになる．

引合を受けた造船所の営業は，このプロジェクトの背景をまず調査する．すなわち，**用船者**（charterer）や**荷主**は確定しているか，それとも投機目的で建造されるのか，初めての船主の場合はどのような船主かといった情報を入手すると共に，市場でこの種のこの大きさの船はどのくらいの船価で取り引きされているかといった市場情報も収集する．

この他，船主のそのプロジェクトに対するシリアスさ，競合する造船所，等々の情報を入手するとともに，時には，採算計算を船主に代わって行い，そのプロジェクトの見通しについて検討する．

1.2 船主要求事項

船主要求事項は少なくとも次の項目からなる．

- 船種及び積載貨物または旅客数
- 船速
- 載貨重量
- 航行区域
- 最大搭載人員
- 適用規則および／または適用船級
- 主要寸法に関する航行上の諸制限

1.2.1 船の種類

　船の種類を大別すれば，**旅客船**または**客船**（passenger ship）と**貨物船**（cargo ship）に分けられる．旅客船は貨物船より厳しい規則（rules and regulations）が課せられるので，この区別は厳密にされなければならないし，規則でも旅客数により旅客船扱いか否かが決められている．貨物船も積む貨物により適用される規則が異なるし，第一，装備する荷役設備が大きく異なる上，船型も異なる．

　貨物船における船の種類は数多くある．一昔前までは，何でも積め，どこにでも寄港できる船というのも数多く建造されたが，近年は輸送コスト削減の目的で，あるいは港湾の整備が進んだことから，専用船が主流となってきた．従い，船の種類も積む貨物の種類だけあるということになり，ここでその全てを取り上げることは不可能であるが，大きくは**ドライカーゴ**（**dry cargo**）と**ウェットカーゴ**（**wet cargo**）に分けられる．前者はコンテナ船，自動車運搬船，バルクキャリア等々であり，後者はタンカーがその代表である．

1.2.2 船速

　船速はSI単位系になった現在でも**ノット**（**knot**）で表示される．貨物船は10数ノットが相場であるが，旅客船やフェリーでは20ノットから50ノット台まで出現している．

　船速は，**排水量**（displacement）の関数であるから，満載喫水における船速，または計画喫水における船速などの定義が必要になってくる．同時に，荒天時などの船速低下の余裕となる**シーマージン**（**sea margin**）も何パーセントかを明確にしておく必要がある．

1.2.3 載貨重量（船の大きさ）

　「どの位の量」とは主として**載貨重量**（**deadweight**）であり，船の種類によっては別の定義の仕方になる．たとえばコンテナ船であれば何**TEU/FEU**（Twenty foot Equivalent Unit, 20フィートコンテナ換算個数/Forty foot Equivalent Unit, 40フィートコンテナ換算個数）か，自動車運搬船では何台積

みか，LNG 船では何 m^3 積みかといったものであり，船の大きさの目安となるものである．載貨重量は船主と造船所の間では極めて大きい意味を持つが，一般に用いられる船の大きさを表す指標としては載貨重量や排水量は使われず，専ら，船の世界独特の**総トン数**（**gross tonnage**）が使用されることが多い．総トン数は，港税など各種税金を支払う際のベースとなる数値であると共に，諸規則においても，各種設備や乗組員数を規定する際の大きさの指標として使われる．特に日本の小型船の世界では，699 トン型とか総トン数での呼び名があるほどである．

　また，各運河などを通過できる最大のサイズも船の大きさを表す指標として用いられる．すなわち，**パナマックス**（Panamax），**スエズマックス**（Suezmax），**セントローレンスマックス**（**St. Lawrence max**），**ケープサイズ**（Cape size）などがそれである．この他に，タンカーでは**アフラマックス**（AFRA max; Average Freight Rate Assessment max）という**チャーターレート**（**charter rate**）の変わり目となる載貨重量による押さえ方もある．

1.2.4　航行区域

　"どこからどこへ"を表す指標は，航行区域と呼ばれる．日本では，航行区域は，**遠洋，近海，沿海，平水**の 4 種類があり，それぞれ規則で細かく規定されている[1]．港と港との間の航行時間が短いものあるいは緊急時にある時間内で平水区域に避難できるものについては沿海の規則が一部緩和され，**限定沿海**と称するものがある．最近，これと同様に近海区域の中に，日本沿海 20 海里を超えているが比較的陸地から近い限定された近海区域を設定した**限定近海**という概念が導入された．これらに加え，国際航海をするか否かでも適用規則が異なる．平水の国際航海はないが，沿海から遠洋までは国際航海するか否かを明確にしなければならない．

　外国船主からきた引合においては，一般に国際航海する船で，日本で言えば遠洋に該当する船が多い．

1.2.5　最大搭載人員

　旅客船の場合は旅客数が最大の設計ポイントであるが，貨物船の場合は旅客船ほど設計上の大きなファクターではない．しかしながら，その船を何人で運航するかは，単に居住区の部屋数，ベッド数に関わってくるのみならず，その船全体の自動化，機器の遠隔操作を考えるのに必要である．また，現在は**職員**（**officer**）と**部員**（**ratings**）とは同国人でない場合があり，造船所で決められないことでもあるので，船主の意向を聞く場合が多い．

1.2.6　適用規則および／または適用船級

　船は大きな動産であり，また，大切な旅客や貨物を積載する上で，保険をかけ運航される．保険をかける際には，規則に合致していることが条件となるので，規則に適合するのは必要不可欠である．また，国または国の代行機関として認可されている場合は船級協会が規則に適合していることを示す証書を発給するが，これらの証書がないと，入港を拒否されたりするので，実際の運航もできないことになる．

　国際航海に従事する船に対しては，**サブスタンダード船**（**sub-standard ship**）排除のため**国際海事機関**（**International Maritime Organization**；**IMO**）で各種の安全基準およびそれに伴う設備基準が決められている．IMOで決めた規則は直ちに発効するというものではなく，ある一定以上の国が批准した段階で発効するのが通例であるが，**SOLAS条約**（**the international convention on Safety Of Life At Sea**）改正など重要かつ速やかに発効させたいものに対しては一定期間内に反対がなければ発効するといった手続がとられるものもある．

　一般にIMOで定められたが発効していない基準・規則も数多くあり，これらについては船主の判断で当該船に適用するかしないかを決めているのが実状である．

　船籍国をどこにするかも船主が決めるべき事柄である．最近はIMOで国際航海に従事する船の規則が統一化されてきていて，それを織り込んでいる船級規則を適用していれば，特殊な船でない限り問題になることは少ないが，その

国独自の法律がある場合がある．また，英国のようにその国が定めた安全基準に合致する設備品を使用することが義務付けられる場合があるので，船籍国の情報も大切である．一般には，船に対する税金，あるいは融資の面を考慮して，船籍国を決める場合が多い．

　船籍とは異なるが，米国のように自国に入港する船舶に対して，自国の規則を適用させているところもあるので注意を要する．

　船級協会（classification society）は日本の場合では国の代わりに検査を行う機関であって，船級の検査に合格した船は国の検査に合格したものと見なすと船舶安全法に規定されている．

　日本の船級は日本海事協会（NK）であるが，外国の船級はLR（またはLRS, Lloyd's Register of Shipping：英国），DNV（またはNV, Det Norske Veritas：ノルウェー），ABS（またはAB, American Bureau of Shipping：米国），BV（Bureau Veritas：フランス），GL（Germanischer Lloyd：ドイツ），RINA（Registro Italiano Navale：イタリア），KR（Korean Register of shipping：韓国）などあり，**IACS（International Association of Classification Societies, 国際船級協会連合**）で規則の共通化を図っているものの，構造部材寸法など，各船級独自に規定している部分も残っている．いずれにしても，海運国と呼ばれる国以外はその国独自の法律を持たない場合が多く，前記の船級に入級していれば問題にはならない．

1.2.7　主要寸法に関する航行上の諸制限

　また，設計する上で，予定寄港地での長さや喫水の制限などの情報が必要になるし，予定航路における**エアドラフト**（air draft）の制限も予め知っておかなくては設計を進められない．水深の浅い箇所を航行する場合は推進性能や操縦性能に影響を及ぼすので，注意を要する．前述の運河通行の可否も主要寸法に大きく影響を及ぼすファクターである．

　営業部門は，これらの情報をもとに自社の船台やドック繰りをにらみ，船主が希望する納期を確保できるか，市場動向から，適正な船価が確保できるかといった判断を加え，その引合に応じるかどうかの決定を下す．応じるとなれば，

これらの情報を設計に伝え，引合設計・見積設計と呼ばれる設計がスタートするわけである．

1.3 引合設計・見積設計

1.3.1 一般

営業部門経由で入手したこれらの情報をもとに，設計者としては，最も適切な船型を船主にオファーするためにあらゆる手段を用いて検討する．

おしなべて，1隻の船の設計（ここでは船価を提示できる資料を作成するまでと捉える）の期間は決して十分ではなく，日単位の短いものから月単位のものまでそのプロジェクトにより異なるが，与えられた期間で何をするか，どうやってするかが，設計者の腕の見せ所である．

船の設計は，多くの場合1隻1隻が注文生産であり，1隻ごとに設計をしなくてはならない点，そして，国内外を含む他造船所との競争に晒されている点に特徴がある．船主要求事項を満足しつつ，限られた時間内で具体的な船としての形を整える必要があるわけであるが，後で契約事項（守れなかった場合は多大な罰金を払う．ある程度以上では，契約解除もあり得る．）になる，船速，載貨重量などについてはいい加減な数値は出せない．そこで，少しでも船速が出る船型の開発や船体各部の軽量化に日々努めることになる．そして，計算や推定で求めた諸数値に対し，余裕をとるのが通例であるが，過大な余裕をとることは，厳しい国際競争に晒される造船業界においては，即，受注失敗につながるのであまりにも保守的であってはならない．

そして，重要なのは，船の設計では実際に造ってみて具合が悪いということが許されないことである．つまり，やり直しがきかない面が多い．特に重要なこと，初めてのことなどはモデルを作って確かめることが行われるが，ほとんどの場合，図面としての紙，またはCRTの画面上で，できた設計の検証をしなくてはならない．

そこで，短期間に，精度良く船速などの性能や船殻重量などを推定する方法が考案され，用いられてきた．もちろん，これらの諸数値は設計の段階が進む

につれ，見直しされ，さらに精度良い方法で算出されるのではあるが，設計の初期段階で，最後まで見通して，できるだけ精度良く出さないと競争に勝ち残れないのが実状である．

一般的に，性能が少しでも勝った船を設計することが設計者の生きる喜びであるので，同じ載貨重量の船なら0.1ノットでも速く，同じ船速なら1トンでも多くの貨物が積めるように，裏返して言えば**軽荷重量**（lightweight）または**軽荷排水量**が1トンでも軽く，**燃料消費量**（Fuel Oil Consumption；**FOC**）が0.1 t/dayでも少なくなるように，コスト対効果や造りやすさなどを考えながら設計を進めていく．車の世界ではエンジンが大きければ，それだけスピードに対する余裕や加速性能が良いということで評価につながるが，船の世界では逆で，必要以上の馬力が評価される場合はほとんど無い．いかに**イニシャルコスト**（initial cost）を抑えるか，いかに**ランニングコスト**（running cost）を抑えるか，この両方が大きな評価につながる．

1.3.2 基本計画・総合設計

営業経由で入手した諸技術情報は，まずこの部門に送られる．ここは，設計の司令塔とも言うべき部門で，船主要求事項を明確化，具体化して，他の設計部門に送る．ここで，主要寸法，主要配置を決定する，言い換えれば，船の設計の大本を決定する部門である．

まず，**主要寸法**（principal dimensions）（長さ（length）"L"，幅（breadth）"B"，深さ（depth）"D"，喫水（draft）"d"，**方形係数**（block coefficient）"C_b"，（長さ方向）**浮心位置**（longitudinal center of buoyancy）"lcb"など）の決定を行う．過去に建造あるいは検討した船の中から，時には文献に載っている他社船の情報から，長さ，載貨重量，船速，**フルード数**（Froude number, F_n）など似た船，すなわち，**タイプシップ**（type ship, 類似船）を検索する．与えられた諸性能・諸制限に一番近く，かつ，最新の船が見つかればベストであるが，いつもベストのタイプシップがあるとは必ずしも限らない．ただ，充実したデータを持った似たタイプシップがないと，設計時間も膨大になり，また出来た設計の検証に多大の時間を費やすことになる．

主要寸法を仮決めして，タイプシップのデータをもとに，軽荷重量を主要寸法比などから推定する．これと，与えられた載貨重量を合計し，排水量を算出する．

　この算出した排水量をもとに，主機型式および必要馬力を推定する．主機は主機メーカーの型式があり，主要寸法や与えられた船速から，必要馬力が出ても，型式とのマッチングが必要になる．マッチングが悪ければ，主要寸法の組み合わせを変更し，一からやり直す．基本計画・総合設計に所属する設計者は主要寸法の組み合わせや数値を変更した際に，船速がどのように変化するか，たとえば，L/B が大きくなったらとか，B/d が変化したら船速がどうなるかとか，主要寸法の適正範囲を念頭に置いて設計を進めなければならない．引合の重要度にもよるが，性能設計部門や機関艤装部門と密接な連絡を取り合い，まず，主要寸法と，主機および必要馬力を決定する．

　次に，**中央横断面形状（midship form）**，**タンク割り**（tank arrangement），**ホールド割り**（hold arrangement），**機関室長さ**（engine room length）などの全体配置を決め，概略配置図を作成する．そして，大まかな各部（船殻，船体艤装，機関艤装，電気艤装）の重量配分を決定すると共に，タイプシップから主要寸法比で修正した初期**線図（ラインズ）（lines）**を作成する．これらの情報を構造設計や艤装設計などの他部門へ回し，基本計画・総合設計部門で推定した各情報，すなわち，機関室が予定の寸法でおさまるかとか，重量が予定の値でおさまるかといった点などを専門家の目でチェックしてもらう（各船の中央横断面形状および概略配置図の例を図 1.1～1.5 に示す）．

　この設計他部門の作業と併行して，初期線図に基づき，**ハイドロ計算（hydrostatic calculation）**やタンクなどの容積およびその重心計算を行う．タイプシップなどから，軽荷状態の重心を求め，ハイドロデータと容積計算結果から，**トリム計算（trim calculation）**，**縦強度計算（longitudinal strength calculation）**および**復原性計算（stability calculation）**を行う（図 1.6 にハイドロ曲線の例を示す[2]）．

　これらは相互に関連したものであり，船舶算法を駆使して行うわけであるが，航行の基本状態において，過大なトリムになっていないか，**プロペラ没水率（propeller immersion）**は適正で荒れた海の中でも**レーシング**（propeller

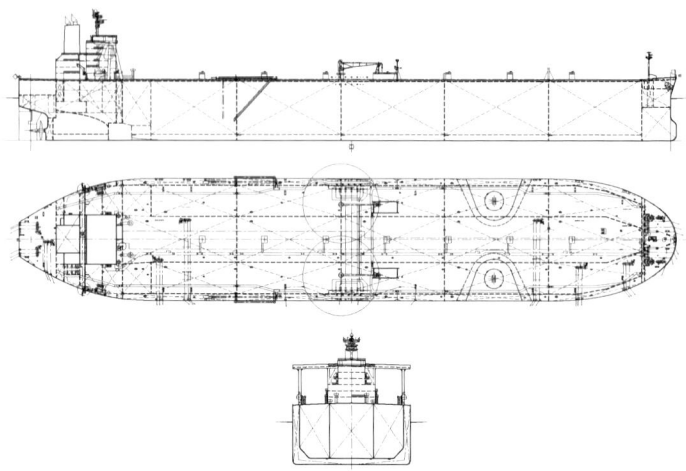

図 1.1：油槽船の中央横断面形状および概略配置図

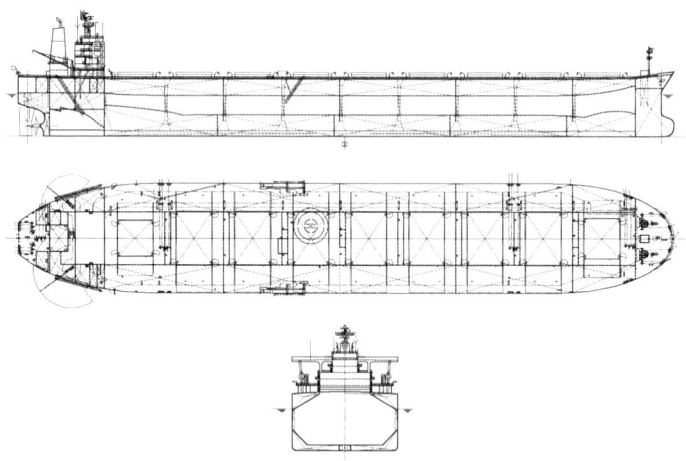

図 1.2：バルクキャリアの中央横断面形状および概略配置図

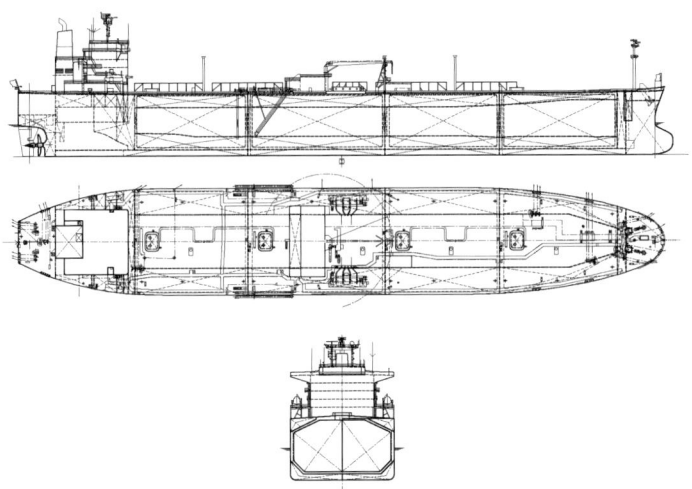

図1.3：液化石油ガス運搬船の中央横断面形状および概略配置図

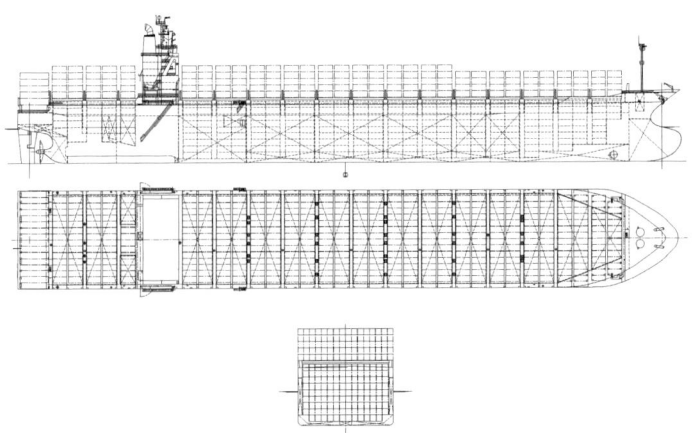

図1.4：コンテナ船の中央横断面形状および概略配置図

22　第Ⅰ部

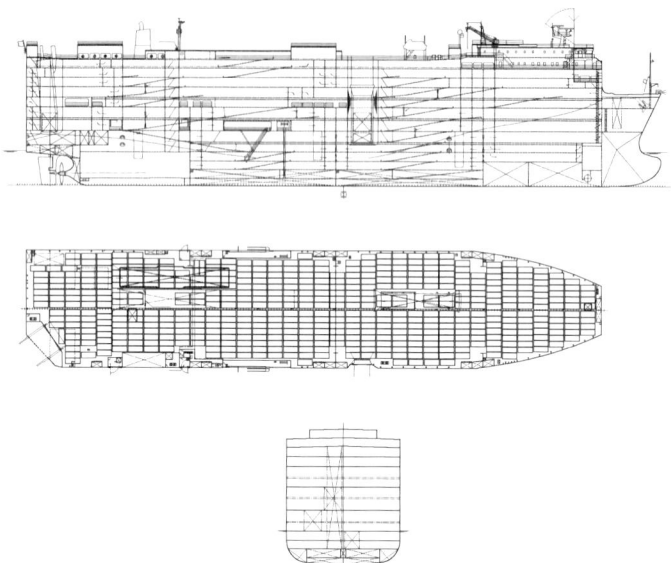

図1.5：自動車運搬船の中央横断面形状および概略配置図

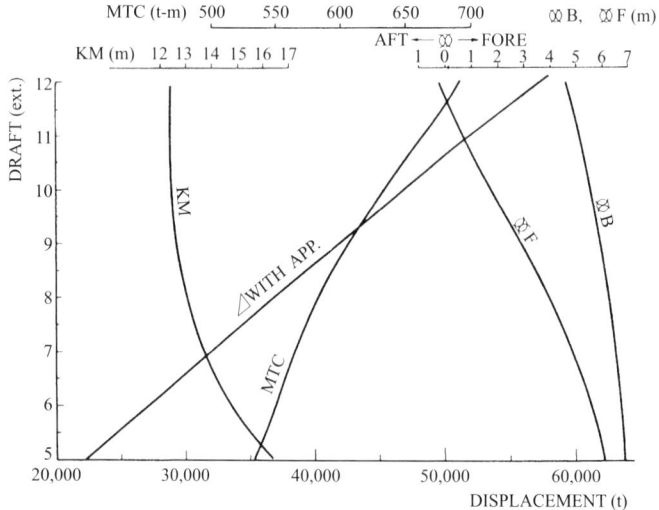

図1.6：ハイドロ曲線

racing）を起こさないか，船首部の喫水は**スラミング**（slamming）に対して十分か，**乾舷**（freeboard）は十分か，縦強度の値は適正か，そして，何よりも十分な**非損傷時復原性**（intact stability）を有しているか，**損傷時復原性**（damage stability）は十分か，といったチェックを行う．大きいタンクを有する船では，復原性を悪化させる半載時の**自由水影響**（free water effect）にも注意を払わねばならないし，場合によっては，航行中のみならず荷役中のトリムや復原性能をも検討しなければならない．

1.3.3　性能設計

引合設計における性能設計者の重要な仕事は**出力推定計算**である．船主が要求する重量の貨物を積載し設定された航路で要求される船速を満たすための主機馬力の推定である．

まず，性能設計者は既建造船や研究開発船などから，与えられた船体主要寸法を基に設計しようとする船（本船（the subject ship））に類似したタイプシップを選び出す．類似船は1隻の場合もあるが通常は数隻に及ぶ．類似船の就航実績や**速力試験**結果および**水槽試験**結果の**馬力曲線**（power curve）から本船の馬力曲線を推定する代表的な方法にEHP修正法やBHP修正法がある．これは，**Taylor図表**や**Guldhammer図表**や各造船所独自の推定式・図表を用いて類似船および本船のフルード数（F_n）毎の**有効馬力**（**EHP**；**Effective Horse Power**）または**制動馬力**（**BHP**；**Brake Horse Power**）を推定し，類似船

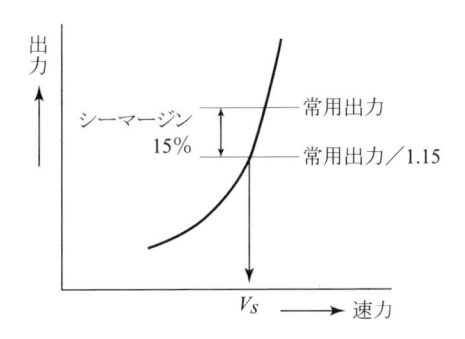

図1.7：馬力曲線

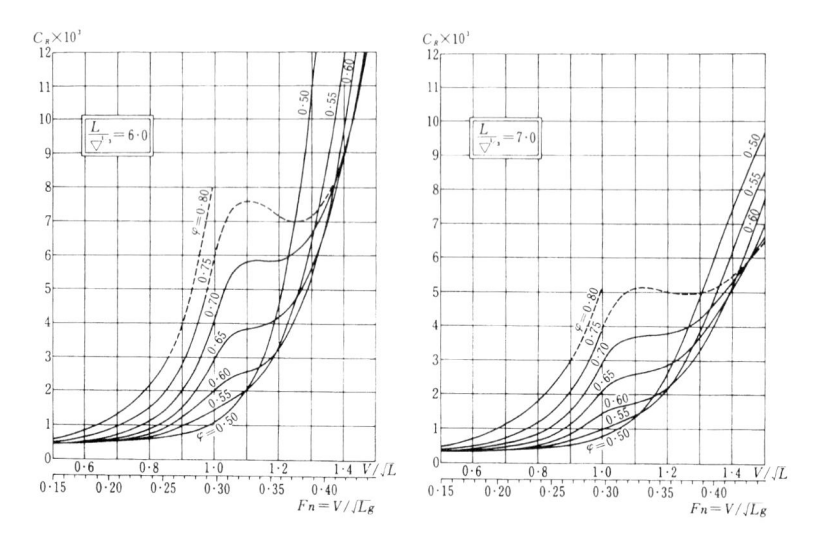

図1.8：Guldhammer 図表

の馬力曲線をEHP比またはBHP比で修正する方法である（図1.7に馬力曲線を，図1.8にGuldhammer図表[3]）をそれぞれ示す）．

　性能設計者は各類似船の特徴および本船の特殊要求を考慮し**フレームライン**形状などを含む船型を予測しながら数本の馬力曲線から本船主機の必要出力を決定する．この時，推定誤差を大きく見込み過大な主機出力を予測すると，その船の市場競争力が低くなり造船所間の引合競争に敗れることになる．また，たとえ建造されたとしてもFOCなどの面から最適の船を設計したことにはならない．

　一方，主機出力を過小に見込むと船主要求の船速を保てず**保証速力**（guarantee speed）を満足できない，または運航計画の変更を余儀なくされ，船主は造船所に対し罰金を要求する場合もある．このため，基本設計（initial design）段階で船型が具体化されると性能設計者は数値計算**CFD**（**Computational Fluid Dynamics**）や**水槽試験**（**tank test**）により本船の流力性能を確かめる．要求性能が満たされない場合は**船型設計**のやり直しや基本設計全体のやり直しまでを行わなければならない事態にもなる．このように引合設計で決められた主機出力は**引き渡し**（**delivery**）まで変更できないため，多数のデータお

よび工学的知識に基づく出力推定計算は性能設計者の腕の見せ所となる．

出力推定計算では推進器効率推定のために当然，推進器の概略設計も必要となり，推進器直径がこの段階で決定される．さらに，**省エネ付加物**（energy saving apparatus）の選定や港湾での離着桟性能やシーマージンなどに関する船主からの特殊要求があれば**操縦性能**（maneuverability）や**耐航性能**（sea keeping performance）の概略検討を行い，必要なら出力推定計算に反映させる．

1.3.4 構造設計

基本計画・総合設計部門から出された方針および主要寸法，概略配置，中央断面形状に基づき，構造の専門家の立場でチェックを行い，船殻構造方式の最適化を図る．すなわち，**ロンジ方式**または**トランス方式**かの決定を行うと共に，**フレームスペース（トランススペース）**（frame space）は軽量化の面から適正かとか，中央断面形状での骨の深さを過去のデータなどに基づき推定するなど概略の構造方式を決定する．

もちろん，構造方式上，具合の悪い点，たとえば，甲板が途中で不連続になり，応力集中が起きやすい点などが発見されれば，基本計画・総合設計部門にフィードバックされるのは言うまでもない．

さらに，軽荷重量の大部分を占める**船殻重量**の推定を過去のタイプシップデータの主要寸法比などにより推定する．船殻重量推定に際し注意を要するのは**ロールマージン**（roll margin）であり，たとえば15mmの厚さの鋼板は，ぴたり15mmには仕上がらず，ある一定の幅で出来上がる．それを見越して重量を計上しておかないと出来上がった船が重くなり，予定の載貨重量が確保できないという事態に陥ってしまうことにもつながる．

一般に，船に実際に使用される重量と，購入する鋼材重量とは異なる．鋼材のほとんどは板で購入し，それから必要な形に切断していくため，どうしても材料として使えない部分，**スクラップ**が出てくる．このスクラップの量は少なければ少ないほど良いが，これを推定するのも構造設計の仕事である．

この船殻重量はコスト算出用資料にも使用されるので，材料別にそれぞれの

重量を出す必要がある．

また，造船所により異なるが，塗装が構造設計部門の所掌である場合には，それぞれの箇所に応じた適切な塗装仕様ならびにその物量を決定するのも重要な職務の一つとなる．

1.3.5 艤装設計

艤装設計は大きく船体艤装，機関艤装，電気艤装の3部門に分けられ，それぞれ担当する場所は異なるが，船に装備される各種機器の仕様および要目を決め，配管・配線を担当し，基本計画・総合設計部門から出された方針及び主要寸法，概略配置，中央断面形状などに基づき，詳細を検討する．

船体艤装で言えば，船の種類により異なるが，舵取機，錨やウインドラスなどの係船機器，ハッチカバー，デッキクレーン，バラストポンプや船体部の配管，エアコンや冷凍食料庫，居住区などの仕様ならびに要目を決定すると共に，居住区の大枠の面積も決定する．また，構造設計に限らず，重量は船の大事な性能を左右するので，それぞれの機器や配管などについてその重量を算出する．

機関艤装は，決定した主機に基づき，機関室の寸法が適正か否かを検討すると共に，推進器，減速機，軸，発電機エンジン，ボイラ，清浄機，機関室内の各種ポンプ，熱交換器などの要目と仕様を決める．

電気艤装は，船内の全ての負荷を最適に賄う発電機の台数・容量を決定する．そして，自動化機器や遠隔操縦機器のための配線を検討する．もちろん，他部門と同様，電線の長さや重量などのコスト算出用資料も作成する．

これらの機器の仕様および要目決定，配管・配線要領の決定，コスト算出用資料作成およびこれらの検証に際し，タイプシップのデータが活用されることになる．

1.4 船価見積

このような設計から出された各種機器の要目，数，重量などを記したコスト算出用資料に基づき，見積部門でコストを算出する．

見積部門では，各種機器などの値段に精通しているのは言うまでもないが，船殻構造を何時間でできるか，機器の取付に何時間を要するか，といった建造工数を推定するのも仕事の一つである．また，機器などの値段一つをとってみても，実際に購入するのは1年後，あるいは，2年後の値段といった先の見通しにも明るくなくてはならないし，輸入品であれば，為替レートにも敏感でなくてはならない．

1.5　応札

応札は営業部門から船主に対して行われる．営業部門は，見積部門からの建造コスト，そして，設計の技術資料などに基づき建造・工程管理部門が検討した概略建造工程をもとに，応札船価と引渡時期を決定する．これと，設計部門が作成した主要寸法，適用規則，最大搭載人員，主機型式ならびに出力，主要機器の仕様と要目，船速や燃料消費量などを記した，「らん」の新造船要目表より簡単な**要目表**（principal particulars）と**概略配置図**（sketchまたはpreliminary arrangement）の技術資料を添えて，船主にオファーする．引合の確度または船主によっては簡単な**概略仕様書**（outline specifications）と**初期一般配置図**（preliminary general arrangement）を提出する場合もある．

1.6　最後に

特に断りのない限り，応札後，失注したからと言って，船主からこの引合の検討に要した費用は支払われることはない．しかし，逆に受注に成功した場合，この要目表に記した諸数値は引渡までずっと生き続けることになる．また，船のように多種類のプラント，システムから構成されるものは，多くの専門家たちの合同作業で設計が進められていくので，多くの作業を後戻りさせずに諸データを活用して効率よく進めることが肝要である．

コストを含む船の全ての基本である主要寸法，概略配置の決定が引合設計・見積設計での最重要課題であり，これがうまく行けば，きっと良い船になることは疑いない．

【参考文献】

1) 船舶安全法施行規則,運輸省令第41号,第1章第1条(1963)
2) 造船テキスト研究協会:"商船設計の基礎",上巻,成山堂書店,p.370(1979)
3) 関西造船協会:"造船設計便覧 第4版",海文堂出版,p.364(1983)

【用語】

本章で用いた用語のうち,「古今用語撰」(関西造船協会会誌「らん」)に掲載された用語の号数および頁を示す.

 仕様書:らん No.22, p.20
 客船:らん No.10, p.36
 カーゴボート(貨物船):らん No.5, p.59
 チャーター(用船):らん No.32, p.45
 ノット:らん No.21, p.27
 シーマージン:らん No.20, p.42
 載貨重量:らん No.18, p.32
 デッドウエイト:らん No.34, p.48
 総トン数:らん No.29, p.14
 近海区域:らん No.10, p.41
 沿海区域:らん No.4, p.43
 船級協会:らん No.26, p.27
 軽荷排水量:らん No.12, p.20
 主要寸法:らん No.21, p.27
 タイプシップ:らん No.30, p.8
 線図:らん No.27, p.34
 乾舷:らん No.8, p.17

上記以外の用語については,以下の書籍を参照されたい.

- (社)日本造船学会編:"船舶工学用語集",成山堂書店(1986)
- 東京商船大辞典編集委員会編:"和英英和船舶用語辞典",成山堂書店(1974)
- 山口増人:"新版造船用語辞典",海文堂出版(1960)

第2章
引合から契約まで (2)

本章では，応札から契約，そして基本設計の完了までを述べる．

2.1　内示

　船主は各造船所からの応札内容を技術面および船価面で評価し，適当と判断した数社の造船所を選定して**ショートリスト**（short list）に載せる．続いて，このリストに載せた造船所についてその仕事ぶりや財政状態を調査し，所定の性能を持った船を契約納期内に引き渡すことができる造船所であるか否かを確認する．この際，技術資料の追加提出を要求したり，技術ヒアリングを行ったり，直接造船所を訪問して実態を確認することもある．

　このような評価を行った結果，最適と判断した造船所に対して発注を**内示**する．

　この際，船主が造船所に対して**確約書**（L/I；Letter of Intent）を発行し，造船所が確認する形をとる場合と，造船所と船主の間で**確認書**を作成する場合がある．外国船主の場合は，前者の形態である．

　確約書でも確認書でも記載内容はほぼ同じであり，造船所名，船主名，本船の概略仕様，隻数，船価，引渡時期，支払条件，契約時期，確約書（または確認書）の有効期限など，契約に際しての基本確認事項が記載されている．

2.2 詳細検討の着手

　船主から発注の内示を受けた造船所は，応札前に実施した検討内容の見直しとより詳細な検討に着手し，契約に先だって行われる船主との仕様打合せのための資料を作成する．なお，応札時に提出した要目表（**principal particulars**）または概略仕様書（outline specifications）に記載した数値や仕様を下回らないことが絶対条件であり，造船所の標準検討要領をベースに船主固有の標準的考え方を考慮する要領で検討が加えられる．

　検討内容は概ね次のとおり．

- 仕様書の作成
- 一般配置および居住区配置の検討
- 機関室配置の検討
- 船体構造の検討
- 線図の検討
- 性能確認諸計算の実施

2.2.1　仕様書の作成

　仕様書（specifications）は船という大きなシステムを構成する個々の機器からシステム全般に至るまで，その材質，機能，設置場所から施工方法までを規定したものであり，通常，一般部，船体部，機関部，電気部から構成されている．

　一般部は基本計画部門の所掌であり，主要寸法，載貨重量，貨物倉／タンク容量，乗組員数，適用法規，船級，速力，主機馬力，燃料消費量，**保証項目**（**guarantee items**），試運転項目，主要機器の概略仕様，船主支給品など，本船の概要や複数部門に関係する共通項目について記述されており，一般部だけ読めば船の概要がある程度理解できるような内容となっている．

　船体部は，船殻，外艤装，管艤装，居住区艤装，塗装，防蝕などのパートから構成されている．

船殻パートは船殻設計部門の所掌であり，ロンジ方式とするか，トランス方式を採用するか，また，**高張力鋼**（HT；High Tensile strength steel）とするか，**軟鋼**（MS；Mild Steel）を採用するかといった船体各部の構造方式や使用材料について記述されており，また，舵やビルジキールなど，船体付加物についても記述されている．

　外艤装パートでは，航海設備，係船設備，空調設備，救命設備，甲板設備，荷役設備，倉内設備などについて記述されている．

　管艤装パートには，パイプ，バルブ，ポンプなどについて，その種類，材質，容量などの記述とともに，清水，海水，汚水，燃料など，扱う対象に応じてこれらをシステムとしてまとめた**配管系統図**（**piping diagram**）が含まれている．また，消防設備や冷蔵設備についても記述されている．

　居住区艤装パートには，居住区内の床材，壁材，天井材や防音材，防振材，防熱材などの材質や施工要領とともに，居室や公室内の各種家具や備品，衛生設備などについての記述が含まれている．

　塗装パートでは，船体各部に施工する塗料について，その種類，膜厚，塗り回数や下地処理について記述されており，防蝕パートでは，**防蝕亜鉛**（**zinc anode**）の施工場所や耐用年数の他，**電気防食**（impressed current system）の要領について記述されることもある．

　外艤装や管艤装，居住区艤装などのパートは船体艤装部門の所掌であるが，塗装，防蝕パートは船体艤装部門の所掌であったり，船殻部門の所掌であったり，塗装，防蝕部門という独立した部門の所掌であったり，造船所によって所掌部門が異なっている．

　機関部は機関艤装部門の所掌であり，主機関や軸系，プロペラなどの推進装置，発電機関，排ガスエコノマイザ，補助ボイラなどの補機類，それらの装置に燃料や潤滑油，冷却水などを供給するポンプ類やタンク類，また，それらを機能的に結びつけているパイプ類など，主として機関室内の装置，機器について，その容量，材質などが，システム構成とともに記述されている．

　また，操舵機，揚錨／係船機，デッキクレーンなどの甲板機器やそれらを駆動するために必要な油圧などのシステムについての記述も含まれている．

　電気部は電気艤装部門の所掌であるが，発電装置，給電装置，照明装置，航

海装置，無線装置，居住区内のテレビ，ステレオ，ラジオといったアミューズメント機器などの一般電気部分と，機器の計装，自動化などの制御部分から構成されている．

　一般電気部分ではそれほど大きな差はないが，制御部分では自動化の程度によって大きな差があり，**ワンマン・ブリッジ・オペレーション（OMBO；One-Man Bridge Operation system）**を適用した船では装備機器の差に加え，操舵室の形状，面積，機器配置などもかなり変更になる．

　仕様書を構成する個々のパートは互いに密接な関係を持っており，それらを所掌する部門間では，応札時に提出した概略仕様その他について詳細検討を進める過程で，互いに必要な情報のやり取りがタイムリーに行われる．

　機関室を除く船体のほとんど全ての部分に関与する船体艤装部門は，各種の機器やシステムについて検討し，それらの仕様を自ら決定するとともに，それらの機器やシステムを動かすのに必要な電力，油圧，蒸気，清水，海水などの必要供給量を機関艤装部門や電気艤装部門に連絡する．

　電気艤装部門は，入港時，出港時，航海時といった船の運航における代表的状態について船内の消費電力を計算し，その電力を供給するシステムを構築するとともに，関連情報を機関艤装部門に連絡する．

　機関艤装部門は，推進に必要な動力や，船内で消費される電力，他部門から供給を依頼されている油圧や蒸気，清水や海水などをバランスよく供給できるシステムを構築する責任があり，そのため，他部門からの要求を総合的に検討した結果，他部門に対してそれぞれの所掌する機器やシステムの仕様の見直しを求めることもある．

　このようなデータのやり取りと検討を通じて船という大きなシステム全体の仕様が固まっていく訳であるが，仕様書にはその検討結果だけしか記述できないため，その結果に至る過程を後からトレースできるように計算書のような形で別途まとめておくことが重要である．なお，これらの技術資料は船主打合せにおいて，説明資料として船主に提出することもある．

2.2.2 一般配置および居住区配置の検討

詳細仕様の検討と並行して，応札前の概略検討によって決められた**隔壁配置**(bulkhead arrangement) や**タンク配置**（tank arrangement）など，配置関係の詳細検討が進められる．

この配置についての検討は，機関室配置，貨物倉，タンク配置，甲板上の配置，居住区配置など，大きく4種類に分けられる．

機関室内の機器などの配置は，機関艤装部門が主体となって検討し，当初想定した機関室長さで問題ないことをまず確認しなければならない．

貨物倉や貨物タンク，燃料タンクや清水タンク，バラストタンクなどの配置は，基本計画部門が主体となって検討し，必要な容積が確保されていることを確認するとともに，本船の航行状態において，適正な喫水，姿勢を維持することができるか，非損傷時および損傷時に十分な復原性能を有しているか，縦強度上の問題はないか，などについても確認しなければならない．

ハッチやデッキクレーンなどの荷役関連，アンカーや揚錨機，係船ウインチ，係船金物など，係船関連の配置については，ハッチサイズは基本計画部門が検討し，その他は船体艤装部門が検討することになるが，限られた甲板面積をどう活用するかに検討の主眼が置かれており，その適否によって船の使い勝手が大きく影響される．

居住区配置は基本計画部門の所掌となっている造船所が多いが，乗組員数とグレード差によってその面積が大きく変化し，場合によっては居住区の甲板数，いわゆる層数にまで影響を及ぼすことがある．なお，機関室配置，タンク配置，係船配置などは船体形状によっても大きく影響されるため，線図の検討と相前後する形で検討を進めることになる．

その他，橋やケーブルの下を通過するというような航路上の制約からくるエアドラフトの問題，SOLAS条約やパナマ運河規則の要求する見通し角への対応，煙害を考慮した居住区の上甲板上の高さと煙突高さの関係などについても検討しなければならない．

これらの検討結果を船全体としてとりまとめ，図示したのが**一般配置図**（**GA**；**General Arrangement**）であり，居住区画だけをデッキ毎にまとめたのが**居**

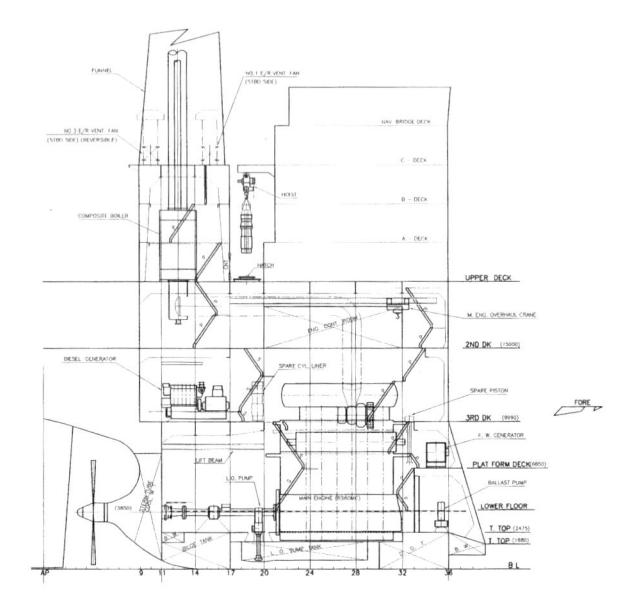

図 2.1: 機関室配置図

住区配置図（cabin arrangement）である．また，機関室内の機器やタンク配置，軸系配置などをとりまとめたのが，2.3 節で述べる**機関室配置図**（machinery arrangement in engine room）（図 2.1）である．

なお，一般配置図は正面図，側面図，平面図から構成され，平面図はさらに上甲板，貨物倉内（二重底タンクトップ），二重底内タンクなどから構成され，本船の配置が一目で分かるような表現になっている．

2.2.3　機関室配置の検討

応札時点では，船体線図（**hull lines**）や機関室内の機器の詳細仕様が決まっていないこともあって，タイプシップの機関室長さと本船の主機関寸法から，基本計画部門で機関室の概略長さを決めた程度であり，この機関室の大きさで，想定している機器類やタンク類が全て配置できるかについては，機関艤装部門が確認する必要がある．

仕様書作成のための検討が進むにともなって，機器類の要目，寸法，形状などが決まり，また，並行して進められる線図の検討により機関室の形状が固まってくるので，当初想定していた機関室長さで機能的な機器配置が可能か，具体的形状，寸法に基づいて検討することが可能となる．

この配置検討において注意しなければならない点は，予定されている全ての機器が配置できるか，この機器配置で乗組員が効率よく作業できるか，船内での機器の修理，機器本体および部品の搬出入など，機器のメンテナンスが容易にできるかということであり，プロペラ軸の船内引き抜きが可能かということも確認しなければならない．

また，甲板上の荷役機器が特殊な配置となっており，機関室外で左右舷の大きなアンバランスモーメントが生じることが想定される場合には，機関室内の機器，タンク配置に工夫を凝らし，アンバランスモーメントを少しでも減らす努力が必要である．

なお，機関室直上には通常，乗組員居住区が設けられており，その周囲の鋼壁や内部の防振壁直下の機関室内にはピラーや部分的鋼壁を設けるため，機器配置上の障害となるこれらの船殻構造物を念頭に置いて配置を検討しなければならない．

詳細な機関室配置を検討した結果，当初想定していた機関室長さでは収まらず，機関室長さを伸ばさなければならなくなった場合，他の部門に及ぼす影響は非常に大きく，単なる配置の見直しだけでなく，主要寸法の変更という計画全般の見直しとなる可能性も生じる．このような事態に立ち至らないためには，基本計画部門と機関艤装部門が基本計画段階から緊密な情報交換を行い，少ない判断材料を最大限活用して必要かつ十分な機関室長さを設定することが要求される訳で，基本計画部門の設計センスが問われるところでもある．

2.2.4　船体構造の検討

仕様，配置の検討と並行して線図の検討を行うには，船体の重量，重心に対する精度の高い推定が必要であり，そのためには船体重量の大きな比率を占める**船殻重量**に対する見直し，確認作業が必要となる．

応札時の船殻重量はタイプシップのデータをベースに主要寸法比や主要な仕様差を考慮して推定した値であり，線図作成ベースとして使用するには推定精度にやや不安がある．そのため，基本計画部門が作成した中央横断面形状に基づいて船殻部門が重量推定用の概略中央横断面図を作成し，タイプシップの中央横断面図との重量比較によってより高い精度で船殻重量を推定する方法が採用されている．ただし，この中央横断面図に記入されている部材寸法は全て船級協会規則の算式で計算された寸法であり，基本設計図面としての中央横断面図（図2.2）に記入されているような**有限要素法（FEM；Finite Element Method）**を用いた**直接計算（direct calculation）**の結果が折り込まれていないため最終的な部材寸法とは一部異なる箇所はあるが，図面の使用目的からいって十分と考えられる．

なお，概略中央横断面図の作成に際して，船殻部門は基本計画部門と協議しつつ，ロンジスペースやフレームスペースの見直し，トランスウェブやフロア配置の見直し，高張力鋼の使用範囲の見直しなど，船殻基本図面の作成を今後進めていく上で必要となる船殻構造の最適化に関する検討を行い，その結果を仕様書や一般配置図に反映させる必要がある．

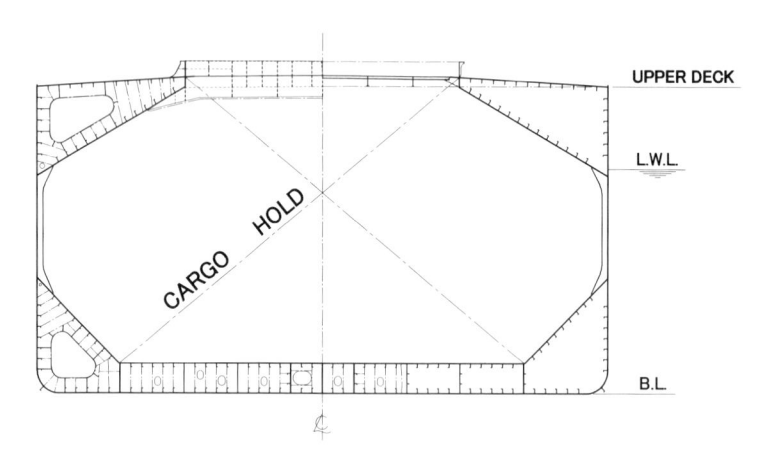

図2.2：中央横断面図

2.2.5　線図の検討

　初期線図は，応札時に提示するタンク容量や貨物倉容積などの概略計算やトリムおよび復原性の初期検討を目的として基本計画部門によって作成されるが，詳細検討段階では，性能設計部門が線図の検討を行う．

　線図の検討において最も重要なことは，応札時に提出した要目表または概略仕様書に記載した本船の基本性能，すなわち，載貨重量や貨物倉容積，速力や主機馬力，燃料消費量など，船主の商売に直接影響する要求性能を満足する線図を開発することであり，応札時に船主に提示した船型でこれらの要求性能を満足できない場合には，基本計画の初めに戻って主要寸法を見直すという事態も起こり得る．

　載貨重量や貨物倉容積と速力，主機馬力，燃料消費量とは互いに相反する関係にあり，前者に余裕を持たせ過ぎると後者が厳しくなり，後者を重視し過ぎると前者の余裕が少なくなる．また，仕様，配置の検討が進むにともなって他部門から線図に対する要求が提示されるので，それらの要求も満足する線図としなければならない．

　また，船体のC_pカーブをどのような形状とするか，**フレームライン（frame line）**をV型とするか，U型とするか，浮心位置をどこに設定するかなど，推進性能だけでなく，船体姿勢（トリム），復原性能，などについても検討を加える必要がある．さらに，これら主船体の形状に関する検討に加え，船の横揺れを減らす**ビルジキール（bilge keel）**の長さ（通常は$L/4$程度）および幅をいくらにするか，舵の大きさおよび形状をどうするかなど，船体付加物についても検討を加え，全体として優れた性能を発揮する線図を作るよう心掛けなければならない．

　主船体，付加物の形状検討とともにプロペラの検討も重要である．プロペラ設計のベースとなる，プロペラと船体との流力上の干渉影響を表す**自航要素（self-propulsion factors）**はタイプシップの自航要素をベースに，L/B，B/d，C_b，フレームラインアングルなどの船型差とプロペラ直径と喫水比などを合わせ考慮して推定するのが通常のやり方であるが，推進抵抗の推定と同様，難しい推定であり，いかに精度良く推定できるかは性能設計者の腕の見せ所で

ある．

2.2.6　性能確認諸計算の実施

　仕様，配置，船体重量，線図などがある程度固まった段階で，本船の性能が許容範囲内に収まっていることを確認するため，性能確認計算を実施する．

　基本計画部門は，貨物倉やタンクの容量および重心計算，船体の重量および重心計算，トリムおよび復原性計算，縦強度計算，損傷時の復原性計算など，船体艤装部門は荷役時間やバラスト注排水時間の計算など，船殻部門は初期振動計算，機関艤装部門はヒートバランスや軸系計算，電気艤装部門は電力調査や照度計算などについて確認計算を実施し，結果を仕様書に反映させるとともに，船主打合せ資料として使用できるよう計算書にまとめることが多い．なお，これらの計算書は，ほとんどの造船所で標準フォームが準備されている．

2.3　船主打合せ

　仕様書や一般配置，居住区配置，機関室配置など，本船の仕様や配置に対する造船所の検討結果がまとまった段階で，**船主打合せ（negotiation）**（打合せを**ネゴ**と略して呼ぶことが多い）が行われる．

　この打合せにおいて，詳細仕様や配置に対する造船所と船主の考え方の違いについて調整が図られ，仕様や配置の変更，見直しとともに，仕様変更にともなう船価調整が行われる．また，仕様の打合せと並行して，契約条件の確認も行われる．

2.3.1　契約仕様書および付属図書の確認

　どのような船を発注，建造するかということについて，船主と造船所間で誤解が生じないよう，仕様や配置について細かく記述し，双方で確認しておく必要があるが，契約書には，主要な仕様や保証事項などは記載されるが，詳細な仕様や配置関係の細かな事項については記載されないため，仕様書や一般配置

図を契約書の付属図書として，契約書に準じた効力を持たせるというやり方が通常行われる．

　仕様書や一般配置図は，応札時に提出された要目表または概略仕様書や概略配置図をベースに造船所が詳細検討を加えて作成したものであり，主要項目の仕様や数値は要目表または概略仕様書に記載されている仕様や数値と基本的に同じである．しかし，仕様書や一般配置図には応札時の提出図書には記述されていない数多くの事項が含まれており，それらは造船所が自らの標準または検討結果に基づいて記述した事項である．それゆえ，その記載内容が全て船主に無条件で受け入れられるとは限らず，造船所はこれらの未確認事項について造船所の考え方を船主に十分に説明し，了解を得るように努力しなければならない．

　なお，仕様が細かく，より具体的になるにともない，船主の要望もより明確に，より強く現れる傾向があり，造船所の考え方との調整が難しくなる．双方の主張の開きが大きく，仕様差が大きなコスト差をともなうような場合は，最終的に船価調整という手段をとることになる．

2.3.2　船価打合せ

　応札時に造船所が提示した船価のベースは，特に一般グレードに影響を及ぼすような要求が船主から提示されていない限り，造船所の**標準グレード**に要目表または概略仕様書に記載した仕様を加えたものとなるのが一般的であり，造船所が作成する仕様書も造船所の標準グレードという考え方に基づいて作成される．船主と造船所の考え方で大きな差が生じるのは，造船所の標準グレードという考え方についてである．

　応札時に提出した要目表または概略仕様書に明記されている仕様に対して変更要求が提示された場合，それは船価調整項目として扱われる．

　しかし，昨今の厳しい船価に対応するためコストダウンの徹底が図られており，造船所の標準グレードに対しても見直しが行われている．一方，船主のグレードに対する考え方はさほど変化しておらず，逆に高くなっている部分もあり，そのギャップは大きくなっている．その結果，船主が応札時のベース仕様に当然含まれていると考えていた項目が実際には含まれておらず，仕様書の打

合せ段階で初めてその事実に気付いた船主と造船所の間で船価調整項目として扱うべきか否かの議論が生じることになる．

　船主と造船所が打合せた結果，かなりの数の仕様変更およびそれに伴う船価調整が生じるが，グレードに関する考え方の差から生じた項目については，造船所の要求する船価調整額を船主に満額認めさせることが難しいケースが多い．本船の仕様のベースとなり応札時の船価の基となる造船所の標準グレードを船主にいかに理解してもらえるかが重要となる．

2.3.3　契約条件の確認

　仕様打合せと並行して，造船所の営業部門が作成した契約書（原稿）の個々の記載事項について確認打合せが行われる．この契約書に記載された主要な契約条件は造船所が応札時に提示した条件と同じであるが，その後の仕様打合せによる変更と，商談を取り巻く環境の変化によって条件の見直しが行われる．この見直しの対象となる項目は，船価と支払条件，**保証項目**の**保証値**と**グレース**，**ペナルティ**額などである．

2.4　造船契約

　本船の仕様，船価，支払条件，保証事項などが打合せで確認されると，後になって問題を引き起こすことがないよう，それらの内容は契約書や付属図書といった形あるものにまとめられ，船主と造船所が署名して一部ずつ保管される．

　契約書には以下の事項が記載される．

- 船主，造船所の名称，住所
- 契約付属図書
- 船級，船籍，適用規則，主要寸法，主機，本船の概要，保証事項
- 契約船価，支払い条件，納期
- 造船所の責任範囲，免責事項，その他

　契約書の一部となる契約付属図書は，一般的に次の図書である．

- 仕様書
- 一般配置図（および居住区配置図）
- 機関室配置図

ただし，付属図書の範囲は船主によってかなり差があり，仕様書と一般配置図だけの場合もあれば，中央横断面図や**メーカーリスト**（makers list），**ワークマンシップ**（workmanship）などが付属図書に加えられる場合もある．

契約付属図書は，船主打合せによる仕様変更を全て含めた，契約時点における本船の最終仕様に対応するものとしておく必要があるが，船主打合せの終了から契約までの期間が短く，契約付属図書を修正する時間的余裕がない場合は，船主打合せに使用した図書に船主打合せによる変更内容が分かるような書類（打合記録，仕様変更書など）を添付することで対応する場合もある．この場合は，後日，修正した仕様書や図面を船主に提出し，正しく修正されていることを確認する必要がある．

2.5 基本設計の実施

全ての仕様が契約前に決定されるため，契約後の基本設計作業は，契約前に実施した検討内容の最終仕様ベースでの見直し，実船建造用線図の作成とこの線図ベースでの配置関係の確認およびより細かな性能確認計算の実施，船殻構造基本図の作成，機器メーカの選定および発注などである．

2.5.1 承認図および参考図の作成

基本計画部門は，最終仕様ベースで推定した本船の重量，重心に基づいてトリムおよび復原性計算書を作成し，線図作成に必要なデータを性能設計部門に，船殻構造基本図作成に必要なデータを船殻構造部門に送付する．さらに，性能設計部門で作成された建造用線図データに基づいて**トリムおよび復原性計算書**（trim & stability calculation）の見直しを行い，喫水，トリムなどが許容範囲内に収まっていることを確認した後，**損傷時復原性計算書**（damage stability calculation），**艤装数計算書**（equipment number calculation），**乾舷計算書**（freeboard calculation）などを作成する．これらの計算書は，**承認図**または参考図として船主または船級協会に提出される．

機関艤装部門は，最終仕様ベースでヒートバランスの見直しを行うとともに，軸系ねじり振動計算を実施して，問題ないことを確認する．

電気艤装部門は，最終仕様ベースで**電力調査表**（electrical load analysis）を作成し，承認図面として船主に提出する．

なお，承認図または参考図として船主または船級協会に提出された計算書は全て，社内関係先にも配布される．

2.5.2　線図の作成および水槽試験の実施

性能設計部門は，基本計画部門が作成した最終仕様ベースのトリムおよび復原性計算書で使用されている排水量，貨物倉／タンク容量，浮心位置，メタセンタ高さなどの数値を満足するように建造用線図を作成し，この線図が基本計画部門の要求レベルに達したものであることを確認するため，線図データを基本計画部門にフィードバックする．また，この線図が契約書や仕様書などに記載されている速力，主機馬力，燃料消費量など，推進性能関連の数値を満足するものであることを確認するため，水槽試験を実施する．

この水槽試験から得られた推進抵抗値と自航要素に基づいて実船用のプロペラが設計され，場合によっては，このプロペラについて**キャビテーション試験**（cavitation test）（図 2.3）を実施することもある．

このような確認手順を経て，この線図が本船用の建造線図として適したものであることが確認された後，建造用線図として仕上げられ，船殻設計部門や詳細設計部門に限定配布される訳であるが，実際問題として，何度も線図を作り直すような時間的余裕は無く，所定の要求を満たす線図を一回で開発しなければならないことが多い．類似船型がある場合は，推定精度が高くなるため，要求レベルに達する線図を一回で開発することもさほど困難ではないが，類似船型が無い場合は，必ずしも一回で要求レベルをクリアできるとは限らない．また，仕様書に記載する数値の推定誤差が大きくなっていることも想定される．この

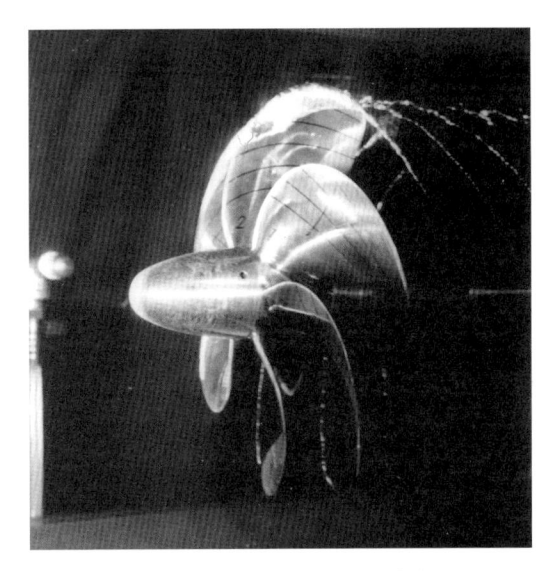

図2.3：キャビテーション試験

ような場合は，十分な事前検討と想定船型による水槽試験を予め実施するなど，受注確定後の限られた期間内でスムーズに建造線図を開発できるような事前準備をしておかなければならない．

なお，造船所の技術ノウハウの結晶である線図が社外へ流出することは絶対に防がなければならないという考え方が徹底してきていることから，船主に線図を提出しない造船所が増えており，船級協会に対しても守秘協定を締結しなければ線図を提出しないという造船所が多くなっている．

2.5.3　船殻構造図の作成

船殻設計部門は，基本設計部門から送付された中央横断面形状や各種積付け条件に基づいて船級協会が要求するルール計算や直接計算を実施し，**部材計算書**（scantling calculation），**強度計算書**（strength calculation）や**縦強度計算書**（longitudinal strength calculation）にまとめるとともに，これらの計算結果に基づいて中央横断面図，**鋼材配置図**（construction profile and plans），**外板展開図**（shell expansion plan）などの船殻構造基本図を作成する．

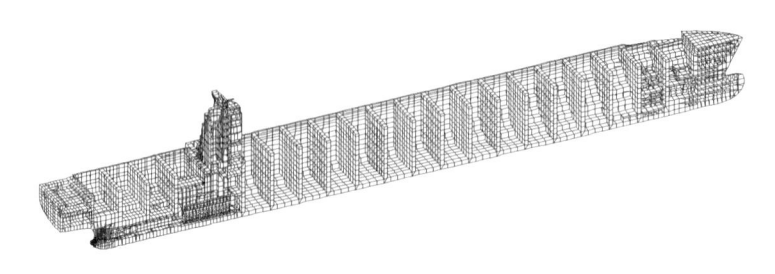

図 2.4：強度解析モデル

また，必要に応じて，**スラミング**に対する船首船底補強や，貨物タンク内の**スロッシング**に対する検討も実施する．なお，外板展開図は詳細設計部門が作成している造船所もある．直接計算における**強度解析モデル**の例を図2.4に示す．

これらの図面作成には4～5カ月という期間が必要であり，船級協会の承認に要する期間も含めるなら6カ月程度必要となるため，商船の建造工程は通常，船殻構造基本図の作成スケジュールに基づいて作られることが多い．

船殻構造データの受け渡しは，下流CAD（詳細設計から生産設計まで）からNC切断，ロボット溶接までは自動化されており，上流CAD（基本設計）と下流CADの連絡も徐々に行われつつある．将来的には上流CADから末端のロボット溶接まで自動化されることになると思われる．

2.5.4　主要機器メーカの選定および発注

契約時点で機器の仕様は決定しているが，同じような仕様の機器を提供しているメーカは数多くあり，特に最近のように為替リスク低減の観点から，**国際調達（IP；International Purchasing）**が積極的に促進されるようになると，選定対象となる機器メーカの幅は従来の国産メーカ中心の時代に比べ大きく広がる．

このような状況において，安くて良い機器を提供するメーカを選定するためには，各メーカに対して造船所から**引合仕様書（inquiry specification）**を送付し，その引合仕様書に基づいてメーカが提示した機器の価格を比較する方法を採用することになるが，メーカの提示する価格は個別ネゴを繰り返すこと

によって，また数社が競合することによって少しずつ下がる傾向があるので，どの段階でメーカを決めるかは非常に難しく，工程上許される限度一杯までネゴを続けることも珍しくはない．

なお，引合仕様書の作成，機器メーカの提示する機器の詳細仕様が仕様書の記載内容に合致しているか否かという確認は設計部門の所掌であるが，メーカとの価格ネゴは調達部門の所掌という造船所と，設計部門の所掌という造船所がある．

機器メーカの選定は，価格，実績，アフターサービス体制，技術的信頼性などに対する総合的評価に基づいて行われるが，どのような条件を重要視するかは造船所と船主では全く異なっており，造船所にとっては価格が大きな比率を占めるのに対し，船主にとっては実績やアフターサービス体制が大きな問題となる．

機器メーカは造船所が選定し，確認のために船主に提案するという方法が通常行われているが，船主としても自分の好みがあり，造船所が提案したメーカが気に入らない場合，そのメーカの採用を認めず，自らの馴染みのメーカを採用するよう造船所に申し入れてくる．船主の申し入れと造船所の提案の間に大きな価格差が無ければ船主の申し入れを受け入れることもできるが，その差が大きいと造船所として受け入れることができず，両者の妥協点を見つけるための話し合いが何度も行われる．

機器メーカについて船主の確認が得られると，引合仕様書を修正して**注文仕様書**（**purchase order specification**）が作られ，機器メーカに対して正式な発注が行われる．注文仕様書の作成は設計部門の所掌であるが，メーカへの発注はほとんどの造船所が調達部門の所掌である．

2.6 建造許可申請・入級申請

本船を建造するには国土交通省の建造許可が必要であり，この許可が得られて初めて船主と造船所間で締結された造船契約書が有効となる．このことは契約書にも明記されている．この許可を得るためには，本船が技術的，性能的に何ら問題が無く，また，適正な船価で受注した船であることを説明する必要が

あり，そのため，造船所は所定の用紙に必要事項を記入し，技術資料とともに海事局造船課に提出しなければならない．

以前はこの手続きのために多くの書類，資料を準備する必要があったが，平成9年8月4日付けで改正省令が公布，施行されたことにより，この手続きはかなり簡略化され，仕様書や中央横断面図，機関室配置図の提出が免除されている．

船級協会に対する入級申請は，個々の船級協会が独自のフォームの申請用紙を準備しているので，その用紙に所定事項を記入して提出することになる．

船級協会によって多少の差はあるが，適用法規，船籍，検査依頼項目，発行依頼証書，主要寸法，主要機器，契約日，建造スケジュールなどを記入する必要がある．

何年版の船級協会規則が適用になるかは，建造契約日（ABS），入級申請受領日（NK，DNV，BVなど），主要船殻構造図（中央横断面図）の承認日（LR）など，船級協会によって異なっているので注意が必要である．

2.7　詳細設計への引継

これら一連の基本設計作業が終了すると，設計作業の中心は基本設計部門から詳細設計部門に移る．この設計引継において，その後の設計作業の進展に支障をきたさないよう，技術資料に現れていない情報も含めた各種の情報伝達が行われる．一般には，情報伝達に漏れがないよう，設計引継資料という書物の形で引継が行われることが多い．

設計引継資料には次の項目が含まれる．

- 受注に至るまでの経緯，保証事項
- 本船の主要目，主な仕様，特徴
- 船主打合せの概要，打合せ出席者（船主側，造船所側）
- 引継資料，基本設計図面リスト
- 図面提出要領（船主側窓口，担当者氏名，住所，Tel番号，Fax番号，提出部数）

● 本船設計上の注意事項

　造船所によっては，設計引継連絡会という連絡会を開催してこれから設計に着手する詳細設計部門への動機付けとする場合もある．

【用語】

　本章で用いた用語と「古今用語撰」（関西造船協会会誌「らん」）に掲載された用語の対応を示す．

　　　高張力鋼：らん No.14，p.24 こうはん
　　　軟鋼："な"の章
　　　防蝕亜鉛：らん No.35，p.46 でんしょく
　　　電気防蝕：らん No.35，p.46 でんしょく
　　　ワンマン・ブリッジ・オペレーション："わ"の章
　　　隔壁配置：らん No.5，p.58 かくへき，
　　　　　　　　らん No.24，p.29 すいみつかくへき
　　　タンク配置：らん No.31，p.29 タンク
　　　居住区配置図：らん No.34，p.48 デッキ・プラン
　　　機関室配置図：らん No.9，p.20 きかんしつ
　　　有限要素法："ゆ"の章
　　　船体線図：らん No.27，p.34 せんず
　　　C_p カーブ：らん No.32，p.47 ちゅうけいけいすう
　　　フレーム・ライン："ふ"の章
　　　中央横断面図：らん No.32，p.46 ちゅうおうおうだんめんず
　　　メーカーリスト："め"の章
　　　キャビテーション試験：らん No.10，p.37 キャビテーション，
　　　　　　　　　　　　　　らん No.11，p.41 くうどうげんしょう

第3章
契約から詳細設計まで

　本章では基本設計の完了後に展開される船体構造設計および各艤装詳細設計について述べる．

3.1　はじめに

　詳細設計段階では中央断面図などの基本図では表しきれない船首尾構造，居住区構造をはじめとする船体構造の詳細設計を行うとともに，各艤装品の取り付け位置，各区画や居室内の詳細配置，配管，配線に関する情報を図面化し，現場工事のための図面を作成する．また，船級や官庁に提出する承認図，さらに，あらゆる機器，材料などを注文するための仕様書も作成する．これらの詳細設計業務は各設計担当グループにて同時並行で作業が行われ，関係する担当グループとの相互調整を行いながら契約仕様書で記載された性能，機能を発揮するよう設計が行われる．各担当グループによる設計が，時には相互関係において双方の設計が成り立たず設計のやり直し，または修正を行わねばならない場合も生じる．

　詳細設計は，造船所により異なるが，引合設計・基本設計とは別の組織，すなわち詳細設計専門の組織で行う．詳細設計の特徴は集約すると次の2点に絞られる．

1. 設計者が設計した通りに物が造られていく．

裏を返せば，引合設計・基本設計の不具合は詳細設計段階で発見されれば見直し・修正が可能であるが，詳細設計で発見されなかった不具合は工作段階で発見されるか，不具合のまま物が造られてしまう．

　すなわち，詳細設計には後工程で見直し・チェックをしてくれる部門がないということである．

2. 引合設計・基本設計以上に多くの設計者が並行作業を行うため，また詳細設計図を基に展開した現図，一品図により現場工事・後続作業が行われるため，重大な設計変更は多大な後戻り作業を伴う．

　詳細設計開始前には，全体予定（出図予定，機器納入予定，工事予定）を作成し，設計部門のみならず工作や購買部門と協議の上，工程に大きな不具合がないかを確認する．

　詳細設計では図面の数が多いため，全体作業を把握して作業の平準化を図るとともに，他部門との取り合い調整を要する時期を設定するために作成図面リストを作成する．要すれば他部門と出図時期の調整を行った後，出図する．これにより，どんな図面をいつまでに作らなければならないかが分かる．

　作成図面リストに基づき，船主へ提出する図面をまとめた船主提出図リスト，船級協会へ提出する図面をまとめた船級協会承認図リストが作成される．

以下に述べる解説は，設計が並行作業になることから時系列的には解説されていないことに留意してほしい．

3.2　承認申請図

承認申請図は船主，船級協会あるいは船籍国に提出される．

各設計の解説の中で，いくつかの承認申請図について述べる．

承認申請図は契約後の設計開始前に船主承認図リストおよび船級協会承認図リストを船体部，機関部，電気部毎に作成し，それぞれ船主および船級協会へ承認図として提出される．船主，協会は今後提出されてくる図面に不足がない

か確認し，不足分については追加要求のコメントを付し造船所に返却する．承認申請図は一般的に主要図面では1カ月程度，その他の図面では2週間程度の検討期間を経て造船所に返却される．

　承認申請図の返却が遅れると造船所の建造工程にまで影響を及ぼす場合もあり，造船所はできる限り早く図面を提出することを心がける．また返却図にコメントなどが付されている場合は最優先でそのコメントの処理，要すれば設計の変更を行い再承認申請図として提出する．船級協会は船籍国により委任され国際条約規則（たとえばSOLAS条約やMARPOL条約）に則って設計されているか，また協会独自に要求する船体構造強度規則に則って船体構造が設計されているかを確認する．

　船級協会からのコメントは規則に適合していない場合のコメントが主であるが，適用規則の解釈をめぐって造船所と船級協会は議論を重ねる場合もある．

　またパナマ運河航行のための設備など要件を満足していることの承認を得るため**パナマ運河当局（P.C.A.；Panama Canal Authority）**へ関連図面を提出し承認を得る．これは，建造する船舶がパナマ運河航行のための設備を有し，さらにパナマ運河規則を満足する配置とすることを契約仕様書に取り決められているため，造船所はその証明の意味合いも含め事前にP.C.A.から図面承認を得るものである．これに類する承認図としては**オーストラリア港湾荷役に関する船舶設備**(M.U.A.の要求(**M.U.A.；Maritime Union of Australia**))の承認申請も造船所より行われる．その他設備などの承認申請図は種々あるが，ここでは省略する．

3.3　詳細設計

3.3.1　詳細性能計算

　詳細性能計算は設計の上流に位置する基本性能と下流に位置する性能計算（完成計算）に分けられる．基本性能では建造線図に基づき各種タンクの容積計算，排水量計算，復原性計算，重量重心推定計算などの計算を行う．既に契約前の検討作業用線図でも同じ作業を行い基本的性能は船主との打合せで確定してい

るため，よほど大幅な設計変更がない限り新たな検討を行うことはない．タンク容積表，排水量等表を含む復原性計算書は参考図として船級協会へ提出する．

完成計算は各艤装設計部門にて行われた最終の詳細配置設計に基づいて行われる．これらの諸計算結果は本船引き渡し後の運航において使用される各種データ集である．**排水量等表**（hydrostatic table），**船体の各種タンク容積表**（tank capacity table），**タンク測深表**（sounding table），**貨物倉容積**（grain capacity, bale capacity），**載貨および復原性資料**（loading & stability information）などが含まれる．

排水量等表は建造線図を基に計算される．計算に際しては船体の外板板厚，舵，ビルジキール，サイドスラスタ開口などの船体の**型排水量**（mould displacement）から足し引きされるべき付加物も詳細設計図を基に計算に折り込まれる．通常，テーブルには喫水毎の排水量，**毎センチメートル排水トン数**（**TPC**; Ton Per Cm immersion），**毎センチメートルトリム変化モーメント**

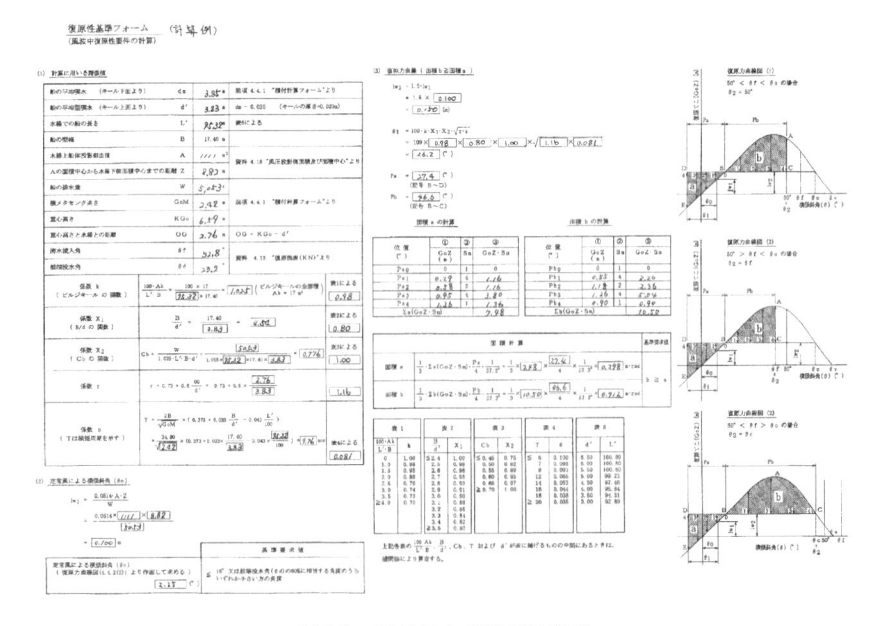

図3.1：載貨および復原性資料

(**MTC**; Moment To change trim 1 Cm)，キールからの**横メタセンタ高さ**(**TKM**; Transverse Metacentric height above Keel)，浮力中心，浮面心などが含まれる．タンク容積計算では構造設計部門にて設計される構造図を基にmm単位で寸法を設定しタンク容積を計算する．特に貨物船，ガスキャリアなどでは貨物倉容積が契約時の保証項目になり，貨物倉容積計算には神経を使った作業が行われる．

　載貨および復原性資料（図3.1）は貨物積載状態を含む基本的な運行状態全般にわたり本船の復原性が十分あることを判断するための資料である．船級協会から要求される基本的な貨物積載状態以外に船主が想定する各種貨物積載状態などにつき船体トリム，復原性能について計算され，これらの計算書は本船の運行時に乗組員への参考資料となる．また，船体の非損傷時，損傷時に十分な復原性を有するための船体重心とメタセンタとの距離（**GM**; distance between center of Gravity and Metacenter）を喫水に対してカーブで表したグラフなども含まれる．復原性資料は船舶の安全性に関するものであるため，船級を取

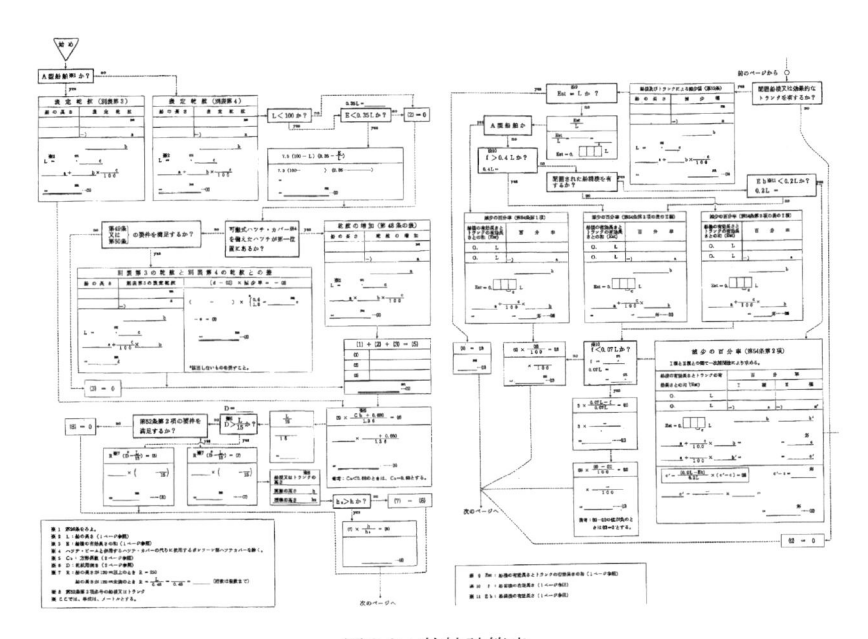

図3.2：乾舷計算書

得する船の場合は船級協会へ，また船級を取得しない船舶の場合はその船の船籍国に承認図として提出され，承認を得たものが本船に常備されている．

本船の建造線図，基本構造図がほぼ完成すると，**国際満載喫水線条約（ICLL 1966 ; the International Convention on Load Lines, 1966**）に従い本船が保持すべき乾舷の計算が行われる．通常，この計算は本船の主寸法を決定する段階で概略計算されているが，本船の乾舷を決定するために最終計算が行われる．日本船籍であれば決められた書式用紙に従い計算が行われ，その計算書が提出され本船の乾舷が決定され，乾舷マークの取り付けが許される（図3.2）．

また，本船の引渡し3または4カ月前には**国際総トン数（international tonnage）**証書取得のための準備作業が始まる．日本船籍の場合，測度要領図と称する総トン数計算を行うための要領を示す図面が作成される．

3.3.2　構造設計

基本構造図（key plan）を基に船体の構造強度，振動特性検討が行われる．強度検討では，船種にもよるが，全船FEMの大規模計算を行い船体の振り強度，貨物倉のハッチコーナー強度，二重底などの強度検討を行う．また，大馬力の主機関を搭載する船では居住区画の振動が問題となるため，FEM振動解析を行うことにより振動特性を予測する．特に振動においては契約仕様書でそのレベルが決められていることが一般的であり，振動解析の結果を基に居住区画の防振対策を検討し居住区画の構造設計に反映する．

これらの解析結果は**構造図（scantling plan）**に折り込まれ，船級協会の承認を受ける．構造図は船体構造の各部の板厚，骨サイズなど強度情報を示したもので，次に述べる詳細図とほぼ同じ図面となるが，工作のために必要な全ての情報はまだ入っていない．

構造詳細図（yard plan）では船体をいくつかのブロックに分割したブロック分割図を基に，それぞれのブロック単位で構造詳細図を作成する．船の大きさ，種類，および造船所の船台またはドックのクレーン吊荷重能力にもよるが，分割図は100種類を超える場合もある．

構造詳細図には各部材の寸法，板厚，溶接施工要領，板継ぎ，開口のコーナー

部円弧形状などの情報が表現され，これら図面が建造用の図面として使用される．工作施工上重要な部分は特に拡大図で表現され，現場施工の間違いを防止している．構造詳細図がある程度完成した時点では，艤装のための穴あけ情報を入れるため関係各課へ仮の詳細図面として出図される．艤装設計担当部門との調整により船体構造への穴あけ情報が折り込まれ，詳細構造図として完成する．また工事用あるいはタンクのマンホール用穴，配管のための穴情報，船体固定の垂直梯子，傾斜梯子，ハンドレールなど，取り付け位置などの情報も折り込まれている．

これら詳細図面は工事用の図面となるため，現場での建造段階において種々の理由（艤装品との関係など）により施工に不具合が生じれば，構造詳細図は修正のうえ変更図の出図が行われる．

また，各造船所毎にその建造設備能力が異なるため，構造詳細図に折り込まれる情報の種類，量は同じであっても施工指示内容は異なったものとなり，これら詳細構造図は他の造船所では一般的には使用できない．同じ会社内の造船所間でも使用できない図面もある．

構造詳細図は工事のための図面であるため，通常，船級協会，船主へは提出されない．船主要求により提出する場合は，参考図として提出される．

3.3.3 鉄艤装設計

鉄艤装の詳細設計では本船に装備される貨物荷役装置（揚荷装置，ランプウェーなど），錨，揚錨機，舵取機，係船金物，サイドスラスター（機関艤装品扱いの造船所もある），水密または風雨密鋼製扉，救命艇，救助艇などの詳細配置設計を行う．契約前の一般配置図作成段階ではこれら装置の基本的な配置検討はなされているが，この段階では艤装品を取り付ける場所の詳細構造が，まだ決定されていない．従って，詳細設計段階で船体構造との関係も含め装置の機能が十分発揮できるように，その詳細配置の検討，取り付け要領の検討が行われ，工事図の作成が行われる（図3.3）．

船舶に装備される鉄艤装品はそのほとんどがメーカー購入品であるため，装置そのものの設計は造船所では通常行わない．また，造船所によって異なるが，

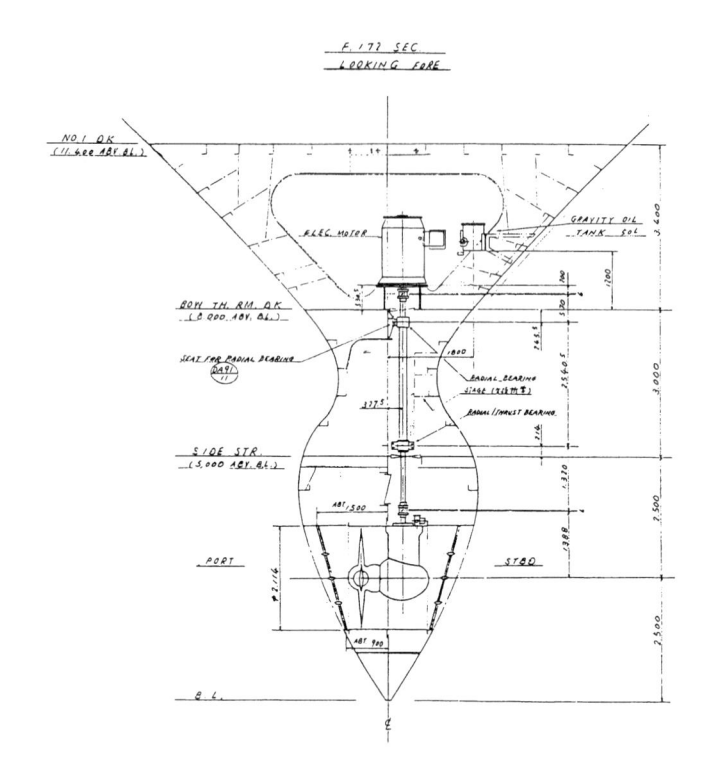

図3.3：バウスラスター室配置図

　貨物倉の倉口蓋（ハッチカバー），サイズの小さな鋼製蓋などはその設計を造船所が行い，製作をメーカーに依頼する場合もある．契約仕様書には通常，基本となる装置の能力，機能が記載されているが，装置の詳細仕様，材料などは記載されていないため，それらの情報を造船所標準および船主標準に従い注文仕様書に指定したうえで，メーカーから詳細仕様を満足する装置を購入する．メーカーへの機器発注後1カ月ないし数カ月後，メーカーから提出される装置図を基に船体への取り付け配置検討が始まる．
　船首，船尾の係船甲板に装備される係船機の配置設計では装置サイズが初期の基本計画時に想定していたサイズより大きくなる場合もある．建造線図に基づき設計された船体構造との干渉が避けられず装置配置ができなくなる場合も

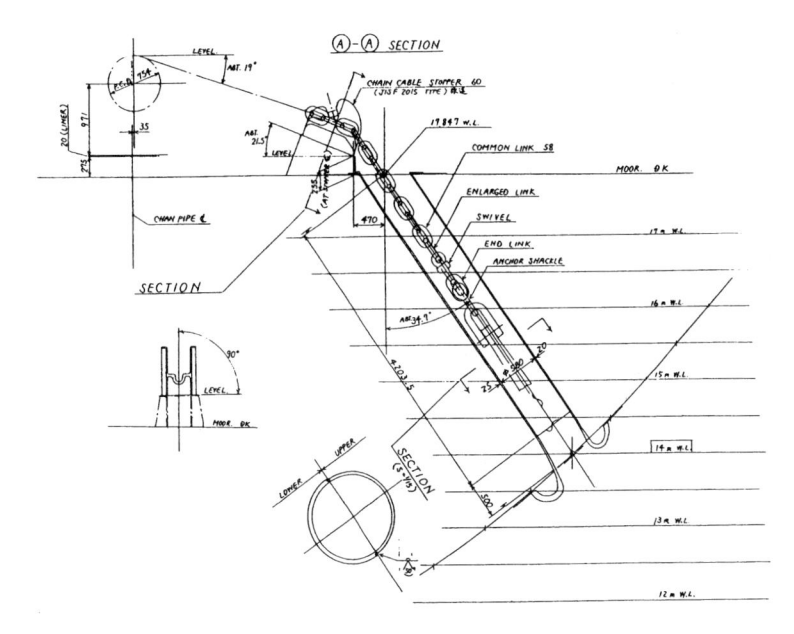

図3.4：収錨検討図

生じ，建造線図まで変更する必要が生じる．計画段階では，まだメーカーは決定されていないので，想定メーカーの装置図面を基に概略配置検討を行うことによるものである．造船所の建造経験が豊富な船の場合は，このようなトラブルはあまり生じないが，あまり経験のない船種の場合には問題が発生する可能性がある．建造線図は各設計部門で行われる設計に使用されるため，この段階での建造線図の修正は各部門の設計作業に大きく影響する．係船甲板は揚錨機，係船機，係船金物などを比較的限られた小スペースに配置する必要があるため，各装置の機能を損なわずに，かつ，いかにコンパクトに配置するかが重要となる．鉄艤装設計者の経験と知識に大きく依存するところである．

揚錨機配置および収錨検討では揚錨機の甲板上の位置，**ホースパイプ**（hawse pipe）の長さ，角度，**ベルマウス**（bell mouth）の位置，そして建造線図との相互関係を微妙に調整しながら配置が決定される（図3.4）．それぞれが適切な相互関係を保って配置されていないと，収錨の際，うまく錨が収納されず大問題

となる.従って,設計が完了した時点で実物大模型(モックアップ,**mock-up**)を作成し,適切な収錨の確認を船主から要求される場合もあるし,また,造船所自らが船主にモックアップテストを申し出る場合もある.

自動車運搬船(PCC ; Pure Car Carrier)では,自動車が自走して貨物倉内に入るため船側,船尾,船首,倉内にランプウエーが装備される.一基あたり数十トン,場合によっては船尾に装備されるランプウエーは数百トンにも達するが,このように重量物で,かつ大型で,しかも可動の装置を扱う場合は,より慎重で綿密な設計が要求される.検討が不十分であれば本船の就航後,円滑な動作ができなくなり,また船体構造の損傷にまでつながり,船主への大きな被害を招く結果になることもある.従って構造設計者と綿密な調整が何回も行われ設計が進められるとともに,取り付け精度,方法に関し,工事担当者と事前打合せが十分に行われる.

3.3.4 管艤装設計

管艤装設計では一般的に船体の各種タンクにつながる配管,消火装置配管,居住区画の配管,貨物倉の通風,居住区画の空気調節装置配置,通風装置などの設計が主となる.また,機関室内の配管は機関艤装設計部門で行われるのが一般的である.

管艤装設計は基本性能と配管艤装に分けられる.基本性能では船体各種タンクにつながる配管系統および,貨物倉／居住区画通風系統設計を行う.配管系統設計では船体に導設される管の曲がりによる圧力損失の計算も実施し,契約仕様書で決められているポンプ容量で所定の流量が賄えるか検討を行う.船種によっては貨物荷役時に生じる船体横傾斜を解消するための専用タンク(heeling tank),船体トリムを解消するためのタンク(一般的には船首,船尾タンク)をもつが,これらのタンクへの漲水,排水を制御し,契約仕様書で決められている性能を満足する配管系統の設計を行う.また,船体のあらゆる個所には必ず水溜まりが生ずるが,そのまま放置すれば錆の発生原因となるため,水が溜まると予想される個所に排水管を設け,排水をどのように行うか検討し,配管の設計を行う.また,燃料油として一般的にC重油を使用する場合が多いが,C

重油を燃料油タンクから機関室内のタンクへ移すためには適度な加熱が必要となり，加熱するための蒸気管の設計も行われる．

通風系統設計は各区画の必要通風量の算定，ダクトの導設計画，ならびに通風機容量の決定を行う．自動車運搬船の車両積載倉は車の排気ガスが充満するため，契約仕様書または規則で決められた換気回数を満足する通風機の容量，型番選定の際には特に注意を要する．またダクト内の抵抗による圧力損失量も考慮され，ダクトサイズ，導設要領が決められる．船主によっては倉内通風による騒音基準を設けているため，倉内車両配置，構造配置との関係を考慮しながらダクトサイズを決定する．居住区画はその大部分が空気調節装置により通風が行われるため，一般的にはメーカーにて空気調節装置容量設計ならびにダク

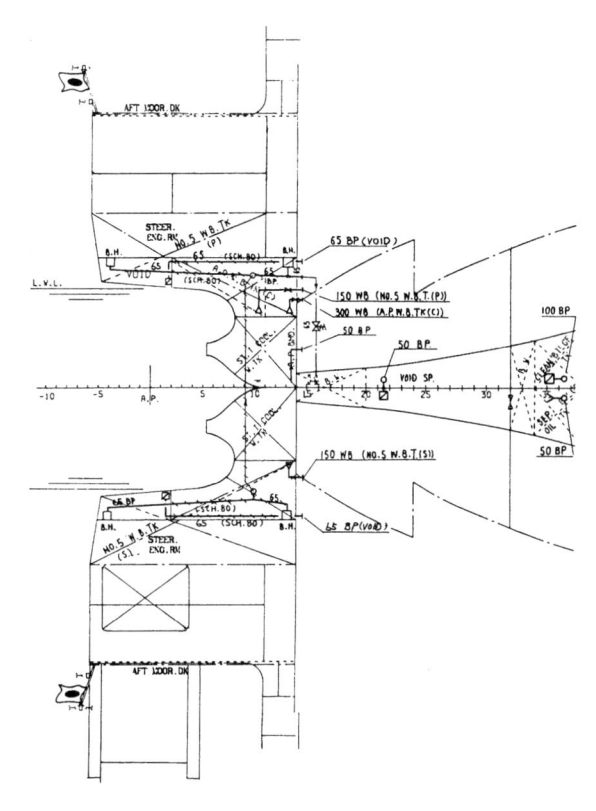

図3.5：配管系統図

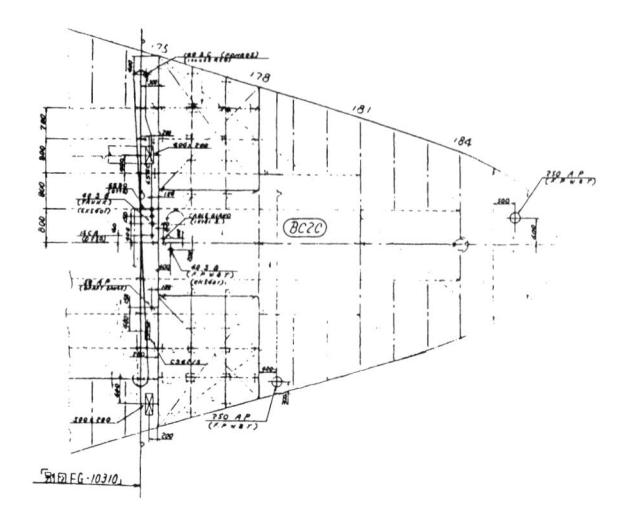

図3.6：配管艤装図（平面）

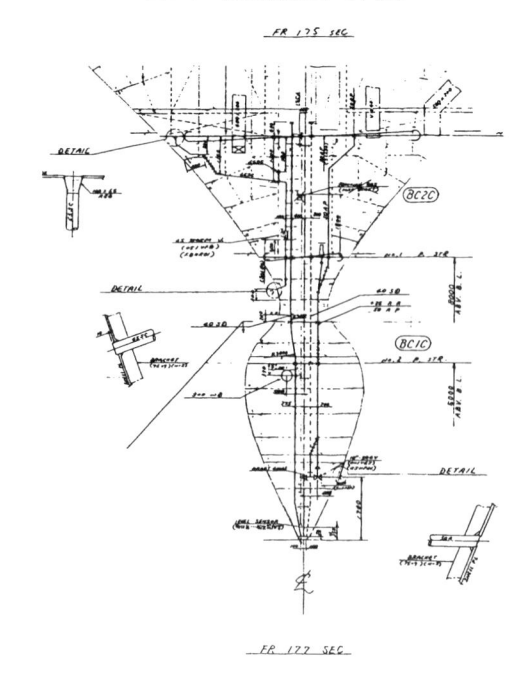

図3.7：配管艤装図（断面）

ト設計が行われる．居室数が非常に多い旅客船などではこれら設計作業が膨大となり，図面提出期限に追われ，設計者を悩ませる原因となる．

このような基本性能設計の結果は**配管系統図（piping diagram）**（図3.5），**通風系統図（ventilation diagram）**としてまとめられ，次の設計段階である配管艤装図へ展開される．

配管艤装図は船体構造図を基にどのように配管を行うか，ダクト導設を行うかを示すものである．また，配管，ダクトにつながる各種装置の配置設計もあわせて行われるのが一般的である．

配管艤装設計では各種管を船体構造のどの位置に配管するか，船体甲板のどこまで甲板下に配管し，どの位置で甲板上に配管を立ち上げるか，船体構造を考慮しながら配管設計を行う（図3.6，3.7）．

管の導設は船体構造に沿って導設するため，船体構造の一部に穴を空ける必要が生じてくる．この場合，船体構造設計担当部門に穴あけの依頼を行い，船体構造設計担当者は構造強度を考慮し必要な貫通穴を構造図に表現する．強度が不足する場合は補強を行ったり，また補強で補えない場合は管艤装設計者へ配管の導設位置の変更を依頼したりする．このようなやり取りを行いながら配管艤装図が完成する．配管艤装図は現場での配管工事図に直接反映されるため，この図面に不備があれば，現場での配管工事で誤作が生じ，現場工事の日程遅れなどにつながるとともに工事費用の大幅な増加につながる．

3次元の船体構造内の配管を2次元の図面上で表現するため，設計作業はかなりの熟練設計者により行われている．また，最近では構造物と管，または管と管の干渉チェックをコンピュータ処理により行うシステムも利用されるようになり，熟練設計者ほどの経験がない設計者でもかなりの設計ができるようになりつつある．

3.3.5　木艤装設計

居住区配置図（cabin arrangement）に従い，各部屋の詳細図を展開する．

最近では，居住区画内の工事を社外の専業メーカーに一括外注する造船所が多くなっているため，居住区画配置図をメーカーに渡し，詳細設計をメーカーに

て行っている場合が多い．船の居住区画内には最上層に操舵室，その下方に乗組員室，食堂，厨房などの各部屋が配置されているが，それぞれの部屋内部の家具配置を平面図，側面図で表現する．また，天井，壁には室内照明機器，空調機の吹き出し口，コンセントなどがつけられるが，それらの取り付け位置を示し，天井，壁に開ける取付穴の位置，大きさなどを示す図面（**cutting plan**）も作成する．

各部屋の壁，天井，カーテン，タイルなどの材料見本を準備し，色，柄などを船主と打合せて決定する．貨物船の場合は材料見本だけで決定するのが一般的である．旅客船の場合は数種類の部屋のカラーパースを作成し打合せを行うが，なかなか決まらず担当設計者を悩ませることが多い．

居住区画は乗組員の生活の場所となるため，火災に対する安全性はSOLAS条約で防火ならびに消火設備基準が細かく定められている．その基準に従い，壁，天井，床の防熱，およびそれらの境界を貫通するパイプ，電線などの貫通に対する防熱施工要領図，消火設備図を作成し，船級協会の承認を得る．消火設備については前項の管艤装設計部門にて行われる．

また，居住区画に対しては騒音に対する設計基準が契約仕様書で決められているのが一般的である．居住区画の下方に自動車積載貨物倉がある自動車運搬船は別として，一般的には主機関室が配置されているため，騒音基準を満足するように，種々の対策検討が行われる．壁，天井にはグラスウールなどの防熱材を遮音用として，床にはコンクリートなどを張り詰め防音対策を行っている．また浮き床を採用したりもする．各部屋の騒音を予測するための推定計算を行い，騒音基準を満足できないと予想される場合は前述の防音対策を考慮するとともに，居住区画の防振構造の変更または修正，さらに騒音源となる主機関をはじめ各種機器の防音，防振対策も行うことになる．

3.3.6　塗装設計

塗装設計では契約仕様書で決められた仕様に従い船体各部の詳細**塗装要領図**（**painting schedule**）を作成する．船体は数回に分けて塗装されるのが一般的であるが，各塗装回数での塗料の種類，膜厚，色，塗料の製品名などが表形

式にまとめられ，各塗装区画毎に設定される．注意を要する色の塗り分け部分は色と塗装範囲を指示する図面を添付し，さらに，構造が複雑な個所については三次元的図形表現を用いることにより工事施工者の理解を助け，施工間違いを防ぐようにしている．船一隻分の塗装工事を表および図面だけでは必ずしも十分に表現できないため，設計者と工事担当者との打合せが行われる．塗装工事は，かつて造船所の作業者が行っていたが，最近では塗装施工業者により施工されるのが一般的である．したがって設計担当者は施工間違いがないように，工事を施工するメーカーとの打合せも十分に行う．

船体の電気防食設計ではアノード（anode）の数，アノード配置などの検討が行われ，取り付け位置を示す図面が作成される．造船所によって担当部門が異なるが，船体の各個所に付けられるマーク類（煙突マーク，船名，船籍港名，タグプッシングポイント，バルバスバウマーク，安全マーク類など）の塗装についての施工要領図も作成される．

3.3.7　機関艤装設計

機関艤装設計は大きく分けて主機関および補機類の性能を担当する部門，プロペラおよび軸系を担当する部門，さらに機関室内全体の艤装配置設計を行う部門に分けられる．

機関室は船の中では独立した区画であるため，船体部とは区別し，機関室内だけで基本図から詳細図まで作成するのが一般的である．

主機，補機類の要目は船の引合い計画段階で決定されているが，契約後の詳細設計段階でメーカーが決定されると，全体見直しが行われ調整される．各種機器の要目は契約仕様書で決められ，その要目が変わることはあまりない．主機の据え付け要領は船級協会へ提出され承認を受ける．

プロペラ，プロペラ軸はその配置設計が行われる．定期検査時の軸の解放および軸振動を考慮した軸受けの配置，軸の吊り上げ方法も詳細に検討される（図3.8）．プロペラ軸は船体船尾構造の狭隘部に配置されるため構造設計部門との調整が行われ，構造部材寸法の調整も行われる．軸の振りおよび縦振動推定計算も行われ，軸の配置図，軸本体図を含め，船級協会に承認図として提出され

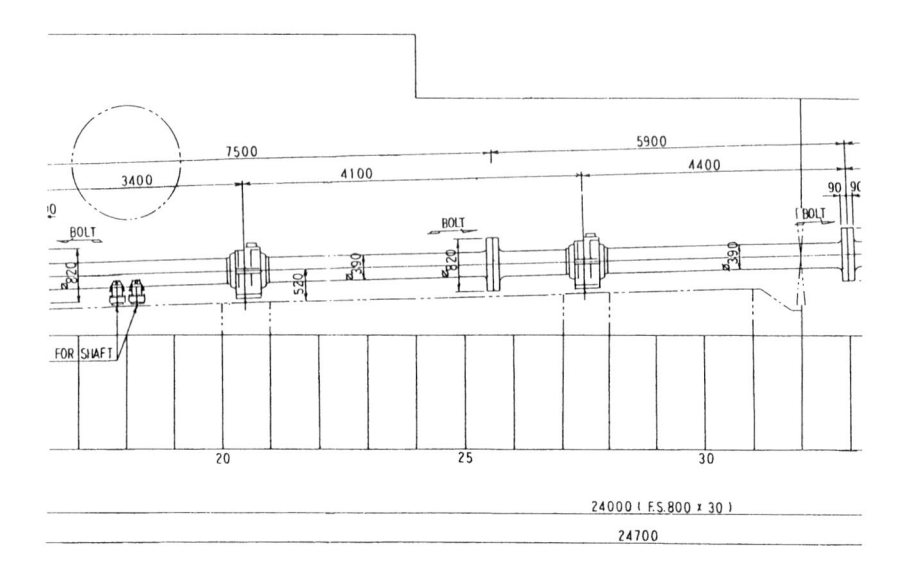

図3.8：軸配置図

る．プロペラ設計はプロペラメーカーで行われるか，自社の推進性能部門で行われ，プロペラ図が機関設計部門のプロペラおよび軸担当部門の設計図面として出図される．

　機関室艤装配置設計では機関室内の**機関室配置**（M/A；machinery arrangement in engine room），配管設計，通風ダクト導設などの配置設計を行う．配管，通風ダクト配置は船体部でも行っているが，機関室内は船体部と独立して設計を行うことは先に述べたとおりである．

　機関室配置において各種機器配置および機関室内の部屋配置の考え方が船主によって異なるため，契約前に造船所が準備した配置図を基にその打合せが行われる．従って，契約時点では主要機器の配置はほぼ決定されており，詳細設計では船体構造との関係も考慮し詳細配置を検討するとともに，契約段階の配置図で表現されていなかった機器類も配置され，船主，船級協会へ承認申請図として提出される．機関室配置図は機関室内各甲板の平面機器配置図，機関室側面図，断面図で構成される．また，機関室内の階段などの通路も図示される．

　機関室内各種機器の制御を行う機関制御室の詳細配置検討が行われ，制御室

配置図として作成される．

主機関，補機用排気ガス管の機関室内および煙突内の導設配置も詳細設計され，工事用図面として作成される．機関室内の各種機器間の配管に関する配管系統図，機関室構造との関係を考慮した配管艤装図などが作成される．

3.3.8 電気艤装設計

電気艤装設計は大別して発電機，配電，動力，照明などを扱う電気設計と，自動化計装，航海，通信，無線装置などを扱う電子設計とに区分される．電気設計において最も基本的図面は**電力調査表**（electrical load analysis）である．これは船内で使用される電気の需要を調査し，発電機負荷が適切になっていることを示す表である．船の計画初期段階では，本船装備の電気機器，装置などを想定してこの調査表を作成し発電機容量を決めるが，詳細設計では装備される機器，装置のメーカーが決定された後，調査表の見直しが行われ，発電機負荷の再確認および調整が行われる．また，発電機への過負荷を防ぐため，電力負荷があるレベルに達した場合に優先的に電力供給を遮断する機器，装置を設定する．発電機から主配電盤，副配電盤，区電盤，分電盤を経由し，各末端の電

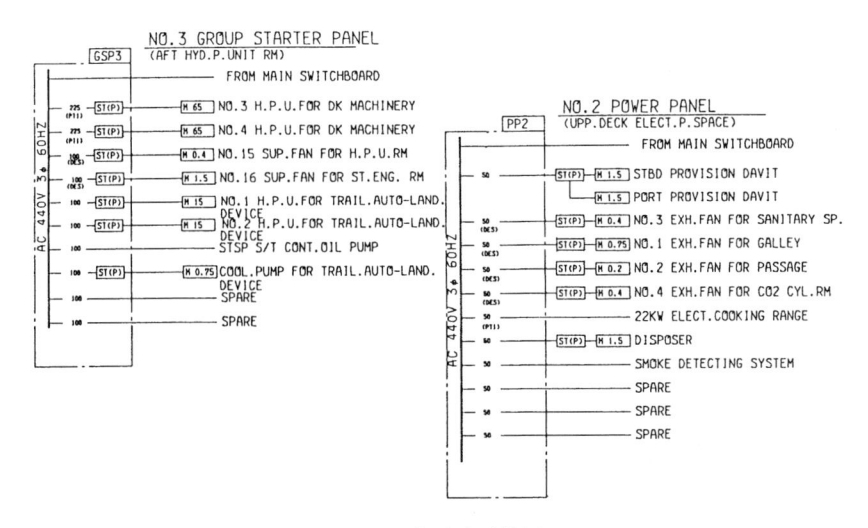

図3.9：主電路系統図

気機器，装置への配電を行うための**主電路系統図**（wiring diagram of power system）（図3.9），および船内照明への**照明装置系統図**（wiring diagram of lighting system）の設計が行われる．この段階で，各電線のサイズが決定される．電子設計では通信，航海，無線装置および船舶自動化の信号送信の系統図が設計される．各系統図を基に船体のどの位置に電路を通すか，船体構造との関係を考慮しながら電路配置図が作成される．配管艤装図と同様に，場所によっては船体構造に穴をあけ，電路を通す必要が生じるため，船体構造設計部門との調整が行われる．

船内照明関係では甲板照度，室内照明の計算が行われ，照明機器の配置が決定される．

造船所により所掌が異なるが，操舵室の航海計器の配置を電気設計部門が行う．電力調査表，各種系統図，動力，照明，通信装置配置図など，主要図面が船級協会，船主へ提出され承認を得る．

3.4　各種検査，試験および試運転要領書

船体が進水した後，艤装岸壁で各種艤装が行われはじめると，各設備の船上試験，検査が艤装工事と並行して行われる．たとえば，救命ボートの揚降試験，主機起動試験，荷役用または雑用のクレーン揚荷試験等々がある．また船体がほぼ完成した状態で**軽荷重量査定・傾斜試験**，その後，**海上試運転**が行われる．

それぞれの試験に対し担当各部門が試験または試運転要領書を作成し，船主，船級協会へ提出しそれぞれの承認を受ける．

3.5　完成図書

船が完成し引渡される時に，本船および船主の事務所へ本船の設計図が**完成図書**（finished plan）として一式渡される．

完成図書は引渡し後の運航，各種機器の取扱い，メンテナンスに必要な資料，図面，メーカーからの購入装置の図面・取扱い説明書などが主体となるが，引

[第3章] 契約から詳細設計まで

渡し後の検査時に主として活用される各種試験，海上試運転の成績書などもこの中に含まれる．

【用語】

本章で用いた用語と「古今用語撰」（関西造船協会会誌「らん」）に掲載された用語の対応を示す．

　　　FEM（有限要素法）振動解析："ゆ"の章
　　　モックアップテスト（実物大模型）："も"の章
　　　（国際）総トン数：らん No.29, p.14 そうとんすう
　　　アノード（防食亜鉛）：らん No.35, p.46 でんしょく

第4章
生産計画から艤装工事まで

本章では，詳細設計完了後に展開される，生産計画から船体工事，艤装工事までについて述べる．

4.1 生産計画

我が国では昭和24年頃から，**ブロック建造法（block system）**が本格的に採用され始めた．それまでは，船台で外板やロンジなどを1個ずつクレーンで吊って取り付けていたが，地上で組み立てたブロックを大クレーンで搭載するようになったため，船台期間が大幅に短縮された．ブロック建造法の採用は，搭載クレーンの大型化，ブロック組立工場の出現，地上と船台の工程の分離による部品管理の詳細化など，船舶建造に大きな革新をもたらした．

4.1.1 ブロック分割の検討

ブロック分割（block division planning）は，設計の終わった（または設計中の）船を，その工場の設備能力や生産思想に合った製作単位のブロックに分けていく作業である（図4.1）．ブロック分割はその善し悪しによって，船殻や艤装，その他全職種の能率，品質，安全に大きな影響を与えるため，非常に重要である．このため，検討する項目も多く，各項目が相反することも多い．ブ

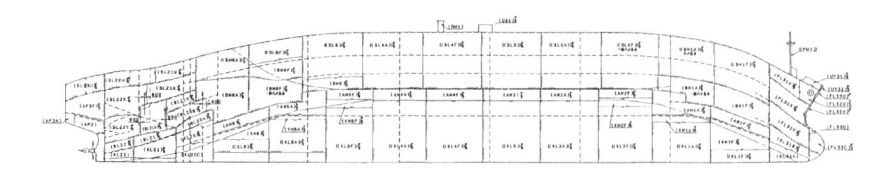

図4.1：ブロック配置図

ロック分割は各造船所の設備制限や伝統的工作法によって異なるものであるが，一般的な検討項目例を以下に述べる．

- ブロックの寸法や重量が，工場の設備能力内で可能な限り大きくなるように分割する．重量は艤装品や足場重量も考慮する．
- ブロックを外注する場合は，外注工場の設備能力を考慮する．
- 各工程での作業姿勢を考慮し，できるだけ下向き姿勢の溶接となるようにする．
- 搭載工程での高所作業，足場作業を減らす．
- 運搬や反転の際，大きく変形しないように，ブロック自体が剛性を持った分割にする．
- ブロックの精度が保ちやすい形状に分割する．
- 船型を保持しやすいブロック形状にする．
- 搭載時の安定性の良いブロック分割にする．
- タンクやホールドが早くまとまる分割にする．
- 先行艤装やユニット艤装のまとまりを考慮した分割にする．

このような項目を，すべての職種にわたって考慮しなければならない．また初期のブロック分割の段階では，未決定の設計情報や艤装品情報を，過去の経験から推測しながら分割しており，熟練と経験が必要な部分もある．ブロック分割が終了すると，ドック（dock）（船台（building berth, building slip）の場合もあるが本章では以下ドックで統一する．）での搭載順序を決める．搭載

順序は，ブロックの展開方式やドックの建造方式によって異なる．一般的に搭載起点となるブロックは機関室の前端ブロックが選択される．この理由は，船体の中で機関室および船尾部構造が複雑であること，主機 (**main engine**) や補機 (**auxiliary machinery**) や配管 (**piping**) などの艤装工事量が多いこと，隔壁 (**bulkhead**) があるため位置決めに有利であること，船型形状も保ちやすいことなどが挙げられる．ブロック分割と搭載順序が決定すると同時に，搭載日程が作成される．起工 (keel laid) から進水 (launching) までの間にブロックがどのようなピッチで搭載されるかを決めるものである．この際，以下の事柄が考慮される．

- **建造線表** (**berth schedule**) で設定された建造日数を守る．
- **軸芯見透し** (**shaft center sighting**)，主機搭載，進水などの主要な接点の時期を，船殻，艤装，塗装，足場などの複数工程との関連から決定する．
- 搭載クレーンの作業負荷を考慮する．
- ブロックの位置決め，取付，溶接，艤装品搭載などを考慮して，適正な搭載間隔をとる．

4.1.2　日程計画検討

　日程計画の目的は，各工程間のネットワークの統制をとること，各工程での工事量を平準化することである．工程間のネットワークの統制がとれていないと，ストックされるブロックが増大する．工事量が平準化されていないと，工事が計画通りに順調に進まない．ストック数最小と工事量の平準化は相反するものであり，日程計画者の悩みどころである．

　一般に管理量には**溶接長** (**welding length**) や**重量**や**部材数**が用いられている．管理量に，単位時間当たりの作業量を掛け合わせ，標準工数を算出し，日程平準化の目安としている．

　日程計画は搭載日程をもとにして，**総組立日程，大組立日程，小組立日程，加工日程，鋼材発注日程**の順に工程を遡って作成される．製鉄所での鋼板製作日

数の関係で，鋼材発注は加工開始の1.5～2カ月前である．この時期には全工程の日程が決定されていなくてはならない．

　総組立日程は，搭載計画，ブロック艤装，塗装計画をもとに作成される．総組立日程は，搭載工程と同期化する必要がある．これは，総組立ブロックは巨大であるため，施工できるエリアが決まってしまうこと，搭載までのストックが長いとエリアを長期間占有してしまうこと，運搬が困難なことなどが原因である．

　大組立日程は，搭載計画，総組立計画，ブロック艤装計画，塗装計画をもとに作成される．大組立定盤は，**コンベアー定盤**と**固定定盤**に分類されるが，定盤種類よって日程作成方法が異なる．コンベアー定盤の場合は，いかに有効に回転させるかを考慮する．ライン内の工程間で滞留が起きないように，できるだけ同じ種類のブロックを連続して流したり，作業の多いブロックと少ないブロックを交互に流したりする．固定定盤の場合は，限られた定盤面積をいかに有効に使い，配員数の変動をいかに少なくするかを考慮する．

　小組立日程は，大組立日程をもとに作成される．小組立工程は，一般に汎用の平定盤が多い．作業量の負荷山積みや，大組開始までのストック期間を考慮して，できるだけ日程を平準化する．コンベアー定盤は，小組立でも採用されており，大組立の場合と同様に作成される．

　加工日程は，小組立日程をもとに，切断機種別に作成される．小組立の開始日順や，切断機能力を考慮して決定される．

　鋼材発注日程は，鋼材マーキンにかかる日数や鋼材ヤードでの展開日数を，加工日から遡って設定される．

　このように日程計画では，同時期に建造される複数の船を考慮し，複数工程のネットワークの整合性を保ち，平準化やストック数も考慮しなくてはならないため，非常に煩雑な作業となる．このため，市販の日程管理ソフトやこれをカスタマイズしたもの，自社開発したシステムを使って計画される場合も多い．あらかじめ日程情報を入力しておけば，各工程のネットワークの整合性は確保されるため，計画者は各工程の作業量の調整に専念できる．

4.2 現図

設計図は最後の仕上がり状態を示しているが，どうやって製作するかという指示がなされていない．詳細設計で作成された図面に，製作情報を織り込んだ図面を**工作図**という．工作手順に従い，ブロック名や，部材名，部材番号などが記入される．

同時に，組立図面単位に必要な全ての部品を，ブロック名，部材名毎にまとめた**部材表**が作られる．部材表は，鋼板切断時に部材製作の管理表として使われたり，小組や大組で部材の集結に使用される．また，現図作業で一品単位の消し込み表に使用されたり，溶接長や重量の管理量算出などにも使用される，非常に重要な表である．

工作図も，一般には全ての部材を表してはおらず，また寸法や形状も不正確である．部材一品一品を正確に描く作業を行うのが**現図**（**mold loft**）である．現図作業には，一般に下記のようなものがある．

- 性能設計で描かれた船体線図（**lines**）を拡大して**フェアリング**（fairing）し，船型の最終形状を決定する．フレーム（**frame**）の割り込み，シーム，ロンジのランディング（**landing**）を行う．

- 一品一品の部材形状を正確に描き出す．船の前後部の複雑な曲面も，平板を加工して作成する．この曲面を平面に展開するのも現図の仕事である．

- 工事がやりやすいように，型や定規の製作の工作指示を行う．曲げ加工する際の型板の製作なども現図の仕事である．

- 形状を定義した部材一品一品を，鋼板からどのように切り出すかを示す**切図**（**cutting plan**）（図 4.2）を作成する．できるだけ使用鋼材が少なくなるように，組立時期が同じ部材を集めて（一般にはブロック別），鋼板上に**ネスティング**（**nesting**）される．鋼板発注や，NC 切断機のデータとして使用される．

現図作業のシステム化は，比較的早い時期から着手された．詳細設計の図面を入力し，図面自体の出力，フェアリングや外板ランディング，現図の一品図

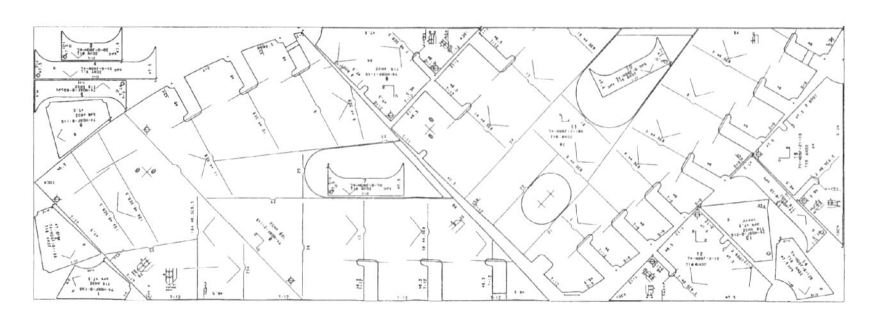

図4.2：切図

作成，切図の作成を行う．また，NC切断機，溶接ロボットの動作データの作成や，溶接長，ブロック重量などの管理量も算出している．

4.3 船殻工事

船殻工事は，材料の鋼材入手から進水までが主な工事範囲となる．加工，小組，大組，搭載の4ステージに分類されることが多い．

4.3.1 鋼材入手

造船所から発注された鋼板は，製鉄所から小型船やバージ（barge）で造船所に運搬される．**鋼材ヤード**（**steel storage yard**）に陸揚げされ検収された鋼板は，加工順序に合わせて**山付け**される．この際，日程変更によって加工順序が変更した場合でも，多数の**板繰り**が発生しないように山付け順が考慮される．

4.3.2 加工開始

鋼材ヤードから，**内業工場**に搬入された鋼板は，**ショットブラスト**（**shot blast**）で表面の**黒皮**（**mill scale**）を除去され，**ショッププライマー**（**shop primer**）で塗装される．ショットブラストでは1～2 mm径の鋼球が鋼板に打ち付けられる．ショッププライマーは，ブロック建造中の鋼板の防食や後の上塗り塗装との密着性をよくすることが目的である．

ショッププライマー処理された鋼板は，**切断線**（cutting line）や文字情報を**罫書**（marking）される．自動罫書と手罫書があるが，自動罫書は**NCマーキング機**（numerical controlled marking machine）が代表的な機種である．

切断工程では，鋼板にネスティングされている部材の形状によって切断機種が決まっており，そのほとんどが機械化されている．代表的なものは，**NCプラズマ切断機**（numerical controlled plasma cutting machine）であり，以前の**ガス切断**（gas cutting）に比べ，高速で熱変形が少ないという利点がある．近年では，**NCレーザー切断**（numerical controlled laser cutting）を行う造船所もある．切断工程の処理量は，切断機械の能力で決まってしまうため，最近の増産体制の影響で2交代，3交代勤務態勢を行う造船所が多い．

曲げ加工は，**冷間加工**（cold working）と**熱間加工**（hot working）に分けられる．冷間加工は，**プレス**（press）や**ベンディングローラー**（bending roller）で鋼板を塑性変形させるものである．ビルジ外板のR曲げや，ナックル曲げが行われる．熱間加工は，ガスバーナーの加熱と水ホースの冷却の繰り返しによって，所定の曲げ形状に熱変形させる工程である．船体の前後部の美しい外板曲げ形状はここで造られる．経験産業といわれる造船の中でも，最も作業者のノウハウに依存している工程である．一部では，エキスパートシステムによる**線状加熱ロボット**（line heating robot）も開発されている．

4.3.3 ブロック組立

ブロック組立は，**小組立**（sub assembly），**大組立**（assembly），**総組立**（grand assembly）に分類される．小組立，大組立は工場内で行われ，総組立はドックサイド（dock side）などの屋外で行われることが多い．

小組立は，パネルに小部材を配置する程度の比較的簡単な構造のものが多い．重量も40ton程度までである．下向きの溶接が多く**簡易自動溶接**が広く適用できること，開放区画が多く作業環境が良い，などの理由により，作業能率は良い．部材の構造や大きさや形状によって，場所の専用化が行われている．単純パネル構造の製作定盤をコンベアーライン化し，**配材ロボット**や**溶接ロボット**（図4.3）を配置した**タクト生産**を行っている造船所もある．パネル同士を立体

図4.3：溶接ロボット

化する工程を中組立として，小組立と工程を分けている場合もある．

　大組立は，一船に占める作業時間の割合が最も大きく，建造コストに対する影響が大きい工程である．このため，組立工程の中で最も機械化や自動化が進んでいるステージである．大組立のブロックは，平面ブロックと曲がりブロックに大別される．平面ブロックは，船体中央部の大部分を占める平行な部分を構成するブロックである．工作法には，**ロンジ先付け工法，枠組み工法，単板工法**などがあり，造船所の方針によって選択されている．どの工作法においても**板継ぎ溶接，隅肉溶接**，溶接ロボットなど，自動化やコンベアー化がかなり進んでいる．曲がり部は，主に船体の船尾，船首部分を構成するブロックである．ブロックの曲がり形状に合わせられるように，伸縮式の**スタンション治具**を据え付けた固定定盤上で組み立てていく工法が一般的である．曲がりブロックは，一品毎に形状が異なり，形状も複雑であるため，平面ブロックに比べ自動化は難しい．しかし，曲がり外板の自動板継ぎ溶接機やスタンション治具のNC制御による自動高さ調整機などの自動化や，移動定盤によるライン化も実用化されている．

　総組立は，大組立ブロック同士をドックサイド定盤で組み合わせ，より大き

な搭載ブロックにする工程である．総組立を行うことにより，ドック内の作業を，溶接機や定盤がそろった地上で行うことができるため，作業能率や精度の向上が期待できる．総組立は，屋外で施工される場合が多いが，ドックサイドに移動建屋を配置し，作業環境をより向上させている造船所もある．また，総組立することにより，搭載するブロック数が減少するため，ドック建造期間が短くなり，より多くの船を建造できる効果もある．

ブロック組立時の溶接熱で，部材に熱変形が発生する．いわゆるひずみである．ひずみは，部材同士の結合精度を悪化させ，上部構造や外板などの暴露部では美観を損ねる．ひずみを除去するには，荷重をかけて塑性変形させる方法と，熱変形を利用する方法がある．塑性変形は，プレスやローラーによって与え，熱変形は，加熱と水冷により部材を熱収縮させて与え，ひずみを除去する．熱変形は，ガスバーナーと水ホースで作業できるため，手軽であり，加工からドック内作業まで広く行われる．しかし，うまく加熱しないとひずみがとれないばかりか，加熱し過ぎで部材が収縮したり，加熱する部分や手順によっては他の部分にひずみが発生したりする．加熱の順序，場所，量など，作業者のノウハウや技量が必要となる作業である．

4.3.4 搭載

大組立や総組立されたブロックを，大型クレーンでドックの所定の位置に据え付けていくことを**搭載**（**erection**）（図4.4）という．また，ある船の最初のブロック搭載を**起工**（**keel laid**）という．オーナーが起工に立ち会うこともあり，起工式として華々しく行われる．起工の際，契約時に引き続き船価の第2回支払が行われる．

ドック内の船殻作業は主に，**決め方**，**取付け**，溶接に分けられる．決め方とは，搭載時ブロックを据え付ける位置を決め，船型を正しく造りあげることをいう．決める位置によっては，大きな**目違い**（mis-alignment），**ギャップ**（gap）が発生する場合もあり，後工程で大きな修正作業量を発生させてしまう．船型を保ちながら，目違いなどの修正を最小に決めることが，決め方作業者の腕の見せ所である．取付けとは，決め方の終わったブロックの目違い，ギャップを

図4.4：ブロック搭載

修正し，溶接ができるように，**仮止め**を行うことをいう．溶接は，取り付けられたブロックに，決められた溶接手順，溶接方法に従い施工される．溶接手順や方法は，鋼板の種類や残留応力軽減の見地から決められている．

ドック内作業の自動化は溶接を中心に行われており，外板の**立て向き突合溶接機**，二重底や上甲板の**片面自動溶接機**などが実用されている．また，**高所作業車**が広く採用されたことにより，足場板が減少した．

4.3.5 進水

船台またはドックから船体を海に引き出すことを進水（launching）という．船台進水では，進水台に載せた船体を船台の傾斜を利用して，一気に水中へ滑走させる．一瞬のうちに海上に移動するため，荷重の変化が大きく，綿密な事前計画が必要である．通常，大型船はドック建造を採用する場合が多く，ドック進水となる．ドック進水では，ドックに海水を注入し船体を浮揚させる．ドック内水位と潮高が等しくなった時点でドックの扉を開け，船体を引き出す．船体を水平に浮揚させないと，接地している船底の一部に船体荷重が集中し，こ

の部分を損傷する可能性がある．このため，タンクやカーゴホールドにバラスト水を積み，進水重量の調整が行われる．

通常，進水にはオーナーが立ち会い，進水式が催される．この際，船価の第3回支払が行われる．進水後，引き出された船は岸壁に係留され，船殻から艤装主体の作業に移行する．

4.4 艤装工事

4.4.1 艤装工事の分類

艤装工事（**outfitting**）は，職種別に分けると**船体艤装，機関艤装，電気艤装**の3つ，工程で分けると先行艤装，船内艤装の2つに分けるのが一般的である．船体艤装は，機関，電気関係，主に機関室を除く船全般の取付工事を指す．操舵機，係留装置，荷役装置，消火・救命装置，交通装置，各種配管，通風ダクトなどが含まれる．貨物船では荷役装置やハッチカバーの工事，タンカーではカーゴライン（**cargo line**）やヒーティングライン（**heating line**）などの配管工事が多くなる．また居住区の艤装も船体艤装に含まれる．船の運航に必要な通信装置や航海計器以外にも，船員が生活するための設備である食堂，冷蔵庫，ベッド，浴室など工事が施工される．

機関艤装は，主機，タービン，ボイラー，プロペラ，発電機，ポンプなどの据付工事および各種機器を結ぶ計装配管工事を指す．LNG 船などの工期が長期にわたる工事については充分な内部防錆が行われる．

電気艤装は，船全体の電気配線，電気機器類の取付けを指す．照明，レーダー，通信機器などの他，荷役制御や運航を自動化するためのシステム関連機器が含まれる．

4.4.2 先行艤装

先行艤装は，**ブロック艤装**と**ユニット艤装**に分類される．

ブロック艤装（図4.5）とは，船殻工程と並行して地上でブロックに艤装品を取り付けることをいう．小組や大組，ドックサイドで，できるだけ艤装品の配

図4.5：ブロック艤装

材と取り付けが行いやすいステージが選ばれる．しかし，取り付けステージが多岐にわたるため，艤装品の配達，作業指示が難しくなる．このため，**一品図**（製作図）と**取付図**が出図されるようになった．取付図には管理表が添付されており，管理表に従って艤装部品が集められ，ブロック艤装を行う場所まで運ばれる．ブロック艤装の量が多い場所は，機関室の二重底や，タンカーのポンプ室のブロックであり，艤装品としてはパイプ類が多い．ブロック艤装を行うと，作業場所が搭載後の船内から地上に移るため，部品の配材が容易になり，また下向きの作業姿勢が多くなる．このため能率の向上や工期の短縮などが期待できる．また，船内での高所足場作業が地上の低所地上作業になるなどの安全上のメリットもある．

ユニット艤装とは，地上でいくつかの艤装品同士をまとめてユニット化しておき，船体またはブロックに据え付けることをいう．これらのユニットは，直接ドックで船体に搭載される場合と，ブロック艤装の一部として組み込まれる場合とがある．一般に，ユニットは，専用の定盤や工場で製作される場合が多い．ユニットの種類には，ポンプなどの補機とパイプやバルブを組み合わせた**補機ユニット**や，パイプとバルブを組み合わせた**パイプユニット**（図4.6）など

図4.6：ユニット艤装

がある．主にユニット艤装が行われるのは，艤装品の多い機関室二重底や，タンカーの上甲板カーゴパイプ，ポンプルームなどである．ユニット艤装もブロック艤装と同様に，船内作業が地上化されるため，能率向上，工期短縮，安全上のメリットがある．

居住区は，前述のように通信装置や航海計器，食堂設備，冷蔵庫，ベッド，浴室など艤装品の種類が多く，工事量も多い．しかし，居住区は機関室の上に位置しているため搭載が必然的に遅くなり，工事日程が十分にとれず，作業を平準化することが困難である．そこで，ドックサイド定盤で居住区の5～6層を総組して大ブロック化し，搭載前に先行して艤装工事を行うことによって，工事量の平準化を図っている．居住区ブロックの総組と艤装を含め，一括で外注製作する場合もある．

4.4.3 船内艤装

船内艤装（on board outfitting）は，ドックの船内または進水後，岸壁の係留船内で行う艤装である．船内艤装には，主機，プロペラ，舵板の搭載据付

や，先行艤装されたパイプのブロック接合部での合わせ，その他，荷役工事，配線工事，木工工事，装室工事などがある．

近年の船内艤装は，**区画艤装**方式で行われている．これは，船内で管理しやすい艤装品点数，仕事量を把握しやすい仕事場の広さなどの観点から，船内をいくつかの区画に分け，区画単位で作業をまとめていく方法である．以前は機能別に作業が進められていたので，たとえば油ラインと海水ラインの作業者が同じ区画で混在し，作業が干渉する場合があった．区画艤装では，同一区画は同一作業グループで施工するようになり，生産性が大きく向上した．

4.5 塗装

塗装は，搭載前の**ブロック塗装**（block painting）と搭載後の**区画塗装**（compartment painting）に分類される．塗装の施工状態によっては，就航後の錆の発生に影響することもあり，メンテナンス費用に大きく関係する．建造中のオーナー検査で最も注目される部分の１つである．

ブロック塗装は，大組立や総組立されたブロックを地上で塗装することであ

図4.7：外板の塗装

る．まずブロックを**塗装工場**（painting shop）に入れ，溶接箇所とショッププライマーの損傷箇所をブラストで下地処理し，表面の錆や汚れを取り除く．その後，塗装を行う．

　区画塗装とは，地上で塗装されたブロックをドックで搭載し，隣接するブロックとの溶接が完了した後，溶接部分の下地処理を行い，塗装することをいう．区画塗装は，搭載ブロック同士の接合部周辺だけであるので，比較的塗装面積は小さい．進水時には，外板の塗装（図4.7）が終了していなければならず，進水前の塗装工程は忙しくなる．前工程の船殻溶接の終了日と進水日，さらに天気の様子も考慮しながらの作業となる．

【参考文献】

1) 日本造船学会鋼船工作法研究委員会編，"新版鋼船工作法"，産報（1975）
2) 日本造船学会鋼船工作法研究委員会編，"造船技術シリーズ（船殻編）"，産報（1973）
3) 関西造船協会，"造船技術の変遷"（1992）

【用語】

　本章で用いた用語のうち，「古今用語撰」（関西造船協会会誌「らん」）に掲載された用語の号数および頁を示す．

　　ドック：らん No.26, p.27
　　船台：らん No.27, p.34
　　主機：らん No.21, p.26
　　隔壁：らん No.5, p.58
　　起工：らん No.9, p.21
　　進水（式）：らん No.22, p.21
　　心出し→軸心見通し：らん No.22, p.21
　　展開：らん No.35, p.46
　　現図（場）：らん No.12, p.23
　　（船体）線図：らん No.27, p.34
　　ネスティング：らん No.39 "に・ぬ・ね・の" の章
　　ショットブラスト：らん No.22, p.20

罫書き：らん No.12, p.21
艤装：らん No.9, p.21

第5章

検査，試運転

本章では船舶建造工程の節目とも言うべき検査と試運転について述べる．

5.1 検査の分類

船舶の建造中，造船所および材料，艤装品メーカーでは，ある定められた品質を確保し信頼のおける製品を供給するために検査および試運転が行われる．

ある定められた品質とは，性能の他，注文主と契約仕様書の中で約束したことや，本船に適用する規則用件であり，また，造船所が製造者として維持しなければならない義務，信頼，一般規範などによるところである．

検査は，建造工程の面から分類すると，材料検査，一品検査，建造中検査，完成検査になる．**材料検査**は，鋼材や管材などのように材料の規格を証明する検査のことであり，成分や強度などがその規格の範囲にあることを証明する検査である．**一品検査**は，艤装品個々の完成度を証明する検査である．たとえば，パイプを曲げフランジを溶接したら寸法精度や溶接欠陥が無いか一品ごとに検査をすることである．また，外注メーカーにおいては，造船所へ納入される前に製品の**完成検査**が行われる．造船所から見ると，これらも一品検査である．建造中検査は，鋼材を加工，組立，塗装，搭載する中で，これら各職種の完成検査として行われる検査である．また，艤装では，配管系統の耐圧検査や艤装品の取り付け精度や状態の検査が行われる．完成検査は，船体や各装置が完成し

た後，実際に貨物を搭載したり，または，それに代わるものを用いたり，動かしたりすることにより，予定した性能が確保されているか確認する検査である．塗装や造作工事では，それらの仕上がり状態を確認するために完成検査が行われる．

また，検査立会者の観点から，造船所では一般的に検査を船主検査，船級検査，社内検査に分類している．**社内検査**は，造船所自らが品質確保のために行うものを指し，それに合格することは後工程の職種に引き継ぐことや，船主検査，船級検査を受検することを目的としている．**船主検査**は，造船所が船主に立ち会いを求め，船主監督と造船所の立ち会いにより各工程で行われる検査で，契約時に取り決めた仕様やその完成度を確認する検査である．これには，船級の検査官は立ち会わない．**船級検査**は，船級協会の検査官の立ち会いにより，各適用規則の要求事項が，実際に船上でその通りになされているかを確認する検査である．船籍国政府が船級に代行権限を与えていない場合には，政府の検査官自ら立ち会う場合もある．船級検査には，船主と造船所も立ち会う．

それぞれの検査は，工程に従って順序よく完結させていくことが大切であり，欠陥を後に残すことは後戻り作業による工程の遅れとなり，ひいては，船主と船級の期待に反する結果となる．

5.2　船殻検査

造船所は常に船殻の溶接に関し品質管理とその維持に努めることを船級から要求される．そのために，適用する溶接法について溶接施工承認試験にて船級の承認を取得する．また，溶接士技量資格検査を定期的に行っている．このような背景のもと，船殻では，構造検査，タンク検査，計測および取付検査が行われる．

5.2.1　構造検査

内業では，鋼材検査やブロック構造検査が行われる．**鋼材検査**は，製鉄所において船級検査官立ち会いのもとに行われ，各船級協会の規格に合格すること

が要求される．造船所にはその品質を保証する**鋼材検査証明書（inspection certificate）**が送られ，それには，鋼材の成分，機械的性質などが記載されている．これは，一般的にミルシートと呼ばれる．造船所では，鋼材入荷時の受け取り検査で，キズ，そり，直線度などの外観検査と同時に，鋼材に印字された表示（ステンシル）が発注通りの鋼種規格，サイズ，板厚であるかチェックされる．また，鋼材検査証明書は造船所で保存され，船級協会の検査官の確認を受けることとなる．

　ブロック構造検査は，目違いなどの部材取付精度，溶接脚長，溶接欠陥などの溶接状態，歪，変形などの外観検査が行われる．品質管理基準として**日本鋼船工作法精度基準（Japan Shipbuilding Quality Standard；JSQS）**がある．また，すみ肉S型継手の内部に圧縮空気を入れ外側から石鹸水をかけることにより水密性を確認する気密試験が実施される．これにより，タンクとしての部分的な水密性が確認できたとして，タンク完成後の検査から除かれる．

　渠中または船台上では，搭載ブロック位置決め検査，船体構造検査，そして非破壊検査が行われる．**渠中位置決め検査**は，船体の主要寸法を維持させる船殻の最終作業であり，ブロックを順次搭載して船体を形成し，図面通りの規定寸法に抑える必要がある．船体を能率良く高品質に建造するために，正規位置と搭載ブロック相互間の取合部を確認する．これは，造船所の社内検査として行われる．ブロックは搭載後，ブロック継手溶接とその付近の外観が目視検査される．これを**船体構造検査**という．**非破壊検査（non-destructive test）**は，溶接ビード部の内部欠陥，たとえば，融合不良，スラグ巻き込みなどは外観検査では不十分であるため，溶接部の品質を確保するために行われる．非破壊とは，言葉のとおり破壊することなく内部を検査することであり，非破壊検査には，**放射線透過試験（Radiographic Test；RT）**，**超音波探傷試験（Ultrasonic Test；UT）**，**磁粉探傷試験（Magnetic particle Test；MT）**，**浸透探傷試験**（liquid Penetrant Test；PT）などがある．通常の船殻検査にはRTとUTが主に用いられている．非破壊検査は，鋼材の溶接に関する知識，検査方法，等級分類に十分な技術と経験を持つ有資格者により行われる．検査対象個所は各船級協会規則に従い実施され，箇所数は船級によりブロック継手の溶接長さにより決められ，また対象個所は外板，上甲板，縦通材などの強度材の溶接部に

適用される.

5.2.2 タンク検査

船殻構造が完成すると,水圧検査と水密検査が行われる.**水圧検査**（hydrostatic test）は,船殻で形成するタンクの溶接部の水密性を確認するための検査である.タンク毎に水密性に関するすべての工事が完了後,塗装する前に船級協会規則に従い,行われる.所定の水頭圧で,工業用水がタンクに張られる.しかしながら,タンカーのカーゴタンクなどは,船体建造時の渠底または船台の強度や,盤木強度不足の関係で,圧縮空気による気密試験を行い水圧試験に代えることが一般的である.進水後,水圧試験を行う.

5.2.3 計測および取付確認検査

上記の他に,船体主要寸法計測検査,船底キール見透し,乾舷標取付検査,喫水標取付検査が行われる.**船体主要寸法計測検査**（measurement of principal dimension）は,計画された主要寸法および船型の確認のために,型幅,型深

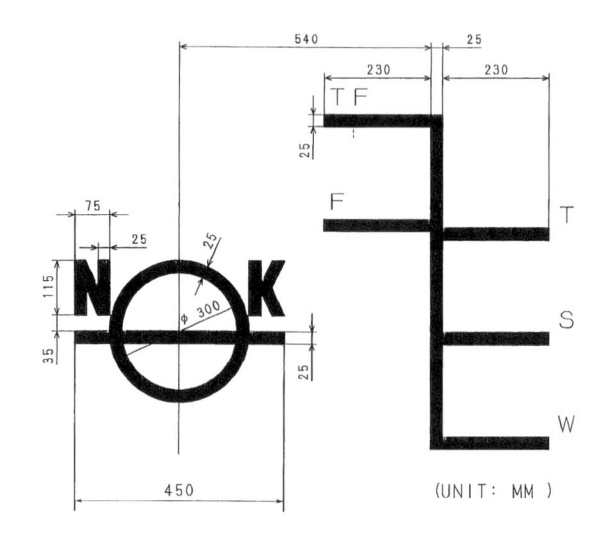

図5.1：乾舷標

さ，線間長さが計測される．**船底キール見透し**（**profiling of keelline**）は，船体の長さ方向の基準線に対する船型変形量の検査であり，船底基線に対する凹凸を計測する．船底基線とは船首，船尾の基点間を結ぶ直線をいう．船体の変形は気温，日照により左右されるので，進水前に船体の変形のない早朝に実施される．**乾舷標**（**freeboard mark**）**取付検査**（図5.1）は，上甲板からの寸法を計測することにより行われる．**喫水標**（**draft mark**）**取付検査**では，船の船首，船尾および中央部の船側外板に，キール最大板厚の下面をドラフト基準線として垂直高さ100 mmの切り板数字が200 mmピッチで溶接標示されていることを確認される．

5.3 船体艤装検査

船体艤装に関わる検査は，部品点数の多い品物だけに細かく分けると多岐にわたる．5.1節で述べたように，それぞれの艤装品について，要領に差はあれ，材料検査から完成検査が行われている．計画通りの性能と品質を確認することにより艤装工事が完工するのである．

5.3.1 一品検査

装置ではないが，艤装品単体として品質を維持していく手法に一品検査がある．

たとえば，管艤装の主役はパイプであって，その精度と品質管理は大切である．パイプは，一般に造船所の管工場で切断され，パイプベンダーなどによって曲げられ，フランジなどの接続金物が溶接される．パイプは流体が計画された圧力と流量で通過するため，一本でも不良品があると装置全体が成り立たない．また，それによる重大事故もありえる．同じ要領で多数のパイプを製作するため，基本となる**諸管工作法**（**piping practice**）は設計段階において船主と船級協会の事前承認が取得される．その施工要領に従って製作されるのであるが，各製作途中においては作業者各自がその確認を行っている．そして，一品が完成すると管一品検査が行われる．

5.3.2 作動試験

　船上にて，各装置の取り付けや据え付け工事が完了すると，調整の後，作動試験が行われる．船主や船級協会に，その装置が計画通りに完成したことを実際に運転することにより確認願う試験である．そして，その装置に関して本船引き渡しまでに行われる最後の試験となる．

5.3.3 完成検査

　作動装置ではないが，本船の各区画内の状態が完成したことの確認を求める検査を一般に完成検査と呼ぶ．

　居住区の各部屋は，造作工事中にいくつかの建造中検査を行っている．鋼構造で作られた上部構造を内張り材で隠していくごとに検査を行う．デッキコンポジションを塗る前，防熱材を取り付ける前，壁や天井を取り付ける前というように，見ることができなくなる前にその場所を確認していく．さもないと，造作工事後に隠れた内部で欠陥があると，壁や天井を取り壊すこととなる．

　これらの建造中検査を経て造作工事が完成すると，船主に内部の完成を確認してもらうために完成検査が行われる．

5.3.4 塗装検査

　鋼板に塗装を行う前には，下地処理程度を確認するために船主の立ち会いを求めて**塗装前検査**が行われる．サンドブラスト処理またはパワーツール処理でも，船主と契約仕様書にて取り決めた処理程度となっているかを確認する．

　塗装工事が完成すると，造船所自ら膜厚計測を行い，仕様書通りの膜厚が確保されているか社内検査を行う．構造部材の裏側など，見えにくく塗りにくい所などが入念に検査される．もし，膜厚不足の所やきずが発見されると，そこを部分的に下地処理の後，タッチアップが施工される．この社内検査に合格後，船主の立ち会いを求め**塗装完成検査**が行われる．

5.4 機関艤装検査

機関艤装に関わる検査は，大きく分けると弁，管，タンクなどの製品耐圧検査と，主機関，主発電機関などの装置としての完成検査に分けられる．もちろん，それぞれの装置についても材料検査が行われた後に組み立てられる．

5.4.1 外注艤装品検査

機関艤装品の多くは，それぞれのメーカーに製作を発注する．造船所は，主機関・主発電機関などの主要装置について，造船所に納入される前にメーカーが施工する完成検査に立ち会う．機関部における外注艤装品の完成検査の代表的なものとして，**主機関の陸上運転**（main engine shop trial）がある．主機関は，船舶の推進に関わるものとして重要な役割を担っており，また，通常の一般商船では一基しか装備されないので，高い信頼性が要求される．ディーゼルエンジンの場合には，メーカーの工場における完成検査で，水制動式動力計を用いた負荷試験にて各負荷ごとのエンジンデータを採取し，また，燃料消費などの性能を確認する．そのほか安全装置の確認や起動確認試験などが行われる．毎回ではないが，新型機種のエンジンが開発された際には，1シリンダカットによる運転データや無過給運転時のデータも採取される．

5.4.2 一品検査

弁・管などの艤装品については，船体艤装と同様に検査が行われる．

5.4.3 据付検査

渠中または船台において，主機の搭載に先立ち**軸芯見透し**（sighting of alignment）が行われる．船体の温度が均一な早朝に，設計された軸芯であることが計測確認される．主機の据え付けにおいては，チョックライナーやボルトの装着が確認される．鋼製ライナーは，摺合面の確認が行われ，樹脂製ライナーは，注入状態が確認される．ボルトは，計画されたトルクで締め付けられたことが確認される．

5.4.4 作動試験

船上において各装置の据え付け工事が完了すると，最終調整の後，作動試験が行われる．船上に搭載された各装置は，造船所の手によって実際に運転しながら，安全装置や自動制御装置の作動確認試験が行われる．本船が岸壁に係留されているときに主機を運転して行われるものを**係留運転**（mooring trial）（図5.2）という．これは，本船を係船索で係留したまま，主機を断続的に低回転で運転しながら行われる．

図5.2：係留運転

5.5 電気艤装検査

電気艤装を進めていく過程において行われる試験および検査は，機器の性能および作動確認を行うものが大半であり，それ以外には艤装工事の品質確認を行うものがある．ここで述べるのは，電気部が所掌する試験および検査のみで

あるが，その他に，船体・機関部関連の電気機器について，それらの検査スケジュールに合わせて関連課と協力しながら機器の調整および作動確認を行うことも電気部の非常に重要な役割となっている．

5.5.1 配線検査

配線検査（wiring inspection）（図5.3）は，電線の隔壁貫通部の防火・防水処理や固縛状態および機械的損傷からの保護などについて，これらが建造仕様書や各船級協会の規定に従って施工されているかを確認するもので，船主および船級立ち会いのもとに行われる．居住区は，ほとんどが隠蔽配線となるため，検査は造作工事が始まる前に各デッキ単位で行う．また，機関室については不具合箇所の手直しができるよう，足場を撤去する前に検査を行う．

図5.3：船内の配線

5.5.2 作動試験

電気機器の作動試験を行うためには，その機器の配線，結線などの艤装工事が完了していることはもちろんであるが，まず最初に行うのがケーブルの導通試験，絶縁抵抗測定および結線確認である．これは，各機器間のケーブルが系統図および結線図通りにつながっているか，また，電源ケーブルの絶縁抵抗が規定値以上であるかを確認するもので，感電事故や誤結線による機器の破損を防ぐため，全ての電気機器について必ず行われる．これらが全て問題なければ電源を投入し，造船所にて作成した試験方案書に従って作動試験を進めていくことになる．作動試験には，発電機負荷試験，照明装置試験，警報装置試験，エンジンモニタ試験，無線検査がある．

発電機負荷試験（generator load test）は，進水後，関連機器の艤装が完了した段階で実施される．発電機自体はエンジンと組み合わせた状態で，メーカーにて同様の試験を行い納入されているが，これは単体試験であり，船内ではこれに配線，配管を行い，主配電盤や冷却水ポンプなどの関連機器を組み合わせて総合的な試験を行い，各機器が定められた性能を満足していることを確認する．負荷としては試験用水槽を用いるのが一般的であり，仮設ケーブルにより主配電盤と接続する．試験用水槽は，水槽内に海水と清水を入れて混ぜ合わせ，主配電盤に接続される棒状の電極の没水量を調節することにより任意の負荷を得ることができるようになっている．試験項目は，発電機自体の特性に関わるものとして絶縁抵抗試験，負荷特性試験，電圧・速度変動率試験および並行運転試験があり，主配電盤に関わるものとして発電機保護装置試験，自動制御試験がある．

照明装置試験（lighting equipments test）は，航海灯について各灯具の点灯，球切れ警報および常用電源と非常電源の自動切換の各作動試験を行い，非常灯については一斉点灯させ，系統図および配置図に従って装備状況の確認が行われる．

警報装置試験（alarm equipments test）は，非常警報試験，操舵機警報試験，火災警報試験がある．非常警報試験は，船内に装備されたベルなどの警報用鳴物の作動と警報音の可聴範囲の確認を行う．操舵機警報試験は，操舵機

用電動機の異常警報として，一般的に無電圧，欠相，過負荷および油圧タンクの低液位があり，これらの警報は操舵室および機関制御室に設けられた警報盤上に発せられることを確認する．各警報盤の検出回路は操舵機用電動機の始動器盤に組み込まれており，これらを実際にあるいは模擬的に作動させ，確認を行う．火災警報試験は，装備されている全ての煙式探知器，熱式探知器および手動押しボタンについて作動試験を行う．探知器は，その直下で実際に煙を発生させたり，あるいは加熱したりすることにより，実際に作動させ確認する．

エンジンモニタ試験（engine monitor test）は，温度や圧力などの各計測点の表示が正常に行われ，かつ定められた設定値にて警報が発せられることを確認するものである．温度表示を行う計測点は，センサーとして測温抵抗体が用いられており，これは温度によりその抵抗値が一定の特性をもって変化することから，センサーの代わりにダイヤル抵抗器を接続して，その抵抗値を所要の温度に相当する値にセットして，モニタ表示値および警報点の確認を行う．圧力表示を行う計測点は，センサーである圧力発信器に専用試験器にて圧力を加え，試験器に装備された圧力計によりモニタ表示値および警報点の確認を同様に行う．その他リミットスイッチ，温度スイッチ，圧力スイッチなどからの信号により状態表示および警報を行う計測点については，実作動またはセンサーを手動で警報状態にするなどの模擬的な方法によって試験を行う．

エンジンモニタは，機器の運転状態を監視しトラブルを未然に防ぐための重要な装置であり，艤装中における発電機などの運転に際してもその正常な作動が要求される．従って，これらの試験は他の機器の運転，調整スケジュールを考慮し，それらに先立って行っておく．

無線検査（radio survey）は，本船の無線局開局のため，船籍国監督官庁または検査を代行する船級協会の検査官および船主監督立ち会いのもと，LF／HF無線機，国際UHF，インマルサットなどの法定装備機器が定められた性能を有していることを確認するものである．機器の調整，データ取りおよび受検は，無線機メーカーのサービスエンジニアが主体となって行う．

5.6 重査

　本船が完成状態となると，**軽荷重量査定**（lightweight measurement）と**傾斜試験**（inclining test）が行われる．これらは，ドック内などの平穏な水面で行われるのが一般的である．

　軽荷重量査定は，貨物を積載しない状態で，喫水計測により排水量を求め，海水比重を補正する．そして，燃料，法定備品以外の品物，残水などを計算でそれから取り除き，本船の重さを定めるものである．この測定の結果が軽荷重量であり，満載排水量から軽荷重量を引いたものが載貨重量（**deadweight**）である．この喫水計測と縦方向浮心位置から，縦方向重心位置（LCG）が求められる．

　傾斜試験は，軽荷状態における本船の重心高さを計測することである．船上のウエイトを移動させることにより微小角度の傾斜を与える．その微小角度を，下げ振りの振幅や，U字管，差動バランスを利用した電気式傾斜計などで計測することにより重心高さを求める．計測で得られた重心位置を用いて，計画で用いたトリム計算書が修正され，完成状態における本船用のトリム計算書，すなわち**貨物積付要領書**（loading manual）が完成する．

5.7 海上試運転

　艤装岸壁における試験が完了すると，本船は**海上試運転**（sea trial）を行う．その試験項目は，海上でないとできない項目となり，試験項目を大別すると以下の通りとなる．

- 造船契約書に記載された性能および保証値を確認する試験
  振動計測，騒音計測，速力試験など
- 船の操縦性能などを確認する試験
  旋回力試験，危急停止試験，Z試験など
- 船に装備されている機器が規則を満足する性能を有していることを確認する試験

投揚錨試験，操舵試験，機関，航海計器の性能確認など

これらは，船の引き渡し前に行われる重要な検査となる．

試運転は，一般に2日から5日程度で行われるが，前半を予行試験，後半を船主立ち会い試験とする造船所もある．

試運転の状態は，一般には**バラスト状態（ballast condition）**，タンカーではそれに加えて，海水をカーゴタンクに注水することにより**満載状態（full load condition）** で行われる．試運転海域は，本船の大きさ，喫水と水深，助走距離，潮流などを考慮して選ばれる．各造船所は，いつも使う海域を決めており，外部関係先への事前連絡も必要である．

5.7.1 船体部試験

振動計測（vibration measurement） は，対象の違いにより3つに分けられる．船体と主機のある範囲の回転での振動特性を把握するために行われる船体振動計測，乗組員の居住性を確認する居住区局部振動計測，居住区以外の艤装品の局部振動計測がある．振動は，必要があれば防振補強が行われ，就航後に問題ないよう低減される．船体振動は船体構造のクラックにつながり，局部振動は艤装品の破損を招く結果となり得るので注意が必要である．基準の一つにISO 6954 Guidelines for the evaluation of vertical and horizontal vibration in merchant shipがある．

騒音計測（noise measurement） は，居住区と機関室内において乗組員の環境を確保するために，あらかじめ定められた場所で計測が行われる．一般に，主機が常用出力で，舵を取っていない直進中に行われる．基準の一つにIMO Noise level Code A.468(XII)がある．

速力試験（speed trial） は，船主に対して船の速力性能と保証速力を確認するとともに，模型試験結果などの推定値と実船との対比と，就航後の速力と機関出力および回転数との関係を知るための貴重な資料を得るために行われる．計測方法は，マイルポスト，電波式船速計，ディファレンシャルGPSなどが用いられる．保証速力は，契約時に船主と取り決めており，満足しない場合，速力不足に応じてペナルティが課せられることになる．

図5.4：旋回中の貨物船

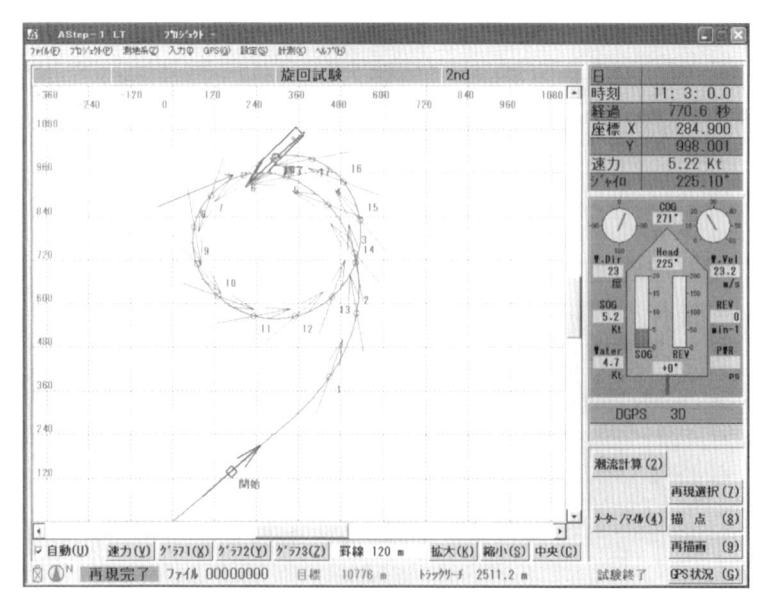

図5.5：ディファレンシャルGPSによる計測結果

操縦性能試験（maneuvering test）は，安全航行のために本船が持つ特性をよくつかんでおくために行われる．この結果の一部は操舵室内に掲示され，乗組員，パイロットの参考とされる．**旋回力試験**（turning circle test）（図5.4）は，本船の舵を各舷にそれぞれ一杯に切り，回頭時の旋回半径を求めるものである．ディファレンシャルGPSによる計測結果を（図5.5）に示す．**危急停止試験**（crash stop test）は，前進速力整定後プロペラ逆転を発令し，船体が停止するまでの計測を行う．計測は，船速，回頭角，プロペラ停止時間，後進回転数の整定時間を計測する．これにより，発令から停止までの航走距離および所要時間が求められる．**Z試験**（zigzag test）は，前進速力整定後，規定舵角を発令し，元の船首方向から船首が規定量変針する毎に反対側に規定量転舵することを交互に行う．この試験では規定舵角に対するオーバーシュート角（回頭角が舵角以上に余分に行きすぎた角度）および初期旋回性能が求められる．

　投揚錨試験（anchoring test）は，アンカーチェーンを規定長さ繰り出し，9 m/min以上で巻き上げる試験であり，船級協会の規則に従って行われる．

　操舵試験（steering test）は，SOLAS条約に従って操舵機の転舵時間を確認する試験である．本船を計画最大出力にて前進させ，MIDSHIP–右35度–左35度–右35度–MIDSHIPの順に転舵する．

　磁気羅針儀自差修正（magnetic compass adjustment）は，磁気羅針儀の誤差を修正することであり，コンパス修正士により行われる．船体は，船殻ブロック時，または渠中や船台に，一定方向に長時間置かれたために，方位磁石のように磁場を帯びている．また，装備品や周囲の鉄製艤装品による影響もある．これらを，影響の少ない海上で修正することが必要である．また，貨物や赤道の通過，船体磁気の消滅により自差が変化するので，この修正は就航後も定期的に行う必要がある．

5.7.2　機関部試験

　海上試運転にて行われる機関部試験は，係留中にできないものが多く，また，就航後の運転管理のために建造時のデータを計測取得するためのものがある．

主機摺合せ運転（main engine facing up）は，造船所自らが海上運転の初期において主機関の摺動部分の健全な摩耗状態を得るために行う重要な運転である．すなわち，シリンダライナーとピストンリングの摺り合わせにおいては，良好なガスシールを確保し，各軸受部においては接触部のなじみをつけるために行う．また，この運転は陸上運転時にも施行されるが，海上運転では，主機メーカーと協議し予め定めたスケジュールに従って主機負荷を上昇させる．また，途中で一時主機関を停止してクランクケースを開放し，異常の無いことを確認する．

　速力試験（speed trial）は，保証速力試験を兼ねて行われる．試験自体は船体部の項目であるが，主機出力および回転速度について，速力試験の計測と同時に計測し，各機器の運転状態が計画通りであることを確認する．

　主機始動試験（main engine starting test）は，本船に装備された主機関始動用の空気槽の容量があらかじめ規定された主機関の始動回数に対して十分なものであることを確認するために行う．実際の試験では1本の空気槽を規定の圧力まで充気し，途中で空気を補充することなく起動不能となるまで主機を前進・後進交互に連続始動し，始動可能回数および最低起動空気圧力を確認する．

　続航試験（endurance running test）は，連続最大出力で1時間以上の連続運転を行い，本船が最大出力で十分連続して航行可能であることを確認する．

　燃料消費量計測（fuel oil consumption measurement）は，常用出力時における燃料油の消費量を計測し，就航後の参考値とする．なお，一般に燃料消費量の保証は陸上試験で行われているので，海上試験では参考として計測する．

　前後進試験（crash astern and ahead test）は危急停止試験に引き続き行われ，常用出力で前進中に後進全力を発令し，後進回転整定まで運転を行い，次に前進を発令して，できるだけ速やかに前進への切換操作を行い，機関出力を常用出力まで上げ，前進回転速度が整定するまでの運転を行う．後進発令と同時に操縦レバーを後進全力位置へセットすると，燃料がカットされプロペラは船速により遊転し，設定された回転数まで降下するとブレーキエアーが投入されて逆転が開始する．発令からブレーキエアーの投入，プロペラ逆転，後進

回転整定などの一連の動作について時間を計測する．また，前進発令と同時に操縦レバーを前進側にセットして，一連の動作について時間を計測する．

最低回転数試験（minimum revolution measurement test）は，機関単体でのテストを主機陸上運転時に実施しているが，造船所においては推進プラント全体として，円滑確実に運転できる最低の回転速度を確認するために行う．実際の要領は，あらかじめ計画された回転速度まで徐々に回転を下げて最低回転を整定させる．回転速度整定後は舵を操作し，機関が停止しないことを確認する．

軸系ねじり振動計測（shaft torsional vibration measurement）は，主機最低回転速度から最大出力回転速度までの間において回避すべき危険回転数域を確認するために，適宜回転を変化させ，各回転速度での軸の捻り振幅を計測する．

自動化設備試験（automation test）は，船級規則に基づき，自動制御および遠隔制御装置の作動・安全性を確認するため次のような試験を行う．

遠隔操縦および遠隔操縦場所切換え試験（remote control & control position change over test）は，船橋の主機関制御場所から遠隔制御装置により，始動・前後進およびすべての出力範囲にわたり運転が行えることを確認する試験である．また，主機が前進または後進中に船橋制御室への操縦場所の切換えが円滑に行えることを確認する．なお，操縦場所の切換え装置には，安全のためインターロック装置が設けられているので，インターロック条件が解除されていない場合は，操縦場所の切換えができないことも確認する．

プログラム増減速試験（program load up and down test）は，プログラム増減速機能を設けている場合に，その作動を確認するために行う．プログラム増速機能は，港内速力から常用航海速力まで主機関の出力を上昇させる際に急激な負荷の上昇とならないようにする目的で装備されており，あらかじめ決められたスケジュールで回転数を上昇させる．また，プログラム減速機能は，常用航海速力から港内速力まで主機関の出力を降下させる際に急激な負荷の変動とならないようにする目的で装備されている．

軸系ねじり振動危険回転数域自動回避試験（critical speed zone quick pass control test）は，増速試験時に主機回転速度が設定された危険回転範

囲を自動回避することを確認する．

　主機関危急停止装置作動試験（main engine emergency trip test）は，あらかじめ設定された条件内にて主機関が運転できなくなった場合に，主機関を危急停止させるための安全装置の作動を確認するための試験である．本装置の作動要因としては，ジャケット冷却水圧力低下，潤滑油圧力低下，排気弁スプリングエアー圧力低下，過回転がある．各危急停止後，エンジンが遊転中に圧力が復帰しても，リセット操作を行うまでは主機が再起動しないことも合わせて確認する．

　主機関自動減速装置作動試験（main engine automatic slow down test）は，異常時に主機関を自動的に減速させて重大な故障に至るのを回避する安全装置の作動確認試験である．自動減速項目は各船の仕様で相違するが，一般に，排気弁スプリングエアー圧力低下，潤滑油圧力低下，ジャケット冷却水圧力低下，シリンダー油注油停止，クランクケースオイルミスト上昇などの装置が設けられる．

　主要補機自動切換え試験（automatic change over test）は，主機関前進常用出力時において，主要補機を手動にて停止させ，予備機が自動起動して主機運転に支障を与えないことを確認する．

　機関室無人化運転試験（engine room unmanned test）は，操船時を含むすべての航海状態のもとで連続して機関の無人運転を行う船に対して，無人運転を行うために必要な設備が正常に作動することを確認した後，あらかじめ規定された時間，機関室内を無人化して運転を行う．

5.7.3　電気部試験

　海上試運転にて試験項目として挙げられているのは，艤装岸壁ではその性能を充分に確認することができないものと，船主または船級により，特に海上運転で行うことを要求されているものに限られる．

　前者はオートパイロット，レーダー，GPSなどの航海機器の作動試験であり，後者としては機関室火災警報試験や上甲板照度試験がある．

　航海機器は，海上試運転自体によってその性能を確認することが可能であり，

従って試験はメーカーのサービスエンジニアによる作動状態の確認，調整および乗組員への取扱い説明を兼ねたデモンストレーション程度に留められる．

機関室火災警報試験（engine room fire alarm test）は船級協会により要求されるもので，これは艤装岸壁においても実施済みであるが，艤装岸壁での試験は探知器の間近で煙や熱を発生させ，どちらかと言えば強制的に装置を作動させるのに対し，海上運転では主機，発電機および機関室通風機などが運転されている実際の航海状態において，清浄機やボイラーの近くで煙を発生させ，その煙の流れと探知器の作動状況を確認する試験が行われる．

上甲板照度試験（upper deck illumination test）は船主により要求される場合があり，居住区や機関室内であれば艤装岸壁にて行うことも可能であるが，上甲板の場合は陸上照明が邪魔になり正確な照度計測ができないため，海上試運転時，投錨後の夜間に行うことになる．計測点は事前に造船所にて案を作成し，船主と協議の上，決定される．また，各投光器の光軸は計画通りに調整しておく必要がある．

上記の通り電気に関連する検査項目自体は少ないが，電気機器は海上試運転において実際の運行状態と同様に使用されており，造船所としては，このような総合的な運転状況下で機器全般についてその作動状態をよく観察し，小さなトラブルを見逃さないことが重要である．

【参考文献】

1) 関西造船協会："船体検査(1)海上公試 −構造・艤装−"らん，27号，1995年4月
2) 関西造船協会："船体検査(1)海上公試 −性能試験−"らん，27号，1995年4月
3) 関西造船協会："船体検査(3)性能試験"らん，29号，1995年10月
4) 福田望："試運転の実際 −機関部の船上試験について−"，日本造船学会誌，1995年7月
5) 日本舶用機関学会編："船舶電気・電子工学便覧"，海文堂出版，1981年

【用語】

　本章で用いた用語のうち,「古今用語撰」(関西造船協会会誌「らん」)に掲載された用語の号数および頁を示す.

　　試運転:らん No.19, p.23
　　船級:らん No.25, p.27
　　キール:らん No.10, p.40
　　乾舷:らん No.8, p.17
　　喫水標:らん No.9, p.22
　　トリム:らん No.37, p.46
　　通風筒:らん No.33, p.34
　　係船金物:らん No.12, p.21「係船装置」「係船柱」参照
　　サンドブラスト:らん No.18, p.36
　　軽荷:らん No.12, p.20「軽荷排水量」参照
　　傾斜試験:らん No.12, p.20
　　載貨重量:らん No.18, p.30, らん No.21, p.30

第6章
引き渡しからスクラップまで

　本章では造船所での建造工事終了後，本船引き渡しから就航後の船舶管理，検査について述べる．

　契約された引き渡し日がくると，造船所と船主の代表が参列の下，引き渡し式が執り行われ，引き渡し証が造船所から船主に渡される．

6.1　引き渡し

　船によっては，荷主や，造船所招待による地域の代表者や市民，音楽団などが参列，参加することもあり，いつもは作業着姿ばかりしか見えない造船所も，この日ばかりはそうした人々の送迎バスやタクシーが行き交い，一瞬非常に華やいだ雰囲気になる．

　また，式に先だって前夜祭が行われることも多く，造船所や船主の担当者にとってはその準備の段階から緊張と多忙な日々が続く．

　日本籍船や日本人が混乗する仕組船の場合には，船内に安全運航祈願の神棚がブリッジなどに設置されており，入魂式が引き渡し式の前に執り行われる．

　そして無事引き渡し式が終わると，本船の所有および管理責任が造船所から船主へ移ると共に，本船は岸壁を離れ，汽笛で別れの挨拶をしながら処女航海の旅にでてゆく．その日その時，船が見えなくなるまで手を振りながら見送られた方も多いとは思うが，本船建造に関わった造船所，船主関係者にとって非

常に感慨深いものがある．

6.2 船舶管理会社

6.2.1 船舶管理会社の発達

　最近よく知られるようになった通り，国内船主であっても LNG 船など一部の船舶を除き，船舶管理会社（**ship manager**）に本船の管理を預ける **SMA**（**Ship Management Agreement**）による契約が普通になり，船主本体が船舶管理を行うことが少なくなった．

　また一方では，IMO で採択され 1998 年 7 月からタンカーやバルクキャリアなど一部の船種に発効した **ISM code**（**国際安全管理コード**）により，船を運航する船長や乗組員のみならず，船を管理する船舶管理会社も船舶の安全運航に関わる直接的な責任を負うことになった．海洋汚染や衝突，沈没といった重大海難事故が絶えないことに鑑み，その主原因とされるヒューマンエラー対策のためにつくられた初めてのソフト面での国際規則である．

　1980 年代にヨーロッパで急速に発達した船舶管理業は，1970 年代末からのオイルショックによる海運不況，船腹過剰による収入減によるコスト削減圧力が強まり，便宜置籍化による船員費削減のみでは会社経営が耐えられなくなったことに大きく起因する．

　そうした環境下，船舶管理部門が子会社化されることにより，あるいは独立専門の船舶管理会社が，これまで以上に割安なコストで良質のサービスを提供するようになってきた．

　いわゆる五大船舶管理会社は，そうした環境の中で管理規模を拡大し，育ってきた．

　日本国内においても，1985 年プラザ合意からの急激な円高が，ドル収入が中心の海運経営を圧迫し，コスト削減とコストのドル化が強く要求された．

　結果，それまで少人数配乗によるコスト削減を目指した近代化船は道を失い，日本籍船の**仕組船**化が一気に進められ，コストの安い外国人に置き換えられたり，**混乗**に置き換えられた（仕組混乗）．これにより，当時，近代化船で一隻年

間2億円以上といわれたcrew costが半分以下におさえられ，かつ外国人船員配乗分がドル化されることになり効果を生みだした．

日本籍船がコスト削減と海技力維持伝承のため生きる道としては，近代化船の次に**マルシップ方式**（日本人9名に，残りは外国人の配乗）が制度化されたが，さらなる円高による生き残りのため，今後は欧州諸国で導入されている第二船籍制度や国際船舶制度によって税制，配乗基準をもっと緩和，助成しようとする運動がある．

またひとつには，こうした仕組船の管理業務と外国人船員の配乗業務の必要性から，海運会社社内で管理するより，分離独立した会社に行わせることでコスト分析や責任体制の明確化，すなわち経済性と効率性が有利に図れるとして，大手海運会社をはじめとして，船舶管理機能の分社化が行われた．インハウス船舶管理会社の誕生である．同じように，系列船主・専属オーナーと言われた中小船主も，海運不況による集約合併と相まって，船主業から船舶管理業兼業へと形態が変わった．

そうした会社は今や船主と呼ばれるよりは，船舶管理会社と呼ばれることが普通になっている．

組織的にも船主業の組織から，船舶管理会社としての組織に組み替えられた．

6.2.2　船舶管理会社の組織

会社の規模や生い立ちにより一様ではないが，一つの例として紹介する（図6.1）．

会社の基本的使命は，契約した船主から与えられた本船に対し良質の船員を配乗せしめ，安全運航，効率運航，保守管理を安いコストで提供することである（本船のオペレーションは一般的に船主または用船者が行う）．

大ざっぱには，本船の管理を行うship management部門と，周辺業務を行う他の部門（administration, insurance, accounting部門など）に分けられる．

ship management部門の中での組織の二本柱は，直接本船の管理（オペレーション以外）を全般的に行うtechnical management部門（船種などで数隻ずつ分けられ，いくつかのfleetに分かれている）と，船員の配乗，管理を扱う部

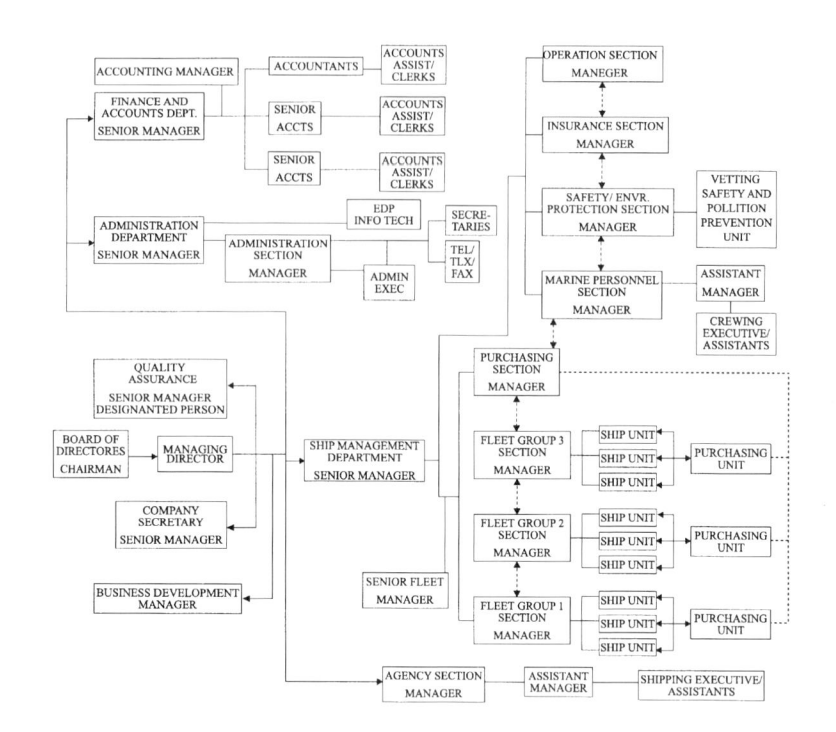

図6.1：船舶管理会社組織例

門（manning, marine personnel）とである．

その他には，safety inspection/vetting 部門（本船の安全運航体制や船主，用船者の要求事項を社内で検査する部門）もある．

manning については，自前（別会社を含め）で乗組員を確保していたり，独立の manning 会社と契約していたりするが，船種や船主要求に応じた経験，海技レベルの乗組員を継続的に乗船させられるよう，個人データがコンピュータに入力され管理されている．

technical management 部門は，いわゆる **superintendent**（監督）の集団で，本船の運航や保守管理に関わるハードウエア一切の業務を行う．また，乗船している乗組員の技量，作業について査定も行い，船長に改善を求めたり，場合によっては配乗部門に対し乗組員の交替要求も行う．ハードウエア中心の業

務が多く，ドックや部品供給の手配など，造船所やメーカ技師と直接関わりの大きい部門である．

superintendentは読みが長いので，surt, supdtとか，日本ではSIなどとよく省略される．また，会話の中では単にsuperと言われることもある．

船種にもよるが，superintendent一人で3～5隻を担当しており，管理隻数が多い場合は船種や船主別にfleet（課のようなもの）を組み，トップに全体統括者としてのfleet managerを配置し，その下に数人のsuperintendentを抱える．

小修理（運航中の保守管理）やドックのアテンド，その準備のための本船便乗など出張が多く，一年の半分以上は出張で不在となる場合も多い．事務所では，日常の業務として本船とのスケジュール連絡，修繕部品や船用品の準備，手配などを行いながら，さらに，定期的に船主に提出することになっているship management reportを作成したり，ドックの前後であれば，dock specificationsの準備やdock report作成などのpaper workを抱える．

コスト管理は船主にとっての一大関心事であり，船主と確認されたコストコードによって，予算を申請したり，コスト実績を報告しなければならない（コストコードの一例：図6.2）．

Cost code	Item	Cost code	Item	Cost code	Item
1.	**Manning Costs**	**3.**	**Stores**	**5.**	**Insurance**
89001	Manning fee	89201	Consumables & tools	89401	Hull & Machinery
89002	Interview costs	89202	Interview costs	89402	P & I
89003	Manning-excess overtime	89203	Manning-excess overtime	89403	War risks
89004		89204		89404	
⋮	⋮			⋮	⋮
		4.	**Maintenance & Repair**	**6.**	**Sundries**
			Hull	89501	
		89301	Hull structure repairs	⋮	⋮
		89301			
89080	Other crew costs	⋮	⋮		
	Total Manning Costs				
2.					

図6.2：船舶管理会社cost code例

管理隻数が多い場合，superintendent の下に purchasing officer（購買担当）が1～2名配置され，superintendent の事務作業の補佐役として，購買品の引き合いや交渉，経理伝票処理などを補助する．

6.3 就航後の本船管理

6.3.1 竣工前

船主からアポイントされた船舶管理会社は，本船竣工前，適当な時期に乗組員を派遣することから仕事が始まる．船主と時期や派遣要員を打ち合わせの上，海上試運転前あたりにキーマンとなる senior officer（CAPT，C/O，C/E など）数名を習熟のために派遣する．そして竣工間際に全乗組員を派遣するまで，適宜要員を増加させる．

一方，担当 superintendent も海上試運転頃から建造造船所に出向き，スペアパーツなどの造船所支給品の確認を行ったり，本船乗出しに必要な船用品の手配を行ったりする．本船には建造引き渡しに必要な最低限の燃料や潤滑油しか積み込まれていないので，当面必要な燃料，潤滑油も積み込み場所や数量を船主と相談しながら手配される．こうした作業は，船主の建造監督を窓口として，造船所の営業や業務部門の援助を受けたり，代理店を経由して行われる．

6.3.2 処女航海

無事引き渡し式を終えたら，いよいよ航海の始まりである．この時点で，造船所側の窓口はアフターサービス部門に移り，船主からの**ギャランティクレーム**（guarantee claim）を中心に船主へのアフターサービスが開始される．

過去においては，造船所側から**保証技師**（guarantee engineer）がしばらくの間便乗し，初期トラブルの解決にあたっていたが，造船技術の発展と品質向上により，最近は便乗しないことが普通である．

造船所で各種のテストが行われて正常であることを確認されているとはいえ，積荷と揚荷をそれぞれ経験するまで安心はできない．

[第6章] 引き渡しからスクラップまで　　111

　最初の仕向地（積地）は，船種によっても異なる．雑貨船，コンテナ船，PCCなどは製品輸送船であるから，日本発の輸出貨物があるため国内の貨物積出港へ向かうことが多い．タンカー，バルクキャリア，チップ船など原料輸送船は，外国のそれぞれの原料積出港に向かうことが多い．

　積荷と揚荷を港々で繰り返しながら処女航海が終了（one round trip）して初めて，荷役機器や主機をはじめとした機関関係，航海設備が一通り運転されたことになる．機器が航海中の動揺や振動の中で正常に作動しているか，航海中，荷役中を問わず乗組員の手でひとつひとつ確認されていく．

　さらに，本船スピードパフォーマンスが期待通り発揮できているかどうかも，機関の運転諸元を見ながら確認される．

　また，機器の使い勝手も試される．特に初めて採用された機器など，機器の配置上の問題や機能について乗組員の手で動かして初めて分かることも多い．

　そうしたことが，処女航海報告として船主に上げられ，改善必要事項があれば，今後の新造船仕様にフィードバックされる．本船で解決しなければならない問題点があれば，船舶管理会社から造船所へguarantee claimとして改善，修理要求がなされる．

　仕上げ塗装が完璧といえない船も多く，最初の数航海をかけて暴露部を中心に塗装補修や追加塗装が乗組員の手で行われる．補修を怠ると，半年もすると部材端部や機器類の陰の部分から錆汁が垂れてくることも多い．

6.3.3　teething problem

　機器の中には，竣工後初めて長期間連続使用されるものも多い．主機にしても主機メーカーや造船所で運転される時間は100～200時間程度であり，間欠的にしか運転されていない．竣工後は荷役中停止する以外，航海中は止めること無く連続運転されているので，1カ月で500時間を超える運転時間になる．

　本船が主機，発電機やボイラーを駆動し自前で機器を駆動させると，どの船でも思わぬトラブルに大なり小なり遭遇する．主たる原因は，振動や造船所での取付け不良であることが多い．積荷により本船の排水量や，主機の運転点もいろいろ変化し，試運転とは異なった振動条件になることにもよる．

配管では継手からの漏れがよく発生する．

配管や機器類でも建造中の異物の侵入や単純な取付け不具合などにより部品が壊れることがある．

電気機器でも結線が緩く，振動で断線したりして部品が破損することがある．

どんなに完璧に建造した船でも，船が一品生産で人の手により建造されている以上，なにがしかのトラブルが発生し，造船所やメーカーから部品を供給したり，乗組員の手で修理されたりして問題が順次解決される．

こうした軽度の就航初期の症状は **teething problem** といい，guarantee claim の大半はこうした問題である．

品質の良い船の第一条件は，teething problem の少ない船であるかどうかである．多いほど，乗組員の手を長期に煩わせることになり，本来の運航業務に支障をきたす．

しかし，問題によっては，本船の運航を阻害するようなトラブルや，部品取り替え程度では解決しないトラブルも時には発生する．

こうした時は，造船所やメーカーの設計部門も間に入れ解決が図られる．運航中に解決できない場合は仮修理，仮対策が施され，最終的には次のドック（保証ドック）で解決される．何度か改善を試みながら対策が施される場合もある．

6.3.4　ギャランティクレーム（guarantee claim）

造船契約書の上では一般的には**保証期間**は竣工後1年間である．

そして前記の通り，guarantee claim の大半は単純な原因であることが多い．

竣工後発生した問題点は，現象・推定原因・必要部品などが本船から船舶管理会社に repair order として申請・報告され，造船所アフターサービス担当者に guarantee claim として要求される．造船所アフターサービス担当者は，内容によって設計部門やメーカーなどに問い合わせ，guarantee claim であるかどうかを superintendent に回答すると共に，部品や修理作業員の手配や本船のスケジュールを確認する．

本船によってはスケジュールや寄港地が度々変わるときもあり，タンカーなどは火気作業が制限されるので，手配替えが発生することも多く，造船所のア

フターサービス担当者も苦労が多い．

　保証期間が過ぎる前，造船所と superintendent の間で guarantee claim list の確認が行われる．保証期間内で解決した事項は close され，解決していない事項は，終了予定時期を確認して open の状態で残す．水面下の部分や入渠しないと良否が判断できない事項が追加されることもある．

6.3.5　保証ドック（guarantee dock）

　過去においては，保証切れする1年後に生まれた造船所に本船が入渠することもあったが，現在では船級規則に則り約2〜3年後に入渠することが多く，この最初のドックを保証ドックと称し，残った guarantee claim の処理工事を行い，造船所は保証事項から解放される．

　入渠する造船所は船主の都合（航路や費用を勘案して）で選定される．入渠が近づくとアフターサービス担当者は superintendent と打ち合わせながら，補償工事仕様や費用の確認や，工事に立ち会う日程を決めたり，支給品の手配，メーカーエンジニアの手配を行う．

　入渠中，アフターサービス担当者は工事が正しく満足に行われているかを確認すると共に，補償工事に要した費用補償について superintendent と確認を行う．

6.4　検査

6.4.1　船級維持検査

　本船が貨物を安全に運ぶに足る耐航性を証明する唯一の手段が**船級維持**であり，船籍国の条約維持検査で，船体保険，貨物保険をかけるためには船級維持が必要条件である．

　船級維持検査は定期的に行うことが規定されており，毎年の annual **survey**，2年目または3年目に行う intermediate **survey**，5年目に行う special **survey**（または，renewal **survey**）で本船全体の構造，設備を検査される．他に boiler，propeller shaft，docking survey は別途，検査時期や内容が規定されている．

機関関係は，項目数が多いため，継続検査（CMS；Continuous Machinery Survey）が認められており，5年を超えない期間で機器の開放検査が一巡するよう分割して受検の計画を行う．

　客船などタンクの多い船では，船体の分割検査（CHS）を計画する船もある．

　また，条約証書の定期的検査も毎年必要で，証書の有効期限が来れば証書は書き換えられる．一部を除き証書の有効期間は5年で，船級のspecial surveyと合わせ，5年がひとつの周期になっている．

　船級検査，条約検査とも検査時期が幅をもたせて規定されており（range due），その期間が近づくと，superintendentは船級に検査申請書を提出し，本船船名，船級番号，検査項目，受検予定場所と時期などを連絡する．過去は，船級により申請書フォームが定まっていたが，通信手段の発達に応じ，今では内容が満たされている限り，telex，fax，e-mailなどでも申請は可能である．

　受検地，時期が決定したら，superintendentは本船にその旨を連絡し，本船は受検がスムーズに進むよう準備を行う．

　大型船ではバラストタンクの内部検査が必要であり，タンクを空にし，換気を十分に行い，安全性を確保しなければならない．タンカーなどでは，無線検査での電波発信や，消火放水，救命艇の揚げ降ろしなどでターミナルの制限があるので，事前にターミナル関係者やsurveyorと内容を打ち合わせておく必要があり，船種や港によっては簡単，単純ではない．他の船種でも本船の入出港や荷役のスケジュール，ターミナルの制限事項などを勘案しながら，本船オペレーションに影響を与えないように受検計画を行わなければならない．

　本船をドックに入れ，docking surveyその他を受検する場合は，検査を受けるいい機会であり，次の検査指定日や定期検査指定日とドック予定を勘案しながら，抜けのないように受検項目を計画実施する．タンカーやバルクキャリアでは船体の検査が強化（enhanced survey program）されたので，検査内容と方法について入念な準備とsurveyorとの打ち合わせが必要である．

6.4.2　Port State Control (PSC)

　本国より船舶の登録料が節約できる，船員費が安くできるなどの経済的理由から，リベリア，パナマなどに船籍を置く**便宜置籍船**（**FOC**；**Flag Of Convenience**）が台頭し，先進海運国船主はこれにより国際競争力を維持してきた．そして，1980年末には便宜置籍船は世界商船隊の半数以上を占めるに至った．

　しかし海洋汚染などの事故が後を絶たず，調査の結果，FOC船の事故率が高く，**サブスタンダード船**や老朽船が多いことが分かった．

　欧州各国は1982年に，**パリMOU**（Paris Memorandum Of Understanding on port state control）に調印し，各国協調して欧州諸港に入港する船舶を立ち入り検査し，船舶が国際条約の基準を満足しているか，乗組員が正当な資格証明を所持しているかを点検し，サブスタンダード船の排除に向けPSCの強化に乗り出した．この運動は広がりをみせ，アジア太平洋地区でも1993年に東京MOUが発足，米国でも1994年にUSCGによるPSCが強化されるようになった．さらに，条約要件の完全履行とサブスタンダード船排除に向け，1996年にSOLAS条約，MARPOL条約が，1997年には**STCW条約**（**international convention on Standards of Training, Certification and Watchkeeping for seafarers**，1978/1978年の**船員の訓練及び資格証明並びに当直の基準に関する国際条約**）が改正され，PSC強化がより明確になった．

　PSCにおいては，船舶が入港時に寄港国検査官により立ち入り検査され，船体，機関，救命設備，消火設備，汚染防止設備，船員資格など国際条約で定められた基準を下回っている欠陥が発見された場合，欠陥を是正するまで入港を拒否されたり，入港した船は出港を拒否されることがある．

　PSCにより，低質安価な船員を配乗し，保守管理にコストをかけず経済性のみを追求してきた船主，船舶管理会社に反省を促すことになっている．

6.4.3　その他の検査

SIRE

　国際石油メジャーは用船候補船やターミナル受入船に対し，自社の基準で本船が受け入れるに足る設備を有しているか検船し，不適合点があれば船主，船舶管理会社に改善を求めていた．

　しかし，最近の国際環境の変化から検船需要が高まり，各社の検船の回数が非常に多くなった．各社による検船の重複を避け，船主，船舶管理会社，本船乗組員の負担を軽減し，かつ最新の検船データを共有するため，石油メジャーの民間団体である **OCIMF**（Oil Companies International Marine Forum）は，1993 年に **SIRE**（Ship Inspection Report Exchange）という検船レポート共有体制を開始した．検船により，タンカーとしての必要設備の有無や維持管理状況，油濁防止設備，証書や書類，乗組員の資格などが検査される．

　OCIMF は国際石油メジャーが中心となって設立した民間団体で，タンカーの設備や石油ターミナル関係の技術基準を策定している．タンカーの建造仕様書に同基準の適用を義務づける船主は多く，一種の industrial standard になっている．

　検船結果は船舶管理会社に報告されると共に，14 日間は検船結果について船舶管理会社からのコメントを受け付ける．船舶管理会社は船主と相談，必要な改善事項を実施の上，コメントする．期間経過後，検船結果はコメントと共にSIRE program に登録され，OCIMF メンバーおよび彼らが承認した会社や組織のみが内容を閲覧できる．しかし一般には公開されず，船主，船級協会，保険会社，ブローカーなどは利害を伴うため閲覧できない．船主にとっては，検船結果が以後の商売に大きく影響するので，OCIMF からみればタンカーのサブスタンダード船対策に大きく貢献することになっている．

船主による検査

　前述の通り，船主が自身で船舶管理を行う時代から，インハウスを含め独立の船舶管理会社に管理を任せる間接管理の時代になった．

船主は独自の基準によって任せるに足る管理会社を選任しているが，間接管理であるために，コスト管理と報告書以外では実態がつかめないことも多い．管理会社や乗組員の対応不足のために運航スケジュールなど船主の商売に直接影響することも多い．船主にとっての安全運航，効率運航，資産である本船の保守管理状況，船舶管理会社のパフォーマンスなどを確認するために，独自の点検プログラムを持って定期的に訪船活動している会社もある．

【参考文献】

1) 船のメンテナンス技術（平成8年，成山堂書店）
2) 海運技術者への新たな挑戦（全日本海員組合「海員」95/10）
3) 世界の船籍登録と寄港国規制（MARINE 94/11）
4) わが国船舶管理業の現状と展望（海運 96/09–96/12）
5) 1995年STCW条約の概要とその使命（海運 98/01）

6.5　保守管理

6.5.1　on board maintenance

　近代化少人数船でハンズの不足を補うため陸上作業員の手を借りて保守作業を行う場合を除き，本船の一般的な保守管理は乗組員の手により行われる（広義のon board maintenance, OBM）．

　機関をはじめとした機器類の保守は，メーカーや船舶管理会社の定めた基準に則り，運転時間を基準に開放点検整備が行われる．甲板機械や荷役機器など重要機器類についても定められた期間で，テストや整備が行われる．船は鋼構造（鉄）でできており，船の生涯は錆との戦いとよく言われるように，船体各部の塗装補修作業も乗組員により計画的に実施される．

　最近では，サブスタンダード船の排除傾向など外部環境の変化や，船舶管理状況の船主へのアピールから，本船の保守管理がきちんと行われていることが，コストと共に良質船舶管理会社の最低条件になっている．

superintendentは，本船の保守管理全般について管理責任を負っており，技術的知識・経験を持って本船を指導・監督し，低いコストでいかに最大の効果（船質維持）をあげるかでまず船主に評価される．その集合体として船舶管理会社は評価される．本船から整備計画や整備結果により部品やエンジニアのサービス派遣要請が会社の定型フォームに記入され，superintendentにfaxやe-mailなどで申請される．superintendentはその必要性，数量を吟味し，本船と打ち合わせた後，メーカーや船用品手配業者数社から見積もりを取り，最も安価で信頼のおける業者に発注し，本船に派遣，供給する．

　superintendentにとってのroutine workは，こうした部品やサービスの手配業務である．

　老朽船や，経年劣化が激しくgrade upが必要な場合や，船主から特別な作業を要請され，乗組員の手に負えない作業量が発生する時には，追加のcrewを臨時雇用したり，陸上の専門業者作業員を手配して本船に一定期間乗船させ，航海中に作業を行わせる（狭義のon board maintenance）．こうした追加のcrewを **on board maintenance crew（team）**とか**riding squad**と言う．

　近代化船や航路事情（short voyageなど）により乗組員の手のみでは保守管理が追いつかない場合や，ドックコスト削減のためにOBM crewを派遣する場合も多い．

　作業で多いのは，甲板上の塗装整備作業，機関室内のcleaningや塗装整備作業である．

　船舶管理会社によっては積極的にOBM crewを乗船させ，バラストタンクや，カーゴホールド，カーゴオイルタンク（product/chemical carrierの場合）の内部塗装補修を行ったり，経年腐食した船体構造物，艤装品などの取り替え作業を行う会社もあり，OBM crewをうまく使っていかにコストを抑えられるかも船舶管理会社のひとつの評価につながっている（図6.3〜図6.5：OBMの具体例写真）．

図6.3：FPT OBMの例
(30,000 DWT product tanker OBM in FPT and APT)

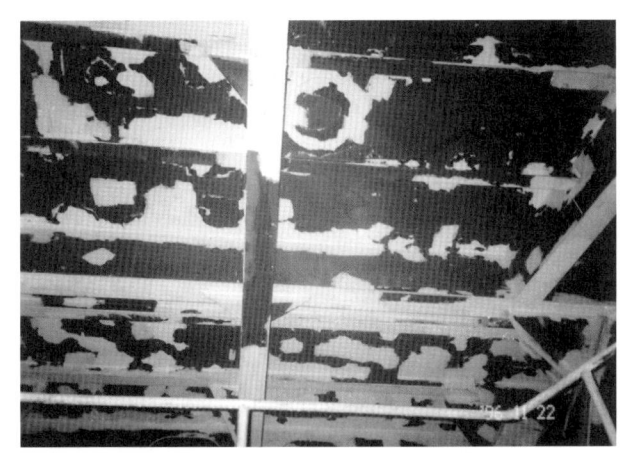

図6.4：panting stringer裏面OBMの例
(30,000 DWT product tanker OBM in FPT andAPT)

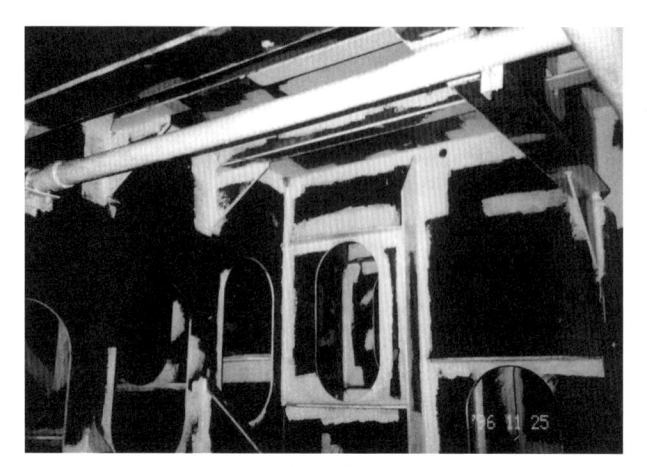

図6.5：APT OBM の例
(30,000 DWT product tanker OBM in FPT and APT)

6.5.2　その他の保守管理

　機関関係整備の計画実行や予備品の管理は，最近ではコンピュータ化されたplanned maintenance system を採用している船も多く，作業計画が単純化された反面，本船機関長はその入力作業にかなり時間をとられ，整備作業の統率との両立に苦労している．こうしたデータはdisk や電子通信により会社に送られ，superintendent によっても管理される．

　本船では，機関の運転データや，航海記録を基にスピードパフォーマンスのトレンドをモニターしながら，本船実力を確認し，必要に応じ会社を通じ，船主へ報告する．また機関の異常や，船体汚損が無いかも点検される．こうしたデータは会社へも定期的に報告され，superintendent によっても異常がないか点検される．主機の燃料油は，補油の際にはサンプル油をとり，ひとつは会社が契約した分析機関に送り，分析結果を待って，異常がなければ燃料として使用する．ひとつは船内に保管し，燃料油に問題があった時に証拠とする．

　最近は，補油地により粘度，不純物（バナジウム，硫黄分など）などによる燃焼障害や，機関への磨耗障害をもたらす燃料も多く，燃料油に起因する機関

トラブルも非常に多い.

6.5.3　ドック

準備

　superintendentや乗組員にとって，ドック工事は一大イベントである．定期的な点検，検査以外にも，前回ドック以来，航海中に整備できなかった懸案事項や仮補修部の復旧，航海中にできなかった場所の点検など，次回ドックまでの安全運航に支障を来さないための作業を行わなければならない．

　以下，一般的なドック工事概要を述べる．船主や船種によって手順は多少異なる．

　船主と管理会社との間で予めおおよそのドック時期が決められる．一般的には，船級規則のdock dueと本船の長期スケジュールを勘案しながら，2.5年毎（5年に2回）にドックするのが普通である．オペレーションが簡単で，underwater surveyの設備を装備している船は，2.5年目のドックを省略する場合もある．

　superintendentは船主とドック時期を確認しながら，前広に本船からドック時に必要なrepair orderを受け取る．また，前回ドック以降発生し，仮補修など懸案事項として残した作業をチェックし，本船にも確認する．また，特殊工事（改造工事や，特殊なタンクのre-coatingなど）がある場合は，コンサルタントなどを雇って当該工事の仕様書・図面を作成する．工事仕様を明確にするために，建造造船所に相談したり，図面作成を依頼することもある．そうしたものを**dock spec.（dry dock specifications，ドック工事仕様書**）としてまとめる．

　dock spec.の中には，repair orderに加え，本船の主要目や必要図面，yardに対する安全上や費用支払上の要求事項，遅延時のペナルティーなどの要求など，請負契約を結ぶための事項を織り込む．

　dock spec.は要求されれば，船主にも送る．

　dock spec.が出来上がった頃，船主とドック時期と場所，引き合うyardを数社決定し，yardにdock space availabilityを確認しながら，dock spec.を送って見積と工期を取得する．

並行して，必要な部品の手配や，メーカーなどのサービスエンジニア派遣手配と費用見積を行う．

yardからの見積がそろったら，見積条件や内容に差がないか点検し，ドック工期，yard費用と船主手配費用（部品，エンジニア派遣，superintendent attendance cost, agent & pilot fee などの費用）の直接費用の他，off hire 費用と燃料費などの間接費用も含め，通常航海から離れて復帰するまでのドックに関わる全ての費用を見積り評価する．コストの評価結果と superintendent の proposal を添えて船主に報告申請し，ドック地を決定する．

タンカーのドック前検査

タンカーなど危険物船では安全上の問題や構造上の問題から，ドックに入る前にいくつかの作業が必要となる．

揚地を出港したら，本船は gas free を行いながらドックに向かい，ドック地またはその近くで sludge/slop の陸揚げを行う．そして，chemist の検査を受け，本船が **gas free** であることを証明されて初めてドックに入ることが許可される．

special survey の時はタンクの圧力検査が要求されるので，ドックに入る前に沖でタンクにバラストを張って class surveyor の検査を受ける．また，enhanced survey により close up survey が要求されるタンクには，バラストを張り，レベルを調整しながら，ゴムボートを浮かべて検査を受ける．ドックに入って足場を架設するよりコストが安くすむためである．

同様の理由により，船主によっては，ドックに入る前のバラスト航海かその前のバラスト航海時に，steel inspector を乗船させ，タンクをガスフリー，バラスト張排水をして，タンク内部の点検を行い，塗装状態や **pitting corrosion** などの腐食，構造物の変形，クラックの有無を調査しておく．結果，必要な整備・修理工事を dock spec. にも反映させておくことにより，費用精度も高くなり，ドックに入ってからの思わぬ追加工事も避けられる．

タンカー以外の一般船ではこうした作業は通常，必要ない．

コンテナ船の場合，運航の都合で本船にコンテナを積んだままドック入りすることがあるので，工事の無い場所に積載するよう調整したり，盤木強度に問

題はないかなど確認しておく必要がある．コンテナ船は喫水が深く，ポンツーン型ハッチカバーが重いので，喫水条件やクレーンの能力がyard選択の条件にもなる．

bottom survey

　本船の水線下部分については事前点検が行われていないことが多く，入渠して初めて点検となる．class surveyorと一緒に船体外板に損傷がないか，ビルジキール，舵，プロペラ，シーチェスト，錨・錨鎖など，水線下構造物全般を検査する．

　損傷があれば，damage and repair planを作成し，yardから見積もりを取得しながら，class surveyorからrepair planの承認を得る．

　船舶保険に関わるような損傷があれば，保険会社に連絡をとりsurveyorの検査を受け，保険会社からもrepair planの承認を得る．

　superintendentにとっては，船体汚損や塗膜の劣化具合，プロペラの表面状態も重要点検事項である．船体やプロペラの汚損は，本船の運航性能に直結する．塗膜の劣化状態によっては，re-coatingも必要になる．

　全面積のre-coating（含sandblasting）には費用がかかることから，過去の状態をモニターしながら，船主と予め予算を含め施工の可否を決定しておく．

　防汚塗料は，溶出速度や防汚性能が，船型，航路と銘柄でうまくマッチしない場合があるので，モニターしながら，銘柄を変更する必要も発生する．

工程管理

　基本的にはdock spec.にしたがって工事が進められる．しかし，具体的修理の詳細については現場でyardのship repair managerと打ち合わせながら決定される．

　また，船級検査や条約検査，superintendentや乗組員の点検で，補修が必要な追加工事が発生する．

　逆に，ドック前の航海で乗組員により作業が完了したり，コストを考慮してキャンセルされる工事もある．

ドックに入って早いうちにこうした追加，キャンセルの工事を決めないと，決められた工事日数に間に合わないケースもでる．

毎日決められた時間に yard と superintendent，本船乗組員との打ち合わせが行われ，安全関係や工程管理の確認がなされる．

superintendent にとっては，コスト，作業品質の管理と共に，本船運航スケジュールに影響するドック工事の工程管理も重要な業務である．

出渠

本船をドック入れしないとできないような工事が終わると，浮上に必要なバラストを注水し，本船は出渠し岸壁へシフトされ，残りの工事が続けられる．

完工出帆

全ての工事が終わり，本船機関，ボイラーなどプラント類の通水，起動，運転確認テストが行われたら，本船は沖出しされ，簡単な sea trial を行い，問題が無ければ通常航海に復帰する．

プロペラ研磨をドック内でやらず，沖で水中研磨する場合，沖で燃料油の補油を行ってから出帆する場合もある．本船が出帆後は，yard と superintendent の間で費用の交渉が行われ，契約（payment term）に従って費用が支払われる．

6.6　船体構造の保守

船体構造物の保守は，一般的には damage and repair の手法で行われる．腐食損耗すれば取り替え，外力により損傷していれば元の形状，構造に戻す．

しかし，強度部材の変形や亀裂などが発生した場合は若干考え方が異なる．原因によっては，補強や構造の変更，さらに，類似個所への適用が必要になるからである．

原因がよくわからない，元に戻せば同じ年数くらいはまた長らえる，コストもあまりかけられないなどの理由から，damage and repair の手法でかたづけ

られ，同じ損傷を再発させたり，類似個所に損傷がでたり，その時に対策を取り損ねて，後で思わぬ事故や費用が発生することがある．

　superintendentの大半は船員の出身であり，船体構造に不得手であることが多い．一方，yardにしても（国内や一部の海外造船所はそうでもないが）一般的にはdock spec.に従って作業を行うだけであるから，そこまでは気を使わない．船殻重量の低減を目的に，**高張力鋼**（high tensile strength steel），通称**ハイテン材**が多く使用されるようになり，下記の損傷が発生した．

(1) 溶接欠陥

(2) VLCCにおけるサイドロンジの疲労亀裂

(1)の損傷はハイテン材採用初期に発生したが，鋼材の成分，製造工程の改善により解決された．(2)は通称**ハイテン問題**と呼ばれ，10年近く遡るが，国内建造造船所をはじめ，船級，船主，荷主，そして現場で検査，監督を行うsuperintendentを長い間悩ませた．水線面近傍での波浪による繰り返し荷重に対し，高張力鋼を使用した場合，軟鋼船に比べ部材寸法を減じるため相対的に発生応力が高くなる．この繰り返し応力によりサイドロンジの大骨貫通部などの応力集中部に疲労亀裂が発生した．この損傷は本来，ハイテン材の採用に起因する問題ではなく，波浪変動圧算定式の精度およびハイテン材の疲労強度評価手法の問題である．この損傷に対し，造船所や船級により大がかりな強度検討，検査が行われ，ハイテン問題が前記2つの点に起因することが解明された．その後の船級規則では，これらを踏まえ波浪変動圧の算定式や部材の疲労強度に対する見直し改正が行われ，ハイテン問題は解決されている．しかし，旧規則に基づく一部の船で，この問題に起因した損傷事故例が未だ報告されている．damage and repairの手法をとっていると繰り返し問題が発生することになる．類似損傷は，コンテナ船でも発生している．

　船体構造について強度の面から検査し，図面を作り，アドバイスできるようなコンサルタント業務を行う企業が多くあればsuperintendentも助かるであろうし，強度問題からくる船体損傷やサブスタンダード船も減少するであろう．

6.7 バラストタンク内部腐食の保守

　バラストタンクは一般的にタールエポキシなどの重塗装が建造時に施工されている．しかし，竣工後すぐには表面化しなかったような塗膜の劣化が部分的に予想以上に早く発生する場合がある．原因としては，新造時の施工膜厚が不足していたなど品質管理によると考えられる．部位によっては，発錆・腐食の影響まで考慮されていない構造様式をとっていることにもよる．

　タンクトップには，建造時の作業および竣工後の点検により受けた塗膜の小さなダメージや，ピンホールにより，pitting corrosion が発生する．放置すると年間 1～2 mm の深さで進行するので，早めの塗装補修が必要となる．数が少なければ乗組員の手で補修が行われるが，多い場合にはドック時に補修される．補修個所が後からでも分かるように，下地がタールエポキシの場合でも light color の塗装補修が行われることがある．

　suction bellmouth 下部は水流による影響もあって一般部より corrosion の発生する確率は高く進行速度も速い．周辺に突起物や異常な溶接肉盛などが残っていると同部から corrosion が進行する．

　新造時に設置されていない場合，アノードを取り付けることも一般的に行われている．タンクトップの pitting corrosion 進行抑止にも使われる．

　デッキ裏（splash zone）は，その環境から最も腐食の激しい所のひとつである．骨部材が縦横に走り，強度上も比較的薄い鋼材配置で済み，完全な塗装施工が困難であるから，スロット周りなどの開口部や部材端部から塗膜の劣化，腐食が始まり，10年もすると部材端部がナイフエッジになっているタンクも多い．気づかないと水密隔壁に孔が開きかけていたり，強度低下による部材変形，亀裂も起こる．

　一部の船種を除き一般的には人が簡単には近づけない構造が多く，乗組員の手（on board maintenance）で補修を行いにくい場所である．バラスト水にあまり浸される場所でもないのでアノードも効果がない．

　鋼材取替えのコストと比べれば塗装コストが安価であることはよく言われることである．費用効果を考えれば早めの塗装補修が，本船の船質を健全に維持するには必要であるが，それでも決して安いコストではない．

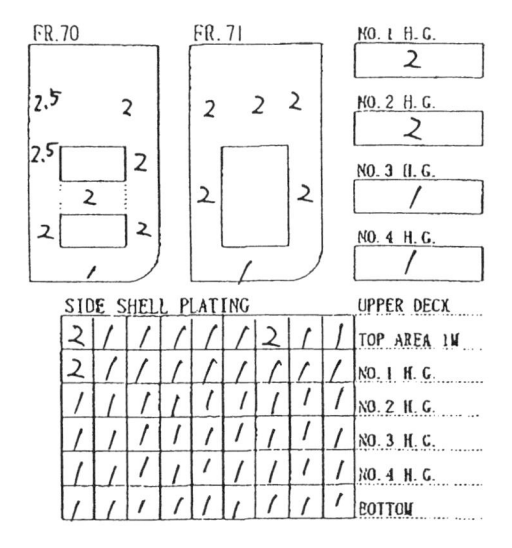

図6.6：WBT の coating condition inspection record の例

　補修計画立案のために塗装部の発錆状況を定期的にモニターしている会社もある（図6.6：WBT coating condition inspection record の例）．

　船主の本船使用期間（寿命）の考え方，保守（船質維持）に対する考え方を確認しながら，船主の理解と判断を求める必要のある最大の工事のひとつが on board maintenance の行いにくいバラストタンクデッキ裏の塗装補修である．

　バラストタンクが本船の経済的寿命決定の大きな要因とよくいわれる所以である．

6.8　タンカーのカーゴオイルタンクの腐食と保守

　油タンカーにおいては，カーゴオイルタンクは一般的に無塗装仕様である．しかし，イナートガスや原油に含まれる硫黄分や水分，少ないながらも酸素供給もあり，SBT 船化されたタンカーでも，油まみれと考えられているカーゴオイルタンクにも腐食が発生する．

　非 SBT 船に比べ，腐食環境が格段に良くなり，あまり腐食には悩まされな

いだろうと予想されていたが，差はあれ，腐食と戦わなければならないようである．

さらに，ダブルハルになった今，inner bottom plating は，シングルハルに比較し若干薄い鋼材ですむことや，タンクの魔法瓶効果から，シングルハルより気をつけて臨まなければならないようである．

タンクトップや構造部材の水平面では，硫黄分と水滴とにより，pitting corrosion が発生する．進行速度は速い船で年間 2 mm 前後ある．すなわち，20 mm の船底外板も，放置すると最悪の場合 10 年程度で孔があく危険性があるということである．

pitting corrosion そのものは船体強度に与える影響は小さいが，孔があくと原油のタンク外流出，海洋汚染という大事件につながるので，若齢のうちから点検に手を抜けないし，記録を残しておくことが重要である．強度的な問題ではないだけに class survey との直接の関連がなく，pitting corrosion は superintendent と乗組員の注意力にかかっており，専門の inspector を雇う場合も多い（図 6.7：COT pitting corrosion inspection record の例）．

デッキ裏では pitting corrosion のような部分腐食ではなく，inert gas の雰囲気の中で全体腐食衰耗が発生する．船首船尾部では，甲板板厚が中央部より薄

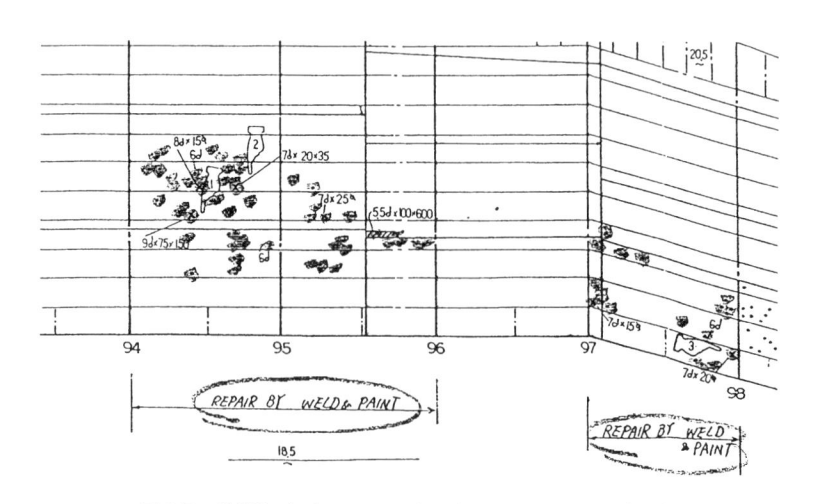

図 6.7：COT pitting corrosion inspection record の例

いのが一般であるので，同じ腐食速度であれば，船首尾部のタンクがまず気をつける場所である．腐食速度は一般に考えられているほど小さくはないようであり，現在いくつかの企業，機関で調査が行われている．

また最近では，原油中や海水中に住むバクテリアが腐食を助長しているとの問題提起がある．**Sulfur Reducing Bacteria（SRB）**と呼ばれるバクテリアが環境中で硫黄分を食べ硫酸を作り，腐食を助長する．SRBによる腐食を，**Microbial Influenced Corrosion（MIC）**と呼んでいる．

chemical tankerやproduct tankerのcoated cargo oil tankのタンクトップの場合は，腐食性貨物の積載と海水によるタンククリーニングが頻繁に行われており，pitting corrosionの程度がさらに激しく，塗膜に傷がつくとその部分が選択的に電気的腐食を受け，年間2mm以上の速度で進行する．タンククリーニング作業で乗組員がタンク内に入るので，頻繁に塗装補修を行うことが必要である．

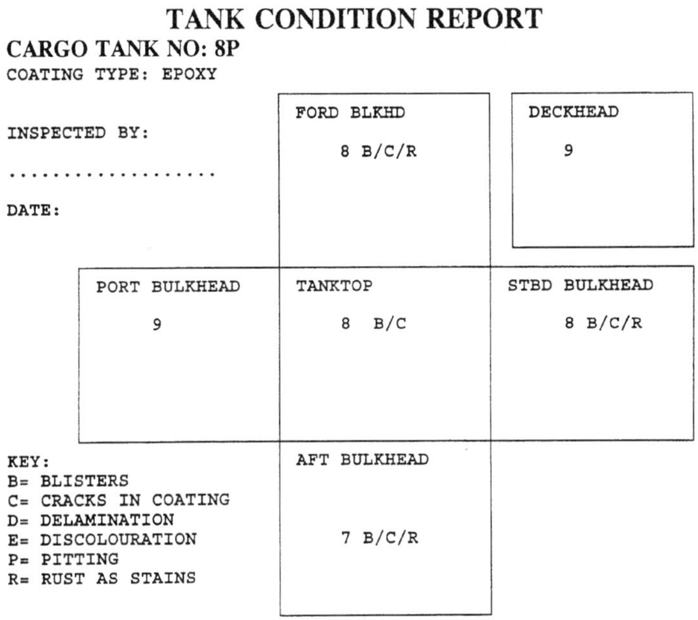

TANK CONDITION REPORT

CARGO TANK NO: 8P
COATING TYPE: EPOXY

INSPECTED BY: .... DATE:	FORD BLKHD 8 B/C/R	DECKHEAD 9
PORT BULKHEAD 9	TANKTOP 8 B/C	STBD BULKHEAD 8 B/C/R
KEY: B= BLISTERS C= CRACKS IN COATING D= DELAMINATION E= DISCOLOURATION P= PITTING R= RUST AS STAINS	AFT BULKHEAD 7 B/C/R	

図6.8：chemical tanker COT coating recordの例

また，タンク内に使用されているステンレス鋼やステンレスの配管（hydraulic pipe, heating coil など）もタンククリーニングの処理が悪ければ，塩素イオンにより小さく深い pitting corrosion を受け，気づかないうちに孔があく．

こうしたタンクは，油タンカー以上にきめ細かく点検補修される（図6.8：chemical tanker COT coating record の例）．

6.9　バルクキャリアの腐食と保守

SOLAS 条約の**バルクキャリア構造安全強化**の引き金となったバルクキャリアの沈没などの重大事故の大きな原因のひとつが，ホールド内部材の腐食である．それを放置し保守を行わなかったために，ホールドフレームが離れ外板強度が低下し破口を生じたり，横置隔壁に破口を生じたりして，船体が折れたり，復原性を失い，沈没する．

新造船では，船級規則が改正されホールド内部に塗装が必要になったり，部材の最低板厚が大きくなったり，最近では，安全強化規則によりさらに規制が厳しくなっている．

しかし既存船では，塗装もされておらず，部材も腐食にまかせたままの船が多い．ホールドフレームや横置隔壁はその表面が無塗装であり，部材両面から腐食を受ける環境にあるので，通常の2倍の速度で腐食が進行する．船齢10年前後で船級の腐食衰耗限度にくるバルクキャリアもある．

いかに早い時期に腐食を受けるホールド部分に塗装を施すか，その後，自主的な板厚計測や目視点検により腐食進行を未然に防ぐ努力が，船主，船舶管理会社で行われている．

船級による**検査の強化プログラム**（ESP）により，これまで以上にきめ細かく検査が行われ，衰耗限度が近いと予想されると船級からコメントがつくようになっており，部材の切り替えなど対策をとらないとそのコメントは消えない（図6.9：バルクキャリアの hold bulkhead 衰耗計測図の例，表6.1：NK の衰耗に関する判定基準）．

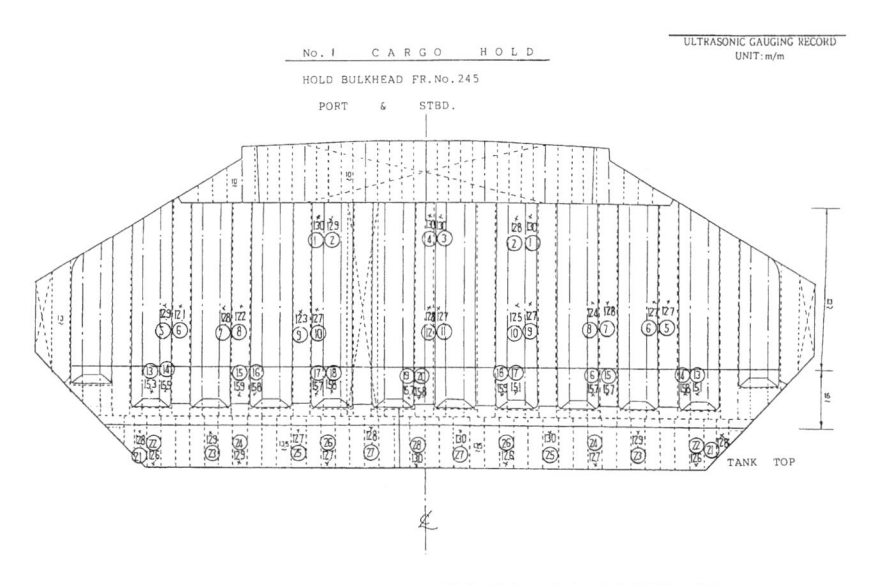

[第6章] 引き渡しからスクラップまで　**131**

図6.9：バルクキャリアの hold bulkhead 衰耗計測図の例

表6.1：NK の衰耗に関する判定基準

部　材　名　称	許容衰耗量
外板 強力甲板 強力甲板および舷側厚板上の平鋼縦通部材 深水タンク隔壁板 内底板	元厚の20％＋1 mm
二重底肋板および桁板 大骨（一次部材）のウェブおよび面材 倉内肋骨の面材 水密隔壁板	元厚の25％
小骨（倉内肋骨を除く）のウェブおよび面材 　　ならびに肘板 強力甲板以外の有効甲板 ハッチカバーおよびハッチビーム	元厚の30％

6.10　機関関係の保守

　前述の通り機関の保守は，一般的にはメーカーや管理会社の基準に従い，乗組員の手で行われる．

　ドックの際も問題がなければ，船級検査による開放工事以外はほとんどが乗組員の手で行われ，乗組員で時間的にできない作業のみがyardに発注される．

　技術面では，各メーカーからアフターサービスの技術資料や情報（service informationなど）が送られ，保守作業の補助になっている．

　個別の問題があったり，定期点検が必要な場合は，メーカーエンジニアのサービスネットワーク体制があるので，最寄りの地域から派遣してもらう．

　主機や発電機でいったんトラブルが発生すると，本船が突然にdead shipになる危険性もあり，狭水道航行中にdead shipになると他船との衝突事故にもなりかねない．よって，定期点検と運転諸元や開放整備結果の傾向（時間当たり磨耗量，缶水の水質管理など）の把握を常に行っておくことが重要である．問題発生の際は，その解決に技術的困難さを伴う場合もあるが，メーカーのアフターサービス体制，技術援助体制があるので，点検，解析，対策立案など，superintendentや船主と共に解決に向けた努力がきちんと払われる．

　こうした機関関係の体制と異なり，船体構造には建造者によるアフターケアの体制，技術的援助体制，保守管理技術を集約した学問などが整っておらず，老朽化と共に間違った保守，タイミングを逸した保守による事故も起こる．船体構造には冗長性があり，構造上の問題で突然dead shipになるような事故が発生することは少ないものの，ハイテン問題やバルクキャリアの衰耗など油断できない問題も抱えている．

6.11　事故，海難

6.11.1　重大海難事故と規制強化

　トラブル，事故，海難，incident, accident, casualtyなど，いろいろ言い方はあるが，予期しない事件はいろいろな局面で発生する．

重大海難事件としては，衝突・座礁などによるタンカーの海洋汚染事故，人身損傷を伴う衝突・火災・沈没事故などがあり，世間の耳目にさらされ，船主や保険会社の受ける損害は莫大であると共に，環境への影響も少なくない．また，国内では知られていなくても，Lloyds listなど業界誌を見ると世界中で多くの事故が発生している．

　原因としては，荒天など不可抗力もあるが，直接・間接を含めるとヒューマンエラーが占める割合が多いようであり，老朽サブスタンダード船であったりするようである．

　最近では，環境に与える影響を重視して，国際条約など規制・規則に直ぐに反映されるようになった．

　最近の特徴は，新造船のみならず，既存船にも早い時期に規則の網がかかるようになったこと，そしてヒューマンエラー防止というソフトの部分まで規制されるようになったことである．

　1989年3月，アラスカ湾でのタンカー・**エクソンバルディス号**原油流出事故により，米国のOPA90（Oil Pollution Act 90）が発効，タンカーのダブルハル規制が始まった．

　1993年1月，スコットランド沖でのタンカー・ブレア号原油流出事故により，MARPOL条約のダブルハル規則化が加速された．さらに，SOLAS条約ではETA（Emergency Towing Arrangement）が強制化され，1998年7月には船首への安全通路規則も発効した．

　1990年1月以来バルクキャリアの沈没，行方不明およびそれによる数百人におよぶ人命喪失事故が続き，SOLAS条約の**バルクキャリア構造安全強化**規則が発効した．

　ヒューマンエラー対策としては，port state controlの強化，STCW条約の発効・改正やISM codeの発効がある．

　竣工後の既存船に対するハード上の規則改正については，船主・船舶管理会社の技術力にも限界があり，船級協会のアドバイスを得ながら造船所・メーカー・コンサルタント会社が協力して対応することも多い．

6.11.2　一般の事故

下記のような事故がよく発生する．

- 荷役中に，荷役機械により船体がダメージを受ける．
- 時化により青波を受け，甲板の構造物，機器，さらに甲板上の貨物が損傷を受ける．
- 離着岸の際に，タグに思わぬ場所を押されたり，岸壁フェンダーにぶつかり船体が損傷する．
- 強風で橋桁に衝突．
- 強風や潮流，チャートの不備で，浅瀬や岩礁に乗り上げる．
- 漁網をひっかけたり，流木に当たったりして，プロペラや船尾管シールを損傷する．
- 粗悪燃料油などにより，主機関シリンダーが短期間に異常磨耗を起こし，航行が危うくなる．

　簡単なものは乗組員の手で修理され，不可能な場合は専門業者により修理される．本船の当面の運航に支障のないものや，完全復旧できないものは，仮修理などを行った後，ドックした時に修理される．

　本船の堪航性など，船級維持に抵触すると判断された場合には，船級の検査を受ける．損傷によっては保険会社にも通知し，検査を受ける．

　損傷が大きい場合は，緊急ドックすることもある．トラブルの程度にもよるが，本船の運航に支障が生じるなど船主の利害がからむ可能性がある場合や，船級維持に問題がでる場合などは，事故発生後，即座に船主に報告し，statement of factやaccident reportを添えて当面の対策を船主と協議する．

　ハードの事故のみならず，乗組員の病気やケガ（時には死亡事故もある），喧嘩による殺傷や離船（上陸したまま帰ってこない），密航者の乗船，さらには海賊による貨物や物品の盗難事件なども発生し，海賊にしても決して珍しいことでもない．

こうした事故でも本船設備を少し工夫するのみで未然に防止できることも多く，船主・船舶管理会社にとっては貴重な経験として，類似船へ生かされることになる．船種，航路により普遍的な事項は新造船仕様にも生かされる．

6.12　スクラップ

　貨物運送手段としての船舶は，貨物の量と船舶の数との需給関係，海上運賃マーケットに支配されており，需給関係のなかで新造船発注，運航，係船，売買船が行われ，経済的に成り立たない船がスクラップされていく．スクラップされる船，時期はマーケットによって左右される．

　油タンカーでは，経済的理由の他，OPA90やMARPOL条約による年齢制限で使用できなくなるが，それでも老齢VLCCをハイドロバランス対応により25歳を超えて運航したり，**FPSO**（Floating Production Storage and Off-loading）への改造によりさらに使用される場合がある．改造費と運航費を考慮の上，経済的に合うとされるからであるが，マーケットが悪ければ経済的に成立せずスクラップされることになる．

　コンテナ船では，定期航路編成を組む上で本船のサイズやスピードが大きな問題であり，それが合わなくなると，20'/40'積取比率変更の改造をしたり，就航航路を変更したり，ジャンボ化したりして運航されるが，使い切れない場合，売船される．

　PCCでも車輸送のモード変更により，ジャンボ化されたり，背高車や重量物車用にcar deckが改造されたりする．

　しかし一方では，次の買手（船主）が安いコストで海運マーケットに参入することを嫌い，戦略上意図的にスクラップにされる老朽船もある．

　いよいよスクラップされる時には，本船はスクラップを請け負う業者に売船され，スクラップヤード（造船所）に持ち込まれる．途上国では大潮を待って砂浜に乗り揚げる（beaching）場合もあり，生き船としての寿命を終え，解撤される．利用価値のある機器類はそれらが売買され修繕保守部品として利用されることもあり，鋼材はバラバラにされ製鉄原料として再生される．

【参考文献】

1) 船のメンテナンス技術（平成8年，成山堂書店）
2) 高温環境下の腐食（日本海事協会誌 No.214, 1991(I)）
3) 船体損傷の典型的事例とその対策（日本海事協会会誌 No.210, 1990(I)）
4) 船体構造部材の板厚計測の標準（日本海事協会）
5) 船体防食管理法ガイダンス（日本海事協会）
6) 高齢大型ばら積貨物船に関する調査報告書（日本海事協会，1992年）
7) 海洋汚染問題と海運・造船との関連（関西造船協会「らん」第18号, H5/01）
8) Microbial influenced corrosion in cargo oil tanks of crude oil tankers (CORROSION 97)
9) Corrosion and tank coating maintenance of recently built and aging oil tankers (ASTM/ABS coating for ship and offshore seminar and workshop Dec./1995)
10) 海運技術者への新たな挑戦（全日本海員組合「海員」95/10）
11) 海運と安全・環境規制（海運 98/02）
12) 大型クレームの分析結果より得られた損害防止策（海運 91/12）
13) 船の寿命とは（海運 97/10）

第Ⅱ部

第1章

国際条約・運航

1.1 船舶の安全を規制する国際条約

　公海上を航行する船舶の安全確保と海難事故による海洋汚染の防止を目的とし，各種の国際条約が整備されている．これらの条約のうち船舶の構造および設備を規制する条約で発効しているものはSOLAS条約，Load Line条約，MARPOL73/78条約である．これらの条約の概要を以下に示す．

1. **SOLAS条約（海上における人命の安全のための国際条約，International Convention for the Safety of Life at Sea）**：区画，損傷時の復原性，隔壁や二重底構造などに関する船体構造に関する規定や，救命，防火，消防，航海，無線などの設備に関する規定が定められている．この条約は**タイタニック号**沈没の事故を契機として，それまで，まちまちであった各国の規則を統一するために最初に設けられた国際条約である．タイタニック以後の重大な海難事故の発生や技術革新に対応して基準を追加，修正し，現在に至っている．

2. **Load Line条約（満載喫水線に関する国際条約，International Convention on Load Lines, 1966）**：貨物の積み過ぎによる海難を防止するため，船舶の満載喫水すなわち最大の積み荷制限を定める条約である．

船体強度に関しては，「満載喫水に対し，十分なものであること」を要求している．その他，ハッチカバーなどの開口部の構造についての規定も定められている．

3. **MARPOL73/78条約** (1973年の船舶による汚染の防止のための国際条約に関する1978年の議定書, Protocol of 1978 relating to the International Convention for the Prevention of Pollution from ships, 1973)：船舶による海洋汚染を防止するため設けられた条約である．海洋の油汚染を最小にするため，油水分離器や原油洗浄装置などの設備について基準が設けられている．また，衝突や座礁事故の際の油流出を最小限に留めるため，一定以上の油タンカーに**二重船殻構造**またはそれと同等の構造配置を採用することが求められている（**エクソンバルディス号**の座礁事故を契機に制定）．

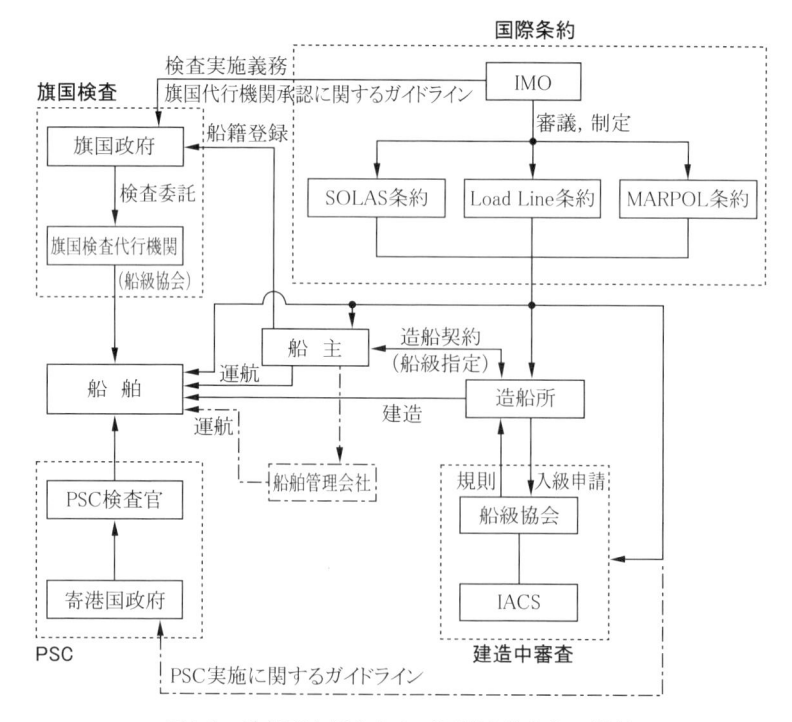

図1.1：造船所と船主および国際条約などの関係

これらの条約は国連の専門機関の一つであるIMO（International Maritime Organization）の場で国際的に協議され制定されている．IMOには**海上安全委員会，海洋環境保護委員会**など5つの委員会があり，技術基準の検討を行っている．

先に挙げた国際条約では，自国船舶の検査を行い，条約の基準を遵守させる責任は**旗国**（船舶が船籍を置く国）政府にあるとする旗国主義が採用されている．実際の検査は政府から委託された代行機関（主に船級協会）が行うため，この機関の能力，モラルが条約遵守の前提となる．現在IMOで「旗国代行機関の承認に関するガイドライン」などを設け，代行機関の選定，承認および監督を適正化することによって，旗国検査の強化・徹底を図ろうとしている．

近年の海運業界においては**便宜置籍船**の船腹量が増大し，世界の船腹量の50％を占めるに至っている．便宜置籍船とは税制上の優遇措置などを得る目的で，他国に船舶を所有する会社を設立し，建造または購入した船舶の籍を便宜上その国に置いている船舶である．便宜置籍により他国に船籍を置く場合，先に挙げた旗国検査の実施は便宜置籍国（便宜上船籍を置いている国）の義務となる．従って旗国検査を厳格に実施しようとする場合は便宜置籍国の対応が重要な鍵となる．また，新たな国際条約の発効についても「世界の商船船腹量の50％以上となる国が締約国となること」という条件を満たすためには便宜置籍国の締約が前提となる．

旗国検査を補完するものとして，PSC（Port State Control）がある．これは他国籍の国際条約を満足しない船舶（**サブスタンダード船**）による海難事故から自国の海岸を守るための権利である．PSCは他国籍の船舶が自国に寄港する際に，船舶が所有している証書が有効であるか否かを確認することを目的としている．IMOはサブスタンダード船排除のためPSCによる強力な監視を促進する立場から，PSC実施手続きを統一するためのガイドラインを作成している．しかし，PSCには検査官の能力や保障措置のため自ずから限界がある．特に，構造強度に関する検査は専門的であるためPSC検査の対象とすることは難しい．このためPSCを「旗国検査を補完するもの」と位置づけることに反対する意見もある．

一方，SOLAS条約においては船体の基本的な構造強度に関する基準は旗国が定めることとなっている．しかし，構造強度に関しては多くの旗国政府が基準の策定，認証および検査の実施権限をIACSメンバーである船級協会に委任している．IACS (International Association of Classification Societies) は海上における安全基準改善の促進，諸国際海事団体との協力などを目的とし，Load Line条約に関する国際会議を契機として1968年に設立され，正式メンバーは現在11船級協会であり，準メンバーを含めると100 GT以上の外航船腹量のほぼ全てをカバーしている．

今後サブスタンダード船を排除するため，IMOの場において船体構造に関する条約の制定，旗国検査の充実，およびPSCのあり方などについて協議が進められるであろう．

1.2 船の運航形態とその周辺

一口に船会社といっても，その船舶の所有関係により種々の形態があり，いわゆる船舶オーナーと運航船会社の間で取り交わされる用船の仕組みも複雑である．また，船舶運航者と荷主との間の輸送契約や運賃にも色々な形態がある．

ここでは，これらの船舶の運航・輸送に係わるキーワードについて，以下に簡潔に解説する．

1.2.1 船会社

船舶を使用して旅客・貨物を運送する，いわゆる海運業を営む会社が一般的に船会社と呼ばれるが，その形態は船舶の所有関係から，自身で船舶を所有しその運航を行うもの，船主から船舶を用船（または傭船，**charter**）して運航するもの（用船者（charterer）と呼ばれる），自社船と用船を併用して運航す

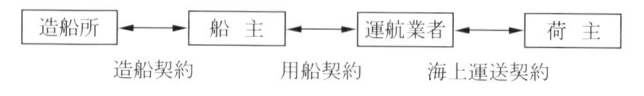

図1.2：荷主・船会社・造船所間の関係（例）

[第1章] 国際条約・運航　　**143**

るものに大別される．これらの船会社は船舶を運航することから，特に運航業者または**オペレータ**（operator）と呼ばれる．

　一方，船舶を所有するのみで自身では動かさず，運航業者に用船に出したり運航委託するものもあり，これらは一般的に**オーナー**（owner）または純船主と呼ばれる．この他，本来は船会社の顧客である荷主が自ら船舶を保有し，自身の荷物を専門に運んでいる例も石油会社などにみられる．

　造船所はこれらの船舶を所有する船会社や船主と造船契約を結び船舶を建造することとなる．

　船舶の具体的な所有形態としては，船舶登記や収益に対する課税などの税制上の優遇措置をとっているリベリヤやパナマなどに実体のない会社を設立し，その会社に船舶の所有権を持たせる（これを便宜置籍（FOC；Flag Of Convenience）という）など，複雑な場合が多い．

1.2.2　船舶管理会社

　船主が船舶を運航するためには，船体を維持・修繕し，船員を配乗し，消耗品を供給するなどの管理業務が必要である．これらの業務を船主から請け負う専門の業者．

1.2.3　定期航路事業と不定期航路事業

　船舶運航事業は，その船舶の投入航路の性質の相違により，大きく定期航路事業と不定期航路事業に分けられる．

- **定期航路事業**：一定の航路に船舶を就航させ，貨客の多少にかかわらず定期表に従って運航させるもので，これらの航路に就航する船舶は定期船（liner）と呼ばれ，一般に高速船が投入されてきた．現在では主要定期航路の多くはコンテナ化され，高速コンテナ船が投入されている．輸送貨物は工業製品を含めた雑貨類が多い．
- **不定期航路事業**：荷主の貨物運送依頼により随時配船してその輸送を行うものであり，石油・石炭・鉄鉱石などの原料の大量輸送に従事することが

多い.これらの不定期輸送に使用される船舶は特に不定期船（tramper）と呼ばれ，現在ではタンカー・バルクキャリアなどの大型専用船が多数投入されている.

1.2.4　用船

　用船とは船主と運航業者（用船者）との間で行われる船舶の貸し・借りである．この用船という仕組みは，両者にとって次のようにお互いに便利な面がある．船主にしてみれば，自分の船舶を用船者に貸し一定の用船料を取れば，その時々の運賃相場の変動に伴うリスクは用船者が負担することになり，安定した収入を得ることができる．一方，用船者は，船舶が必要な時は用船し不要になれば船舶を船主に戻すことができ，荷動きの多い場合を想定して余分な船を持っておく必要がなくなり，それだけ負担が軽くなる．

　用船契約（charter party）には，定期用船契約，裸用船契約，運航委託契約などがあり，用船した船舶をさらに第三者に**再用船**（sub-charter）するなど，複雑な仕組みになることがある.

- **定期用船契約**（time charter）：船主と用船者間での一定期間の用船契約で，船主は船員を配乗させ一切の属具を装備して航海できる状態で持船を用船者に貸し出し，用船者は燃料・港費などを自己負担して船舶を運航する．特殊ケースとして，運航コストを下げるために，それまで運航してきた自社船を外国に売却し，外国籍となったその船を定期用船して賃金の安い外国船員を配乗させて引き続き運航するという**チャーターバック**（charter back）方式がとられることがある．また，日本の船社が外国船主に日本の造船所の船台を斡旋して建造させた船舶を，自ら長期にわたって定期用船する場合があり，これらの船は特に仕組船と呼ばれている．

- **裸用船契約**（bareboat charter）：定期用船は船腹を使用する権利を得る契約であるが，裸用船は用船者が船主から船舶そのものを賃借りする契約．ゆえに用船者が船員・修繕・保険などの費用も負担し，一切の保船管理を行う．

[第1章] 国際条約・運航

- 運航委託契約：船主が持船の運航を運航業者に委託する契約．運航に伴う一切の費用は船主の勘定で，運航業者は報酬として一定の手数料を船主から受け取る．

1.2.5 海上運送契約

貨物運送を依頼する荷主と運送を引き受ける運航業者との間では，海上運送契約が結ばれる．これらは，定期航路における個品運送契約や，不定期船の航海用船契約がある．

- 個品運送契約：運航業者が多数の荷主から，雑貨や品物を個々の単位で貨物運送を引き受ける運送契約．運航業者はこれらの貨物を船舶に巧みに積み合わせて海上輸送する．
- 航海用船契約（trip charter, voyage charter）：運航業者と荷主との間で，航海を単位として締結される石炭・穀物・鉱石などの運送契約．通常，運送貨物1トン当たりの運賃が決められ，運航業者は，運送した貨物の積高に対する運賃を荷主から受け取る．航海用船契約の変形として，運賃を運送貨物1トン当たりで決めず，全船腹貸し切りで1航海につき総額運賃を取り決めて契約する船腹用船契約（lump sum charter）もある．積荷運送が長期にわたって保証されている場合は，長期間連続して契約が継続される．用船契約となってはいるが，船主と用船者の間で結ばれる前述の用船契約とは形態が異なる．

```
         運航業者 ←――――――――→ 荷 主
                 個品輸送契約
```
(a) 定期貨物船による雑貨輸送の場合(例)

```
         運航業者 ←――――――――→ 荷 主
                 航海用船契約
```
(b) バルクキャリア(不定期船)による石炭輸送の場合(例)

図1.3：海上運送契約

- **数量輸送契約**（**COA**；Contract Of Affreightment）：航海用船契約と同様の運送契約であるが，航海を単位とするのではなく，一定量の特定貨物を一定期間に決められた港間で輸送する契約．通常 COA では航海用船と違い配船する船舶は特定されないので，配船に自由度がある．

1.2.6 運賃

- **定期航路**：定期航路では，一般に，その航路において定期船を運航している船社の集まりである**海運同盟**（**shipping conference**）（または**運賃同盟**（**freight conference**））により運賃があらかじめ決められており，**運賃表**（**tariff**）に表示されている．ただし，海運同盟の航路に，同盟に加入していない船会社の船舶（**盟外船**（**outsider**）と呼ばれる）が押し入ってきて，ダンピング競争が起こることがある．

- **不定期航路**：不定期航路の運賃は，定期航路のようにあらかじめ決められた運賃表によるのではなく，その時々の荷動き量と船腹量の需給バランスによる海運市況に応じて当事者間の契約で決まるので，かなり大きく変動する．

- **ワールドスケール**（**world scale**）：タンカー運賃の標準運賃レートの一種．それぞれの航路において，載貨重量 19,500 t のタンカーにて原油を輸送した場合，一定の採算が得られるように設定されている．前述のように不定期船では運賃が市況により大きく変動するが，タンカーの世界運賃市場では，その変動量が一目でわかるように，通常その時々の運賃をこのワールドスケールと呼ばれる 1 ロングトン当たり基準運賃に対する比率で表示する方法がとられている（たとえば，ある時点でのある航路の VLCC の運賃相場がワールドスケール基準運賃の 50% であれば，WS 50（ワールドスケール 50）と呼ばれる）．

第2章

一般

2.1 船舶サイズの通称

　船舶の大きさを表す指標としては，長さ・幅などの主寸法や総トン数，排水量，載貨重量など色々あるが，タンカーやバルクキャリアなどの船腹量の多い船種では，特に大きなシェアを占めているサイズの船型についてはVLCC，パナマックスなどの通称で呼ばれることが多い．以下に，これらのうちの主要なものを列記し，簡単な解説を付ける．

2.1.1　ULCC, VLCC

　超大型原油タンカーの略称で，ULCCはUltra Large Crude oil Carrier，VLCCはVery Large Crude oil Carrierの頭文字である．一般的に載貨重量20万トンから30万トンまでのタンカーをVLCC，それ以上のものをULCCと呼んでいる（後述のAFRAでは，載貨重量16万トン以上32万トン未満のクラスをVLCCと呼んでいる）．過去において，世界的な原油需要の増大や造船技術の進歩などにより原油タンカーの大型化が進み，1970年代には50万トンクラスのULCCが建造された．現在では，**超大型タンカー**としては，原油取引に都合のよい量である200万バレルの原油を積載できる載貨重量28～30万トンク

ラスのVLCCが主流となっている．日本向け原油輸送用のVLCCとしては，揚げ荷バースの喫水制限などにより載貨重量がこれらより少し小さく，26万トン程度のものが多い．

2.1.2　スエズマックスタンカー（Suez max tanker）

スエズ運河を満載で通航できる最大船型のタンカーを示す通称．スエズ運河通航の制限として下記がある．

- 最大幅：210 ft（64.01 m）以下
- 最大喫水：全長，バラスト／満載，南行／北行，船幅などにより分けられて細かく規定されている．

一般的に船型としては載貨重量14〜15万トン程度となる．特に，原油取引きに都合のよい100万バレルの原油を積載できる船型が載貨重量14万トン程度となるので，このクラスの船型の需要が多い．

2.1.3　アフラマックスタンカー（AFRA max tanker）

AFRAとは Average Freight Rate Assessment の頭文字で，**ロンドン・タンカー・ブローカーズ・パネル**により発表される原油タンカーのサイズ別に表示された運賃査定指数である．サイズは表2.1に示すように載貨重量により5つのクラスに分類されている．このうち，AFRAでは載貨重量が8万トンを超え

表2.1：AFRAのクラス分け

クラス	載貨重量トン
GP（General Purpose）	16,500〜 24,999
MR（Medium）	25,000〜 44,999
LR-1（Large-1）	45,000〜 79,999
LR-2（Large-2）	80,000〜159,999
VLCC	160,000〜319,999

ると運賃レートがかなり下がるので，載貨重量45,000〜79,999トンのクラスでそのレートを最大限に享受できるよう載貨重量を上限ぎりぎりの79,999トンとしたタンカーが多く，これらを特にアフラマックスタンカーと呼んでいる．

2.1.4 パナマックス（Panamax）

太平洋と大西洋を結ぶ，海上輸送上の要衝であるパナマ運河を通航できるよう，船幅をその制限の最大値とした船型の通称（Panamaとmaximumを合成した造語で，なかなかうまくできている）．通航可能な最大船型としては，運河の途中にある水門（lock）の長さと幅により以下の制限がある．

- 全長：900 ft（274.32 m）（コンテナ船のようなC_bの小さい船では950 ft（289.56 m）以下）
- 最大幅：106 ft（32.31 m）（ゆえに一般に型幅は32.2 mとされる）
- 最大喫水：運河の途中にあるガツン湖（Gatun Lake）の水位などのため季節により変わる．12 m程度．

最大船型としては，全長は制限一杯までとることはなく，バルクキャリアで6〜7万載貨重量トン程度となる．バルクキャリアやコンテナ船では，就航可能航路のフレキシビリティを確保しかつ採算を良くするため，パナマ通過可能最大船型のパナマックス型としたものが世界中で多数建造され，大きなシェアを占めている．最近では，パナマ運河通過による就航航路のフレキシビリティを犠牲にして，大型化によるスケールメリットを狙ってパナマ運河制限値より幅広の船型としたコンテナ船が出現しているが，これらは特にパナマックスと区別して**オーバーパナマックス**船型と呼ばれている．

2.1.5 ハンディーバルカー（handy bulker）

パナマックスバルカーより一回り小さい載貨重量2〜5万トン程度のバルカーの通称．甲板上に設けたクレーンにより荷役設備のない港でも荷役可能で，雑多な種類のばら積み貨物を輸送する，小回りの効く船型として需要が多い．ばら積み貨物以外に，コンテナ・ホットコイル・木材など多彩な貨物を積めるよ

うにしたものが多い．このうち，特に3万5千〜4万5千トンの船型は当該クラスの最大型という意味で**ハンディーマックス**（handy max）とも呼ばれる．

2.1.6　ケープサイズバルカー（Cape size bulker）

南アフリカ共和国の石炭積出し港である**リチャーズベイ**（Richards Bay）への入港が可能である最大船型のバルカーの通称．ケープタウン回りの航路の途中でリチャーズベイに寄港し石炭を積増ししていたということで，ケープサイズと呼ばれるようになった．当該港の港湾制限値は

- 全長：314 m
- 最大幅：47.25 m
- 最大喫水：18.1 m

バルクキャリアとしては超大型の船型で，載貨重量で15〜17万トン程度となる．このうち，フランス・ダンケルク港の水門からくる制約により船幅45 m以下とした船型は，特に**ダンケルクマックス**（Dunkerque max）と呼ばれており，この船型としたケープサイズバルカーが多い．

2.1.7　レークサイズバルカー（Lake size bulker）

セントローレンス水路（St. Lawrence Seaway）を通って五大湖のひとつであるエリー湖まで通航できる最大船型のバルカーの通称．セントローレンス水路は，カナダのモントリオール港からオンタリオ湖までのSt. Lawrence Channelと，オンタリオ湖からエリー湖までのWelland Canalからなる．セントローレンス水路の制限値は

- 全長：730 ft（222.5 m）
- 最大幅：75 ft-6 in（23.01 m）
- 最大喫水：26 ft（7.925 m）（真水にて）

船型としては，一般に全長は制限一杯までとることはなく，また満載喫水は制限値よりかなり大きくしており，載貨重量で2万〜2万7千トン程度となる．

2.2 船舶の種別・航行区域など

　船舶は，その航行の安全を図るため，その種類別（旅客船か非旅客船かなど），航行区域（沿海か遠洋かなど），航海の種別（国際航海か非国際航海か），大きさなどにより分類され，それに従い国際条約や国内規則などで所要の復原性能や設備が要求される．以下に，それらの船舶の分類のベースとなる主な指標について概説する．

2.2.1 船舶の種別

　船舶の種類が異なれば規則などの要求が異なってくるが，その最も大きな区分は旅客船か非旅客船かの区別である．不特定多数の旅客を乗せる船と，よく訓練された船員のみの船とでは，航行の安全性に関する要求事項も自ずと異なってくることとなる．

　SOLAS条約や国内の船舶安全法では，12名を超える旅客を乗せられるような客室設備を設けた船舶を**旅客船**（passenger ship）と定義している．ゆえに，客室設備を設けていても12名以下であれば，非旅客船に区分される．

　SOLAS条約では，非旅客船を**貨物船**（cargo ship）と呼んでいる．

　ちなみに**旅客**（passenger）の定義は，SOLAS条約では，次に掲げる者以外の者となっている．

- 船長および乗員ならびにその他資格の如何を問わず乗船して船舶の業務に雇用されまたは従事する者
- 1歳未満の乳児

（たとえば，海洋観測船に乗船している観測関係の研究者は，船舶上で観測業務に従事するので旅客とは見なされない．これらの乗員は，国内法では，「その他の乗組員」と定義される）

2.2.2 航行区域

　日本の船舶安全法では，航行区域を下記の4つに分類して要求事項を区別している．すなわち，陸から近く海象・気象が穏やかなところを航行する船舶に

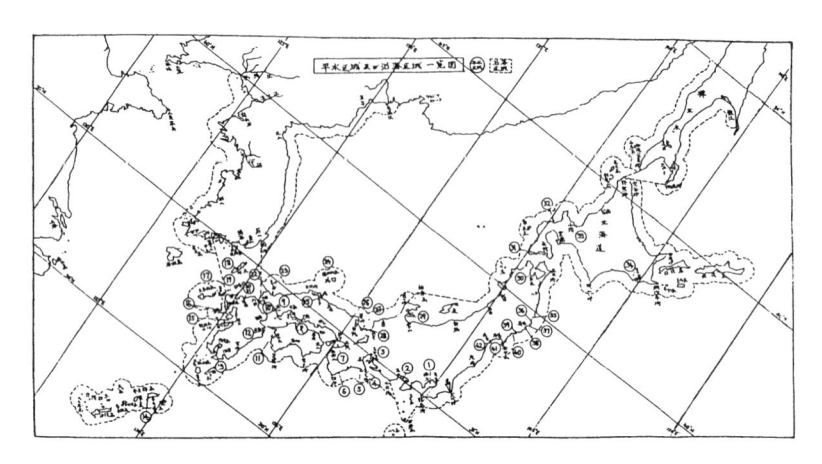

図 2.1：平水区域および沿海区域（出典：航行区域図）

は緩い基準が要求され，陸から遠く離れた海象・気象が厳しい大洋を航行する船舶には厳しい基準が適用されることとなる．

- **平水**区域：湖・川・港内および特定の水域（図 2.1）
- **沿海**区域：特定の沿海水域（原則的には海岸より 20 海里以内の水域（図 2.1）
- **近海**区域：東経 175 度・南緯 11 度・東経 94 度・北緯 63 度の線で囲まれた水域（図 2.2）
- **遠洋**区域：全世界のすべての水域．

また，沿海区域で制限を設けた限定沿海区域が設定されている．

- **限定沿海**区域：瀬戸内海または平水区域からその船舶の最大速力で 2 時間以内に往復できる限定された区域．

さらに，近年新たに，近海区域からさらに狭く制限した限定近海区域が設定された．

- **限定近海**区域：図 2.2 に示す区域．ほとんどの内航航路を包含する．

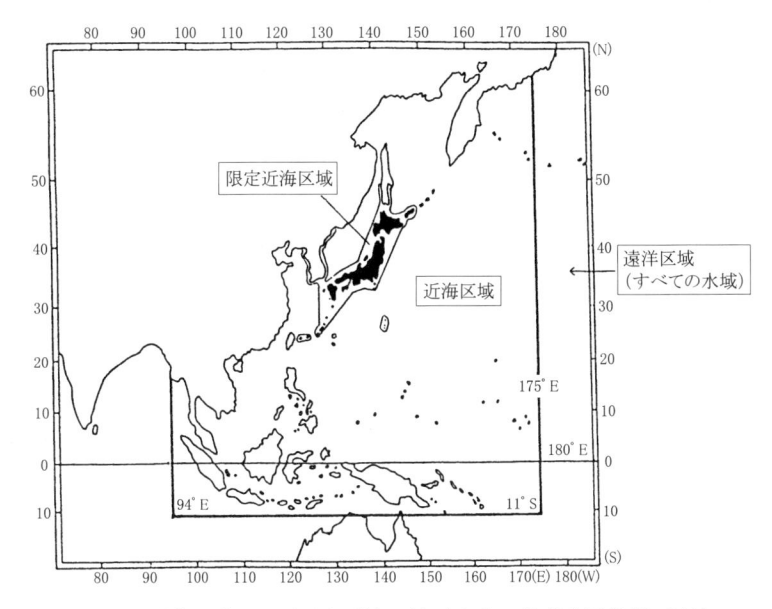

図2.2：近海区域および限定近海区域（出典：月刊公団船 No.311）

（背景：戦前，国内貨物の輸送範囲を想定して近海区域が設定されたが，近海区域と遠洋区域では海象・気象的に大きな差がなく，ほぼ同じ安全基準が要求されている．最近の国内航路のほとんどは，近海区域よりずっと沿海区域に近い航路となっているので，陸上からの支援を受けやすいなどの事情を勘案し，これらの航路を包含する区域を限定近海とし，状況に則し安全基準を緩和しようとしたもの）

SOLAS条約では，国際航海に従事する船舶を対象としているため，航行区域としては原則として遠洋海域が想定されている（後述するように，航行距離の短い航路を想定した短国際航海の規定もある）．

2.2.3　航海の種別

国際航海に従事するのか，非国際航海のみかの違いにより適用規則が大きく異なる．すなわち，国際航海に従事する船舶であれば，総トン数500トン未満

の貨物船などを除き，SOLAS条約などの国際条約が適用されることとなる．非国際航海のみであれば，その船籍国の国内規則のみに従えばよい．

ちなみに**国際航海**（international voyage）とは，一国と他国との間の航海をいう．

また，特に，航海距離の短い国際航海を**短国際航海**（short international voyage）と呼び，当該航路に従事する船舶に対しては設備要件が緩和されている（短国際航海の定義：航海中の船舶がしかるべき港などより200海里以内にあり，かつ2国間の航路が600海里以内である航海）．

2.2.4　第1種船〜第4種船

日本籍船では，国内法である船舶救命設備規則により，旅客船・非旅客船，国際航海・非国際航海，総トン数の区分に従って，第1種船から第4種船の4種類に分類され，その各々の分類に対し救命設備などの所要設備が規定されている（表2.2）．

表2.2：船舶救命設備規則の第1種船〜第4種船

	旅客船		非旅客船		
	国際航海	非国際航海	国際航海		非国際航海
			$\geq 500\,\mathrm{GT}$	$< 500\,\mathrm{GT}$	
第1種船	○				
第2種船		○			
第3種船			○		
第4種船				○	○

2.2.5　高速船の分類

SOLAS条約に採用されている，国際航海に従事する**高速船**を対象とした**高速船コード**（High Speed Craft code（通称HSCコード））では，緊急時に旅客などの救助に要する時間や旅客数により，A類船（Category A craft）とB類船（Category B craft）に分類され，所要設備・性能などが要求されている．

2.3　排水量・載貨重量・総トン数など

　船舶の大きさを示す指標として，排水量・載貨重量・総トン数など，トンという単位で表されるものが複数個ある．単位が同一の発音のトンのため混乱しやすいので，これらの区別を主体に，以下に概説する．

2.3.1　排水量（displacement）

　文字どおり船舶が浮かんでいる状態で船体が押しのけた水の重量，つまり水面下の船体の容積に等しい水の重量を示す．ゆえにこれは，その時の積載物を含む船舶の総重量を示している．

　ここで注意を要する点は，その場合の喫水と水の比重であり，これらの値が異なると，同じ船舶でも排水量が異なってくる．通常の外航商船では，排水量は，比重1.025の海水の場合で，喫水としては夏期満載喫水（summer draft）時の値を示すのが一般的である（淡水の湖などを航行する船では，海水ではなく真水の比重を使用することとなる）．

　各喫水での排水量は，ハイドロ計算により事前に求められてチャートまたはテーブル化されているので，喫水が指定されればチャートから容易に求めることができるようにされている．実測した喫水から排水量を求める場合，トリムやヒールの影響による修正が必要である．また，大型の船舶では，正確な排水量を求めるためには，船体全体の撓みの影響も補正する必要がある．

　使用単位は通常メトリックトンであるが，外国では時々ロングトンが使用されるので注意を要する．1ロングトンは約1.016メトリックトンである（後述の載貨重量や軽荷重量も同様である）．

2.3.2　基準排水量

　前述のように，商船では一般に排水量は満載状態の値が用いられるのに対し，艦艇の場合，年鑑や新聞などで公表される排水量は，慣例的に基準状態として定義された積付状態における排水量である基準排水量で示される（昔のロンドン軍縮会議で決められた定義に端を発する）．基準状態とは，乗組員・弾薬・斉

備品・食料・倉庫品などを完備し直ちに出動しうる状態から，燃料および予備水を取り除いた状態をいう．

2.3.3 載貨重量（deadweight）

載貨重量とは，その船舶が積載できる貨物・燃料・乗組員などの重量の総和である．ゆえに，排水量と同様に，その場合の喫水と水の比重が異なると，載貨重量は異なってくる．通常の外航商船では，載貨重量は，排水量と同様に，海水比重1.025の場合の夏期満載喫水時の値で示される．

SOLAS条約では，載貨重量は指定された夏期乾舷に対する満載喫水線での，比重1.025の海水における船舶の排水量と軽荷重量との差と定義されている．各喫水での載貨重量は，その喫水での排水量から下記で説明する軽荷重量を差し引いた値として求められる．

商船では，排水量よりも，貨物がどれだけ積載できるかの目安となる載貨重量の方が重要であり，通常，造船契約における保証事項の一つとなる．

2.3.4 軽荷重量（lightweight）

貨物・燃料・乗組員などの積載物の重量を除いた船舶自体の重量を軽荷重量という（この場合，軽荷の荷が，載貨重量の貨と異なることに注意）．

SOLAS条約では，軽荷重量は貨物，燃料，バラスト水，タンク内の清水および養かん水，消耗貯蔵品ならびに旅客および乗組員ならびにその手回り品を除く船舶の排水重量と定義されている（以前は推進に関係があるかないかで区別されていた項目があったが，現在では，推進の関係の有無を問わずSOLAS条約の定義を原則として決定されている）．SOLAS条約の定義だけでは軽荷重量に含むべきか載貨重量に入れるべきか迷う項目がでてくるが，それらを明確にし疑義が生じないように，通常，契約仕様書で両者の詳細な区別が定義される．

軽荷重量は，建造工事がほぼ終了した段階で実施される重量・重心査定試験（重査）で計測し求められた排水量に，海水比重の差異の調整や未工事分（未搭載物件）や工事用として搭載している溶接機などの工具類（非搭載物件）の重量を加減して求められる．

2.3.5 総トン数（gross tonnage）

　総トン数は，同じ発音のトンという単位で示されるのでまぎらわしいが，重量の指標ではなく，船全体のボリュームの大小を示し，具体的には，全ての閉囲場所の容積の値を元に，ある定められた計算式で求めた数値である．

　歴史的には，積載できる樽の数に端を発し（樽をたたいた時の打音からトンと呼ばれるようになったと言われている），複雑な経緯により各国固有の非常に煩雑な規則が定められ，それに従い計算されていたが，1969年の**船舶のトン数測度に関する国際条約**（International convention on tonnage measurement of ship, 1969）で計算方式が一本化され，コンピュータの使用により計算が容易となった．

　国内でも，前述の国際条約に対応し，船舶積量測度法に代わって**船舶のトン数の測度に関する法律**が昭和55年に制定されたが，この法律では，前述の国際条約で規定される国際総トン数の他に，国内のみに通用する総トン数が定められており，国際航海に従事する船舶では，総トン数がこれらの2本立てとなっているので注意を要する．

2.3.6 純トン数（net tonnage）

　総トン数と同様，容積の大小を示す指標で，主として旅客数や貨物を積載する場所の容積などを元に，定められた計算式で求めた数値で示される．

　純トン数はトン税や岸壁使用料算定の基礎になる指標である．

　純トン数も総トン数とほぼ同一の経緯をたどり，1969年の船舶のトン数測度に関する国際条約で計算方式が一本化された．純トン数は総トン数とは異なって，前述の国際条約で規定されている計算式と国内法による計算式は同一である．

2.3.7 運河トン数

　パナマ運河やスエズ運河はそれぞれ独自のトン数規則を持っており，それらの各々の規則に定められた方式により計算された運河トン数に基づいて各船舶の通航料が算定される．

2.3.8 輸送能力の表示

商船の大きさを示す指標としては，一般に載貨重量が用いられる．たとえば20万トンタンカーという場合の20万トンは載貨重量を示しており，ばら積船や鉱石運搬船で7万トン型といえばそれらの載貨重量を示している．

しかし，コンテナ船・自動車運搬船やLNG船・LPG船などユニット貨物やボリューム・カーゴを運搬する船舶では，載貨重量で呼ぶよりも，その積載能力であるユニット貨物の個数やカーゴタンク容量で呼称される．5,800個積みコンテナ船・5,500台積み自動車運搬船や135,000 m^{3}型LNG船などがその例である．

また，客船などでは，その大きさを船体全体の容積で比べることとなるので，その大きさは通常，総トン数で表示される．

総トン数は，排水量や載貨重量のように喫水や海水の比重により変化することがなく，その形状により一義的に決まるので，船舶の大きさを表す尺度として，各種の税金や手数料を算定する時の基礎となっている．また船舶建造量などの統計資料の指標としても使用されている．しかし，その場合，同じ総トン数でも船種が異なれば建造に必要な工数が大きく違ってくるので，船種による差異を考慮してこれらを調整した**修正総トン数**が定められており，これを**CGRT** (Compensated Gross Registered Tonnage) という．

2.4 造船契約

造船商談の最終段階において，船主と造船所の間で本船の仕様・船価・支払い条件・保証事項などについて打ち合わせ，合意に達するとそれらの内容を造船契約書やそれに添付する付属図書といった形あるものにまとめあげる．両者がその造船契約書に署名調印することによって造船契約が成立する．

ここでは，造船契約の概要およびその要点について解説する（契約書で使用されている各用語については，法律的に厳密な解釈があろうが，この解説では一般的な意味で使用する）．

2.4.1 契約書の内容

造船契約書には一般に以下の事項が記載される．

- 船主，造船所の名前，住所
- 船級，船籍，適用規則，主要寸法，主機，本船の概要
- 契約付属図書
- 保証事項
- 契約船価，支払条件
- 納期
- 造船所の責任範囲，免責事項

参考として，日本海運集会所が制定した計画造船用の造船契約書書式に記載されている条項を以下に記す（内容要約・注記を（ ）内に示す）．

第1条　本船の要目
　　（本船の具体的仕様を示すものとして契約付属図書が添付される）
第2条　航行区域と船級
第3条　建造所と船番
第4条　引渡し期限と場所
第5条　建造代価と支払い方法
第6条　工事の検査と監督
第7条　工事の報告
第8条　仕様の変更
　　（契約後に仕様変更する場合の規定）
第9条　不可抗力による工事支障
　　（天災，地変，戦争などの不可抗力により工事に支障が出た場合は両者協議の上，契約変更できる）
第10条　引渡し遅延と延滞料
第11条　引渡し繰上げの報奨金

第12条　海上試運転および検査
第13条　引渡し日の決定
第14条　性能の保証と違約金
第15条　契約の解除
　　　（船主が本契約を解除できる条件）
第16条　危険負担
第17条　瑕疵担保責任
　　　（引渡し後，一定期間（通常1年間）は造船所が瑕疵担保の責任を負う）
第18条　経済事情の変動
　　　（経済事情が著しく変動した場合，両者は船価変更を協議する）
第19条　増減額等の清算
　　　（契約解除または契約後に仕様変更した場合の建造代価の清算方法）
第20条　債権債務に関する制限
　　　（両者の合意無しには本契約で生じる債権債務は第三者に渡せない）
第21条　建造資金特約条項
　　　（船主が資金調達する場合の本船担保について）
第22条　本契約の効力の発生
　　　（本契約は政府から建造許可された時に発効）
第23条　本文優先
　　　（契約書と付属図書の間で矛盾がある場合，契約書が優先する）
第24条　仲裁
　　　（両者間で争いが生じた場合の仲裁方法）

2.4.2　付属図書

　一般的に次のような技術図書が契約付属図書として造船契約書に添付され，契約内容を補足する．

- 仕様書（specifications）
- 一般配置図（general arrangement）
- 居住区配置図（accommodation arrangement）

ただし，付属図書の範囲は船主によってかなり差があり，仕様書と一般配置図だけの場合もあれば，前述の図書の他に，中央横断面図（midship section）・機関室配置図（engine room arrangement）やメーカーリスト（makers list）などが加えられる場合もある．

契約付属図書は，船主との契約打合せにより合意した仕様変更を全て含めた，契約時点における本船の最終仕様に対応するものとしておく必要がある．しかし，打合せの終了から契約までの期間が短く，付属図書を修正する時間的余裕がない場合は，打合せに使用した図書に契約打合せ結果による変更内容がわかるような書類（打合せ記録，仕様変更書など）を添付することで対応することもある．

2.4.3　性能保証

船舶の運航採算に大きな影響を与える性能項目については，造船所による保証が要求される．前述の計画造船用契約書書式の例では，これらの性能保証項目として，載貨重量と速力が規定されている．さらに主機の燃料消費量を**保証項目**に加えることが多い．また，コンテナ船ではコンテナ積載個数，自動車運搬船では自動車積載台数を保証項目とすることもある．

これらの保証項目の，船舶がほぼ完成した時点での計測値が保証値に達しなかった場合は，造船所に**ペナルティ**が課せられることとなる．ゆえに基本設計の段階では各々の性能保証値を満足できるように，保証値にしかるべき余裕をとって設計することとなる．

ペナルティとしては，契約書では一般に，その不足値がある値（不足しても違約金の支払いが免除される上限値で，**グレース（grace）**と呼ぶ）を超えると，造船所は，契約書に記載された手順に従って計算された金額を違約金として船主に支払うように規定されている．違約金をどの程度とするかは，船主と造船所の協議により決定される．

各性能保証項目において，保証値からの不足分があまりにも大きいと，船主が本船引き取りを拒否し本契約を解除できる規定を設ける場合がある．その限界値は**リジェクトライン（reject line）**と呼ばれる（前述の計画造船用契約書

書式では，リジェクトラインとしては「本船が契約の目的を達し得ない程の大差」と記載されているのみ）．

日本造船工業会の標準造船契約書（英文）の例でみると，速力に対する規定は，グレース0.3ノット，リジェクトライン1.0ノットとなっており，輸出船ではこれが一般的である（載貨重量・主機燃料消費量に対しては，本例では，これらの具体的数値は例示されていない）．

2.4.4　引渡し遅延

通常，本船の引渡しが契約書規定の引渡し期日から遅延した場合も，造船所にペナルティが課せられる．そのペナルティは，前述の性能保証の場合と同様に，遅延日数がグレースとして規定された日数を超えた場合，その超過遅延日数に対して1日につき建造代価のある割合に相当する金額を延滞料として船主に支払うこととなる．

引渡し遅延日数に関してもリジェクトラインを設ける場合が多い．

遅延とは逆に，船主の要請に基づき引渡しを指定された期日から繰り上げた場合の報奨金（bonus）の規定がある場合もある．

2.4.5　契約船価，支払い条件

契約船価は一般的に国内船は円建て，その他は米ドル建てである．米ドル建ての場合，本船の建造が長期にわたるので，支払いの完了が契約からかなり後（1～2年後）となるため，日本の造船所にとっては為替変動のリスクが伴う．

支払い条件は通常，分割払いで，契約締結・起工・進水・引渡しの4回に分けて支払われるケースが多い．割払の各支払い額の振分けは様々である．

2.5　海上保険

船舶は一度に大量の貨物を運送するため，ひとたび海難が起こると関係者に多大な損害を与えることになる．そのため早くから保険制度が発達してきた．

本節では海上保険に関する用語のうち，よく用いられるものの解説を行う．

海上保険：海上危険（沈没，座礁，衝突など）を担保し，海上危険によって生ずる損害を填補するための保険．船舶保険と貨物海上保険がある．**船舶保険**は船舶を保険の対象物件とし，船舶自身の損害，船舶同士の衝突による賠償責任を担保する．**貨物海上保険**は輸送される貨物を保険の対象物件とし，貨物，希望利益なども対象になる．

PI保険：**船主責任保険**．船舶事故の船主（用船者）の責任と費用をカバーするための保険．以下のような場合に有効．

- 船舶が港湾施設に損害を与えた．
- 海洋，港湾を油で汚染した．
- 船員に死傷事故があった．
- 積み荷に事故があった．

PIは "Protection and Indemnity" の略．

航海保険：特定の一航海のみに関する危険を担保する保険．輸出引渡船やクレーン船，ドレッジャーなどの作業船を曳航する場合に用いるのが一般的．

船舶戦争保険：戦争，暴動などの通常の運航に比べて予測困難な危険を担保する保険．一般的に以下のような危険が担保される．

- 戦争
- 水雷，爆弾
- 拿捕，捕獲，拘留，没収
- 海賊行為
- テロなどの政治的目的をもった行為
- 暴動，社会的騒じょう

船舶不稼動損失保険：船舶が海難事故などの理由により稼動できなくなったとき，その間の不稼動損失を填補する．

コンテナ保険：コンテナの中身（貨物自体）は一般の貨物海上保険の対象とされるが，これと区別して以下のようなものを対象とする保険はコンテナ保険と呼ばれている．

- コンテナ自体
- コンテナ所有者の第三者に対する賠償責任
- コンテナ運営者の貨物賠償責任

全損：保険の対象物がその価値を全く失ってしまったことを全損といい，現実全損（絶対全損）と推定全損がある．現実全損（絶対全損）は沈没，火災などの理由で物理的，現実的にその価値を失った場合を指す．推定全損は海難などにより経済的に採算が合わないことが確実な場合を指し，現実的には全損ではないが全損として処理できる．しかし推定全損の場合，保険の対象物に関する権利一切は保険者に移転される．

分損：保険の対象物の一部が損害を被ってしまったことを分損という．貨物の一部損傷や一部喪失などが分損となる．

損率：保険対象物に損害が発生したとき，通常，保険者がたてたサーベイヤーにより損害状況，修復方法などが調査され，この調査に基づいて被保険者に対して支払われる金額が割り出される．保険金額に対する支払い金額の比率を損率という．

サルベージ・ロス・セトルメント：損害を被った保険対象物が目的地までの輸送に耐えられない，また当初の目的地まで輸送することが経済的に割が合わないなどの理由で途中で売却された場合，損害額は保険価格から売得金を控除した額とする方法をサルベージ・ロス・セトルメントと呼ぶ．

共同海損：航行中に危険と遭遇した際，船長は船と貨物を救うために貨物の一部を故意に海中へ投棄したり，沈没を免れるために故意に座礁，座州することがある．こうした時に生じる損害を利害関係者が共同で分担することを共同海損という．共同海損はまた "**GA**" (General Average loss) とも呼ばれる．船長が船と貨物を救うために故意に行った損害を与える行為を共同海損行為，この行為によって貨物，船体に生じた損害を共同海損犠牲損害という．また，危険脱出に使った費用を共同海損費用という．共同海損費用と共同海損犠牲損害の合計が共同海損損害となる．

　共同海損が発生したときに船主が荷主に対して要求する供託金を共同

海損供託金という．しかし，現在ではほとんどの荷主が貨物に対して保険をつけているので供託金が直接支払われることは少なく，かわりに共同海損分担保証状が船主に提出される．この共同海損分担保証状は保険者が船主あてに発行する共同海損分担の保証状で，共同海損が正当である時に分担額を保険者が船主に支払うことを保証している．

　共同海損が発生したとき，事故の発生状況，船長のとった共同海損行為，発生した共同海損犠牲損害と共同海損費用の査定など，事故に関わる行為，損害を詳しく，公平に査定する必要がある．この査定を行う者をGAサーベイヤーと呼ぶ．また，関係者間で決済を行うために事務処理を行う者をGAアジャスターと呼ぶ．

単独海損：海損のうち共同海損とならない物的損害で，被害者単独の負担に属する海損．

分損不担保：**単独海損不担保**ともいい，"Free from Particular Average" を略して **FPA条件** とも呼ばれる．貨物海上保険の填補範囲を決めたもので，座礁，沈没，火災に遭遇した場合を除き，単独海損の分損は填補しないという条件．たとえば貨物が水濡れなど単独海損を被った場合，全損であれば損害はカバーされるが，分損である限りはこの条件ではカバーされない．

分損担保：**単独海損担保**ともいい，"With Average" を略して **WA条件** とも呼ばれる．貨物海上保険の填補範囲を決めたもので，単独海損の分損まで担保するという条件．

A/R条件：All Risks の略．貨物海上保険の填補範囲を決めたもので，保険の対象物の損傷の全ての危険を担保するが，航海の遅延によって生じる経済的な損失は担保しないという条件．

SSBC：海上における代表的な4つの危険，すなわち沈没 (Sinking)，座礁/座洲 (Stranding/grounding)，火災 (Burning)，衝突 (Collision) の略．

SRCC：ストライキ (Strikes)，暴動 (Riots)，社会的騒じょう (Civil Commotion) の略．

- **FOB契約**：Free Of all charges on Board the vessel の略．売り手は商品を買い手の指定した本船に積んで引き渡しを完了し，それ以降は買い手のリスクとなる契約条件をFOB契約という．この条件では海上輸送費用，それに伴う保険費用は買い手の分担となる．
- **CIF契約**：Cost, Insurance and Freight の略．商品，保険，運賃を含めた価格での取引条件を指す．この条件では買い手の荷受け地までの海上輸送費用，それに伴う保険費用は売り手の分担となる．
- **C & F契約**：Cost and Freight の略．買い手の荷受け地までの輸送費を含めた価格で商品を取引する条件を指す．売り手は海上保険の手配の義務がなく，買い手が海上保険の手配を行わなければならない．
- **No Cure No Pay**：海難救助契約において，救助することができた財貨の範囲から成功報酬を払い，救助できなかった場合は実費も含めて支払いの義務はないという契約形態．

第3章

性能

3.1 線図

3次元の物体を平面的に表示するには，通常3面から表示した図が必要であり，線図では正面図を **body plan**，側面図を **profile**，平面図を半幅のみの plan として書かれる．body plan は垂線間長さ（L_{pp}）を10等分した基線（**station** または **ordinate**）を基本に，profile および plan は1mを基本に，それぞれそこで切った場合の線で描かれ，それぞれ **frame line**，**buttock line**，**water line** と呼ばれる．

3.1.1 線図の要素

線図を決定する重要な要素には，**方形係数**（C_{b}），**中央横断面積係数**（C_{m}），**柱形係数**（C_{p}），**浮心位置**（lcb），**水線面積係数**（C_{w}），プリズマティック曲線（prismatic curves），フレームライン形状（**frame line**），船首尾形状，**前端入射角**（entrance angle）などがある．

線図を計画するには，まず中央横断面形状を決定する．**船底勾配**（rise of floor）の大きさ，また，船底と船側とは通常円弧で結んだ形状をしているがその部分を **ビルジサークル**（**bilge circle**）と呼んでおり，これらを推進性能や工作上

の観点から決定することになる．C_mはこの計画喫水以下の中央横断面積を船幅（B）と計画喫水（d）で除したものである．

次に，**プリズマティック曲線**（C_p curve または **sectional area curve** とも呼ぶ）を作成する．プリズマティック曲線とは，船の長さを横軸にとり，各 orginate における計画喫水線以下の横断面の面積を中央横断面の面積に対する比で縦軸にしたもので，船の長さ方向の排水量分布を示しており，推進性能を決める非常に重要なものとなる．このプリズマティック曲線の面積を積分したものの全体に対する比が C_p（$= C_b/C_m$）で，その面積中心が lcb となる．プリズマティック曲線は，推進性能の良い実績船などのものをもとにして新たに設計する船の C_p および lcb になるよう形状を作成するが，造波抵抗理論などのいろいろな理論や実績データ，また，最近では CFD を使い抵抗推進性能が最もよくなる最適なプリズマティック曲線を作成する方法も併用されている．

次に基本とする**フレームライン**形状や水線形状を決定する．フレームライン形状は一般的には U 型とか V 型とか呼ばれており，これも推進性能などを考慮し，通常最適なタイプシップを選ぶことで作業を始める．また高い復原性能を要求される船では，喫水線付近の水線面積係数をある程度の大きさを取り，必要な横**メタセンタ**高さ（TKM）を確保するよう決めることも重要となる．

その他，船首バルブの形状や大きさ，舵やプロペラ位置から決まる船尾プロ

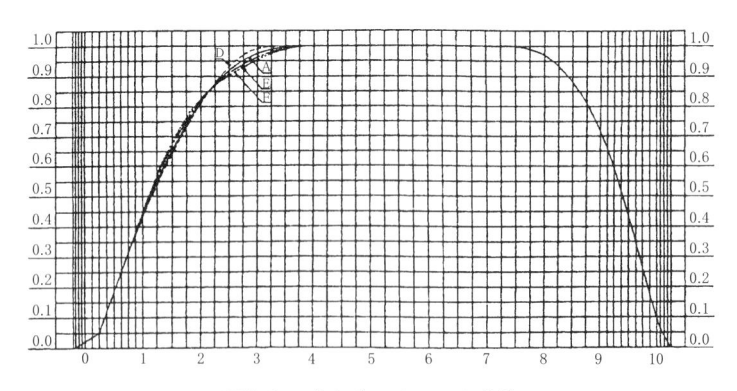

図 3.1：プリズマティック曲線
（出典：日本造船研究協会第 196 研究部会報告書（1987）p.13）

ファイル形状，また，船種によっては上甲板や機関室の機器配置などの情報も，線図を書き始めるまでに決めておかなければならない要素となる．

3.1.2 線図の書き方

上記の線図要素が一通り決まれば具体的線図の作成となる．いろいろな方法があるが，一つはタイプシップのbody planから船幅や喫水の比で修正しながら計画船のプリズマティック曲線に合うようスライドする方法で，計画船の非常にラフな線図が出来る．これを船首尾形状などに合うようwater lineとbody planを水の流れが滑らかになるよう少しずつトライアンドエラーを繰り返し，上で述べた要素が目的のものになるような線図に仕上げていく．この場合，各frame line, water line, buttock lineがスムーズにつながるよう決めなければならない．この作業を線図の**フェアリング**（**fairing**）と呼んでいる．

見積設計段階ではフェアリングもそれほどの精度は必要としないが，生産設計段階の生産情報にするには精度の高いフェアリングが必要で，それぞれの設計段階で必要に応じた精度の線図が作成されている．

3.2 ハイドロ計算

線図の作成と相俟って，船体の容積，**浮心**，**メタセンタ**など船固有の静水力学 (hydrostatics) 特性が計算される．この一連の計算をハイドロ計算 (hydrostatic calculationを略した一般的呼称) と称し，通常，以下の諸元が求められる．

排水量 (Δ)，浮心位置 (mB, KB)，浮面心位置 (mF)，縦横メタセンタの基線上高さ (LKM, TKM)，毎センチ排水量 (TPC)，毎センチトリムモーメント (MTC)，水線面積 (A_w)，中央横断面積 (A_m)，浸水表面積 (WSA)，ファイネス係数 (C_b, C_p, C_w, C_m)

ハイドロ計算は，線図の開発段階では，船型が所与の設計条件を満たしているかの確認目的で行われ，そのチェックポイントとしては，排水量 (C_b)，トリム (lcb)，復原性 (TKM)，推進性 (C_pカーブ) などが挙げられる．一方，線図が固まれば船体の流力特性も確定するため，ハイドロ計算の結果は**排水量**

等曲線図（縦軸に喫水をとり，上記の諸元を一枚に表示した図）や，**ハイドロテーブル**と呼ぶ一覧表（hydrostatic table，喫水は通常 1 cm 間隔）にまとめられ，設計の次段階であるトリムや復原性をはじめ船型に関わる諸検討に利用される．

　排水量等曲線図やハイドロテーブルは本船の完成図書にも含まれており，日常航海における貨物の積み付け計算に利用されている．完成図書でのこれらの図表の喫水は，型喫水ではなく，キール下面より測った値で表され，その範囲は軽荷喫水から満載喫水を含む範囲でまとめられる．また，排水量等曲線図やハイドロテーブルは，直立状態（even keel かつ no heel）で作成されているため，船が傾斜した状態のトリムや復原性の検討を容易にするように，以下の補完図表も用意されている．

1. **draft correction table**：ドラフトマークや喫水計の取り付け位置は AP や FP とは異なるために，マークや喫水計の読みから船首尾喫水を知るための換算表で，一定間隔のトリムに対して，船首尾と midship での喫水の補正量がまとめられている．

2. **displacement correction table**：トリムによる排水量の増減を，一定間隔の喫水とトリムについてまとめた補正表である．

3. **capacity table**：貨物倉（槽），バラストタンク，バンカータンクなどの通常の航海において積み高が増減する区画の容量とその重心位置（前後，上下）をまとめた一覧表である．

4. **trimming table**：上記 3. に記載の各区画に対して，一定量の積込みを行った場合の船首尾喫水の増減量を，定間隔の喫水毎にまとめた一覧表である．積み込む重量は，船の大きさに応じて，10 t，100 t，1,000 t などが選択される．

5. **cross curves and flooding angle**：排水量と横傾斜角が与えられたときに，**復原てこ**（GZ）を求める図表で，表中に海水流入角を併記したものもある．実際の運用にあたっては，貨物の比重や積み高によって航海毎に重心高さ（KG）が異なるため，クロスカーブは GZ ではなく，図 3.2

$$GZ = KN - KG \cdot \sin\theta$$

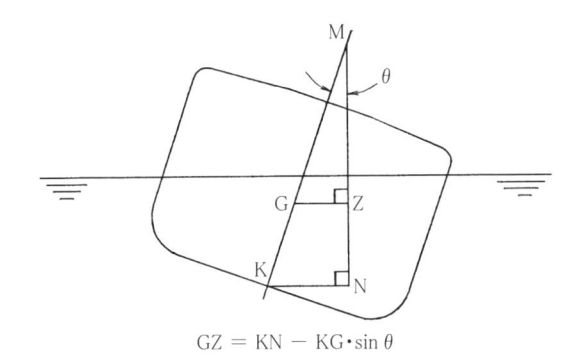

図3.2：クロスカーブのKNとは

に示すKNで表記し，本船の積み付け状態（KG）に応じて復原てこ（GZ）を，$KN - KG\sin\theta$ で求める．

3.3 水槽試験およびCFD（Computational Fluid Dynamics）

水槽試験は船型開発において船舶の基本的な性能を知る手段であり，最近ではCFD（**数値流体力学**）による数値計算が，船型改良のための情報提供手段として活用されている．ここでは，平水中の抵抗・推進性能に関する水槽試験およびCFDについて紹介する．

3.3.1 水槽試験（tank test）

船舶は巨大な構造物であり，しかも航空機や自動車のような量産品ではないことから，開発のための実機による試験が困難である．また，船体まわりの流体現象は複雑で理論的に十分解明されていないことから，模型を用いた水槽試験は現在でも性能の優れた船を開発するための重要な手段である．

水槽の種類

曳航水槽：曳航水槽では矩形状のプールに模型船を浮かべ，これをプール両側に設置したレール上を走行する電動式の**曳引台車**で曳航する．国内の曳航水槽は，長さ200m・幅10～15m・水深5～10m程度の寸法のものが多く，模型船は長さ7～8m程度のものが使用される．曳航水槽は主に平水中における抵抗・推進性能の計測（抵抗試験・自航試験）に使用される．また，大部分の曳航水槽には**造波装置・PMM試験装置**が備えられ，運動性能に関する試験も実施される．

回流水槽：回流水槽ではロの字型の水路の循環する流れに模型船を浮かべて，曳航水槽と同様の試験を行う．模型船は長さ2m程度のものが使用される．計測時間に制限がないことや観測用のガラス窓が設けられていることから，流速・圧力・波高などの分布量計測や**流れの可視化**に適している．

キャビテーション水槽：回流水槽と同様なロの字型の水路内でプロペラを回転させ，プロペラ翼表面上の圧力が飽和蒸気圧を下回るときに生じる**キャビテーション現象**を観測する．模型プロペラが実船に対応する状態でキャビテーションを生じるように減圧装置を有する．

模型船および相似則：水槽試験で用いられる模型船はパラフィン・木・ウレタンなどの材質で製作される．形状は実船と相似であり，必要に応じて舵・ビルジキールなどが取り付けられる．自航試験では，電動モーターによりプロペラを駆動させる．船舶まわりの流体現象は造波に関する現象と粘性に関する現象に大別されるが，粘性については実船・模型船間で相似則を満足させる（レイノルズ数の一致）ことは事実上不可能であり，造波現象に関する相似則のみを満足する（フルード数の一致）ように，模型寸法・模型船速度などが決定される．

水槽試験の種類

抵抗試験および自航試験：抵抗試験では模型船を曳航して全抵抗を計測する．計測された全抵抗は尺度影響の異なる抵抗成分の和であるから，これよ

図3.3：曳航水槽における抵抗試験

り実船の抵抗を推定するためには抵抗成分に分離する必要があり，1) 模型船と同一浸水表面積の平板の**摩擦抵抗**とそれ以外の抵抗（**剰余抵抗**）に分離する方法（**2次元外挿法**），または2) 模型船と同一浸水表面積の平板の摩擦抵抗と，それに比例する粘性の3次元影響によって生じる成分，および全抵抗からこれらを差し引いて得られる**造波抵抗**に分離する方法（**3次元外挿法**）が用いられる．自航試験では，模型船に装備したプロペラの回転数を調整して，実船対応に換算された模型船の抵抗とプロペラ推力のつりあい状態をつくり，プロペラの発生する推力およびトルクを計測して，模型船の自航要素（伴流率・推力減少率・プロペラ効率比）を求める．抵抗試験および自航試験で求められた計測値について，実船と模型船の寸法の違いによって生じる粘性に関する尺度影響などの修正を施した上で，実船換算の馬力が推定される．

伴流分布計測：船体後半部には粘性の作用により流速が遅くなる**伴流**と呼ばれる領域が存在する．プロペラは伴流内で作動するため，伴流の速度分布によって推進効率は大きく変化する．また伴流分布の形が悪いと，プロペラキャビテーションや起振力が大きくなる．そのため，伴流内の流速分布（特にプロペラ円内）を計測する．通常はピトー管の原理を応用し

た五孔管により，3次元の流速分布をプロペラなしの状態で計測する．

プロペラ単独試験：プロペラが前方に船体がない単体状態で発生する推力およびトルクを，回転数およびプロペラに流入する流速の一方を一定とし他方を変化させながら計測する．これによりプロペラ単独性能曲線（前進率‐推力係数・トルク係数・プロペラ単独効率）が得られる．

波形解析：抵抗試験では，計測された全抵抗から粘性抵抗成分を差し引くことにより造波抵抗を求めるが，船体まわりの波高分布からも造波抵抗を求めることができる（ただし，波崩れによって生じる**砕波抵抗**は含まれない）．これを波形解析という．造波抵抗と密接な関係にある船側波形は抵抗試験時に写真撮影されることが多い．

キャビテーション試験：プロペラのキャビテーション発生の有無・種類・発生する位置をキャビテーション水槽で計測する．伴流との関係について調査する場合は，模型船または金網などを挿入して，プロペラが伴流内で作動する状態で試験する．キャビテーションは有害な起振源や騒音源ともなるので，船体表面圧力や騒音の計測を併せて実施することもある．

可視化試験（流線観測）：船型を改良するためには船体まわりの流れに関する詳細な情報が必要であるが，曳航水槽で実施される試験は主に流体力を計測するものであり，局所的な流れに関する情報は得にくい．これを補完する意味で，船体まわりの流れを回流水槽などにおいて可視化して観察することが行われる．可視化方法の中で最もよく実施されるのは，船体の上流側から色素を流し込んで流れを観察する流線観測である．従来の可視化試験は定性的な情報を提供するのみであったが，最近では画像処理技術の導入により流速分布などの定量的な情報も得られるようになった．

3.3.2　CFDによる数値計算

　流体現象を数値計算によって明らかにするCFD（**数値流体力学**）の歴史は水槽試験に匹敵するほど長いが，これが船型改良の実用的な手段となったのは，電子計算機が発達した最近のことである．電子計算機の出現以前は，船舶に限ら

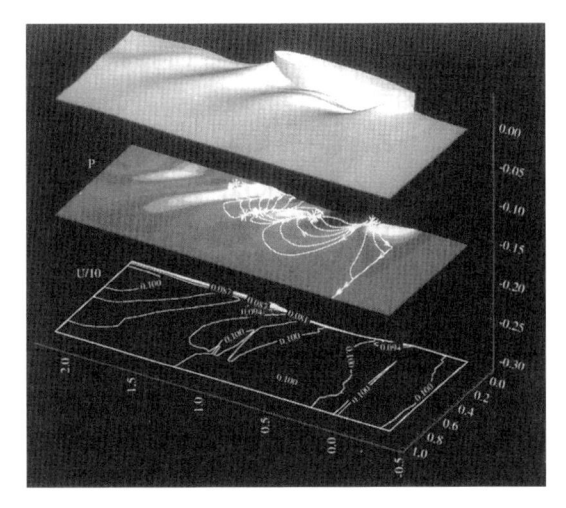

図3.4：CFD の例 (by Y.TAHARA, Proc. CFD Workshop TOKYO 1993)

ず物体まわりの流れを計算により求めるためには，流体に関する運動方程式を解析的に解く必要があり，適用できる対象が限られていた．電子計算機が普及するようになって，船舶まわりの流れを対象とする数値計算技術も発達し，船体を多面体で近似して物体まわりの非粘性流れを求める **Hess and Smith 法** や，粘性流れを求める**境界層方程式**の積分型解法などが普及した．その後，電子計算機の能力が飛躍的に向上し，流れを表す運動方程式を直接的に扱う有限差分法や有限体積法などの計算方法が出現し，船型改良の実用的なツールとなるに至っている．

　数値計算により性能推定を行うためには，1) 船体などの対象となる物体の形状を計算機が認識できる形で記述すること，および 2) 物体まわりの流れに関する物理現象を支配方程式および境界条件で記述し有限回数の演算で解くことが必要である．1) を実現するためには船体およびこれを取り巻く空間を多面体または多角形で近似することが行われる．2) を実現するためには，支配方程式（通常は微分方程式または積分方程式）を計算機が扱えるような形に近似化する（**離散化**）ことが行われる．

粘性流れを対象とする計算：粘性流れを表す**ナビエ・ストークス方程式**を有限差分法または有限体積法により離散化して，船体まわりの流速および圧力分布を求める方法が主として用いられる（このようなソフトウェアを **NS ソルバー**と称する）．計算で得られた船体表面における剪断力および圧力を船体全体にわたって積分したものが，それぞれ摩擦抵抗および粘性圧力抵抗である．これは水槽試験における抵抗試験に相当するものであるが，最近では，プロペラ作動の影響を取り入れた自航試験に相当する計算も行われるようになっている．

造波現象を対象とする計算：造波に関する境界条件を考慮して前項の粘性流れに対する NS ソルバーを用いて船体まわりの流速・圧力および波高分布を求める方法と，粘性が造波に与える影響は小さいと仮定して**ポテンシャル流れ**（非粘性を仮定した流れ）を境界要素法により離散化して，船体まわりの流速・分布および波高分布を求める方法がある．いずれの計算方法でも，計算で得られた船体表面における圧力を積分することにより造波抵抗（NS ソルバーの場合は粘性を考慮しているので造波抵抗と粘性圧力抵抗の和）を知ることができる．

プロペラまわりの流れを対象とする計算：プロペラの推力・トルクは，主に翼としてのプロペラの揚力およびモーメントにより生じる．そのため，プロペラ性能の推定方法としては粘性を考慮しない翼理論に基づく計算方法が用いられることが多い．現在では翼の厚み・スキューなどの形状を考慮することや，キャビテーション発生の有無を判定することなども可能となっている．近年はこの分野にも NS ソルバーが導入され，粘性による翼の性能低下やキャビテーション発生後の空洞の挙動も計算対象となりつつある．

CFD を利用した船型開発：ここで紹介した計算は「与えられた船型の性能を推定する」ことを目的としたものであるが，さらにすすんで「与えられた性能を実現する船型を見出す」ことに CFD を利用することが模索されている．たとえば，母船型およびこれを変形させた数種類の船型の性能を CFD によって推定し，その結果から船体形状と性能の関係を求めて非

線形計画法などにより，所与の性能を実現するように船体形状を変形させる方法が考案されている．このような計算方法で得られた船型は，流体力学的にある程度合理的なものであり，将来の発展が期待される．

3.4 操縦性能・耐航性能

3.4.1 操縦性能

操縦性能：船が航行する環境は，一定速度で定められた針路を航行する大洋航行と，速度調整や変針を行う沿岸航行に大別できる．

大洋航行中には，舵中央の状態で船首の振れが少なく，また外乱などで船首が振れた場合も，すぐに収まり直進する性能（**針路安定性**）が重要となる．また，他船と行き交うことが多くなる沿岸航行中や，危険物回避などのために舵をきった場合，素早く回頭し始め（**追従性**），小さな旋回径（**旋回性**）となるような性能が重要となる．

操縦性能の良い船とは，これら針路安定性，追従性，旋回性の性能が優れたものを言う．

一般的に，コンテナ船のような方形係数C_bが小さなやせ形の船は，追従性，針路安定性は良いが旋回性が劣り，タンカーのようにC_bが大きな肥大船は針路不安定となる傾向がある．

操縦性能の重要性：船舶の衝突や座礁などの事故は，海洋環境に与える影響が非常に大きく，加えて，人的被害に至っては取り返しがつかない問題であり，安全航行を可能とする操縦性能を有することが不可欠である．また，針路安定性は燃費性能に影響を及ぼすため，推進性能とともに船の経済性に大きく寄与している．このように，操縦性能は安全性からも経済性からも大変重要な性能と言える．

そこでIMOでは，特に海難防止の観点から船の航行の安全性を確保するため，船が最低限備えるべき操縦性の基準を設定することとし，1993

年に「**船舶の操縦性暫定基準**」[1] が採択された．現在この暫定基準が適用されており，今後，様々な見直しを経て正式決定される予定となっている．

このような基準の適用により，その基準を満足しない船舶の航行は許可されないため，新しく計画する船の操縦性能は設計段階において推定しておく必要がある．

船舶の操縦性能を推定する場合，かつては池などで行う自由航走模型試験が行われた．しかし最近では，「操縦運動の数学モデル検討グループ（略称MMG）」により提案された流体力のモデルを用いた**MMGモデル**と称するシミュレーション計算で行われることが多い．MMGモデルでは，まず拘束模型試験を実施し，模型船に働く流体力を計測・解析する．この結果から，対象船の操縦流体力を表現するための流体力微係数を求め船の操縦運動を推定する．このMMGモデルは各機関により様々な改良が加えられており，船の操縦運動を精度良く推定できるツールとなっている．

IMOの基準では平水中，深水域の性能が定められているが，実際の航海では，風や波，潮流といった外乱や，運河や港湾内の狭い水路や浅水域などが，船の操縦性能に大きく影響する．特に近年の船舶の多様化と大型化により，このような外乱下や制限水域内での操縦性が重要性となっている．

設計における操縦性能：新しく建造された船の海上試運転は，速力試験とともに旋回試験やZ操縦試験などの各種の**操縦性能試験**が行われる．バルクキャリアのようにIMOの暫定基準で定められた満載状態での海上試運転を行えない船舶の場合，海上試運転状態（バラスト状態）での性能をもとにして満載状態での操縦性能を推定し，その基準を満足しているかどうかを判定する必要がある．そのため，載貨状態が操縦性能におよぼす影響も重要となる．

また，新しい船を計画するとき，その操縦性能を把握するために実施

---

[1] 2002年のIMO第76回MSCにおいて正式な操縦性基準Res.MSC.137(76) が採択された．

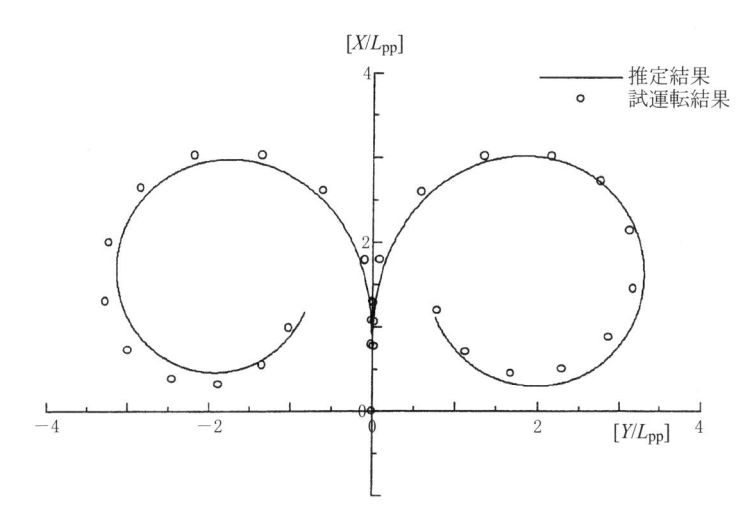

図3.5：操縦性能の推定例

されるシミュレーション計算には，拘束模型試験から得られた操縦流体力微係数を用いることが最良である．しかし，費用や時間的な制約から，すべての計画船型で模型試験を行うことは難しい．模型試験を行わない場合，操縦流体力微係数の推定には，データベースによる方法や理論計算による方法が用いられたり，船の主要目をパラメータとした近似式などが提案されている．しかし，推進性能を中心とした船型改良技術の発達に伴い，船型も変化しているため，今まで種々提案されてきた操縦流体力微係数の推定方法が，必ずしも最新の船型に対応しているとは言えないのが現状である．また，ウォータージェットを装備した高速船などプロペラと舵以外の制御器を装備した新しい船型も開発され，模型試験以外の方法により多様な船型の操縦流体力を精度良く推定することは，まだまだ容易ではない．今後のデータの蓄積やCFDなどの数値解析技術を使った推定方法の発展が望まれている．

3.4.2 耐航性能

耐航性能およびその重要性：耐航性能とは，広義には船が大洋を安全，快適かつ経済的に航海できる性能であり，また波の中での船体の動揺量（**船体運動**）や船体に作用する荷重（**波浪荷重**）などの船体応答の波浪に対する特性でもある．耐航性能は，以下の点において船舶の設計上重要である．

安全性：荒れた波の中で船体が大きく運動することにより，乗組員が作業不能になったり積荷が荷崩れするような事態が生じると，船舶は安全に航行できなくなる．また船体の運動が大きくなると，船首部の船底が水面上に露出したのち水面に再突入するときや，波が船首フレアに激しく衝突するときに発生する**スラミング**と呼ばれる現象や，波が船首乾舷を越えて甲板への**海水打ち込み**が起こりやすくなる．スラミングや海水打ち込みといった現象は船首部の損傷発生原因となる．

一方，船尾部の運動が大きくなると，船首部と同じようにスラミングが発生するほかに，プロペラ上部が水面上に露出することにより**プロペラレーシング**と呼ばれる現象が発生する．プロペラレーシングが起こるとプロペラが設計時の性能を発揮できなくなり，またプロペラに働く荷重が上下で大きく異なるため上下振動が発生し，騒音や機関・軸系の故障を引き起こす原因となる．

これら波浪に起因するさまざまな現象は，船体に働く水圧や剪断力，曲げモーメントといった荷重にも影響を及ぼし，これらは平水中に比べて大きくなるため，船体構造設計には波浪荷重を考慮する必要がある．また波は時間的に変動することから水圧・荷重も時々刻々変化することになり，疲労強度のように繰り返し荷重が問題となる場合は，波浪による水圧・荷重の推定が重要となる．

このように荒れた波の中を船舶が航行する場合，船舶の航行に危険を及ぼすさまざまな現象が発生するため，波の中での船体運動という特性を把握しておく必要がある．さらに，これらの危険な現象を回避するために減速や変針といった操船を行うが，その閾値として上下加速度がよく用いられる．また，客船のように航海の快適性が重視される船舶の場

合には**乗り心地**の評価が重要である．乗り心地は船体の上下加速度と密接な関連があり，設計時には上下加速度の大きさを十分検討しておく必要がある．

経済性：波の中を船舶が航行する場合，機関馬力を一定とすると波がない場合（平水中）に比べて船速が低下する，いいかえると波の中で平水中と同じ船速を維持するためには馬力を増やす必要があることが知られている．これは波の中で船体が運動することにより船体に働く抵抗が平水中に比べて増加するためである．機関馬力は，平水中で与えられた船速で航走するために必要な馬力に，波の中での馬力増加分を見込んで決定される．この馬力増加分は経験的に見積もられることが多く，過大に見積もるとその分船価が高くなるため，馬力増加量の推定は重要である．そのためには馬力増加の原因となる波の中での抵抗増加量を正確に把握しなければならない．

耐航性能の推定法：船舶の耐航性能の推定には水槽試験による方法と数値計算による方法がある．水槽試験では，模型船を**角水槽**と呼ばれる四角形のプールの中を航走させ，さまざまな方向から来る波の中での船体運動を計測する．現実には角水槽において波向きを変えた試験を行うことは設備の大きさや試験費用などのいろいろな難しい面があるため，通常は**曳航水槽**と呼ばれる一辺が非常に長いプールにおいて正面向波と真追波状態で模型船を曳航し，この二状態における船体運動や抵抗増加量を計測することが多い．

また数値計算による方法では，単位振幅の周期的な波（規則波）の中での船体運動を，波向き・波長を種々変更したパラメータスタディにより求める．通常，船体運動の計算には比較的少ない計算量でかつ高速に計算できる**ストリップ法**が用いられている．また不規則波中における船体応答の予測は，**エネルギースペクトル法**がよく用いられる．すなわち，水槽試験や数値計算により求められた規則波中での船体運動特性に，設定した有義波高・平均波周期といった海象条件より求められる波スペクトルを掛け合わせることにより，その海象条件における船体運動の標準

図3.6：耐航性能の推定例

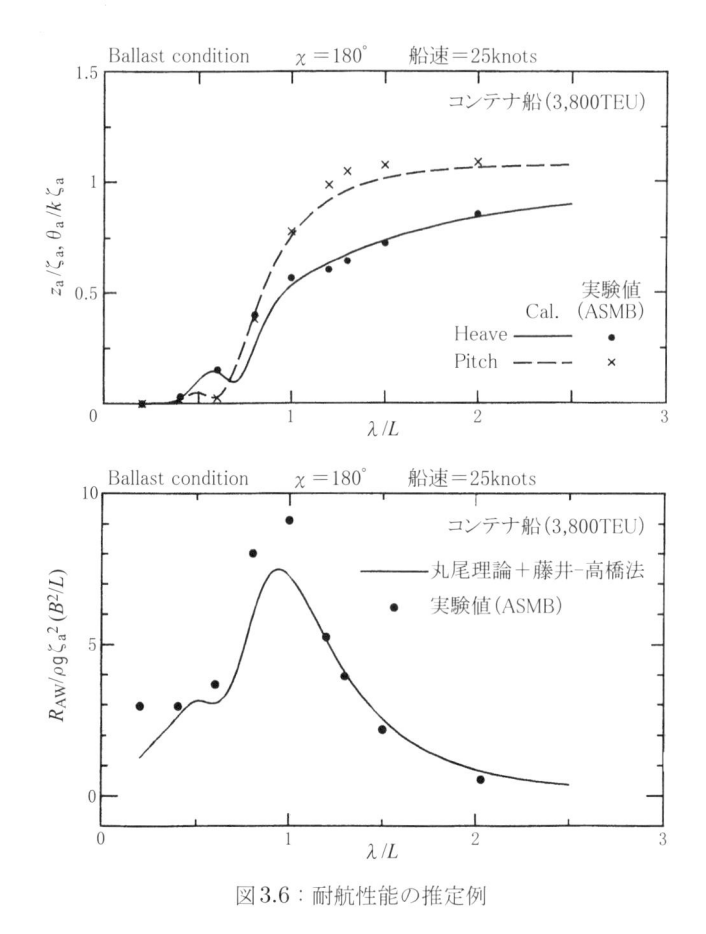

偏差や有義値が得られる（**短期応答**）．水槽試験では波スペクトルから不規則な波の時系列を作成し，その波の中で模型船を航走させて直接船体運動の時系列を計測する方法も用いられる．さらに短期応答と一航海で船が遭遇する海象条件から，その航海における船体運動，抵抗増加などの応答を求める計算（**長期予測**）も行われ，性能設計に用いられる．

最近では，実船における船体応答や遭遇波浪データの計測技術の発展により，実海域における諸現象を解析できるデータが集積されつつある．それら計測データは，船体応答の予測手法の検証データとして用いられ

るようになってきている．

3.5　馬力推定・自航要素・シーマージン

3.5.1　馬力推定

　馬力推定は船舶の計画から運航時にいたる一連の過程の中でいくつかの段階で行われるが，狭義には船体清浄かつ平穏な海象における船速と馬力の関係を求め，これに対して設定された出力とシーマージンに対応する船速を推定することである．

　図3.7に馬力推定の過程と推定すべき項目について示す．船舶の輸送計画段階において載貨重量や船速が決定された後，過程が主要目決定，線図完成，模型試験，速力試運転と進むごとに確定された部分が多くなり，最終的には運航時の実海域中での性能推定となる．このように広義にはシーマージンを含めた，ある航路，船体状態における運航時の船速と馬力の関係を推定することであると言える．

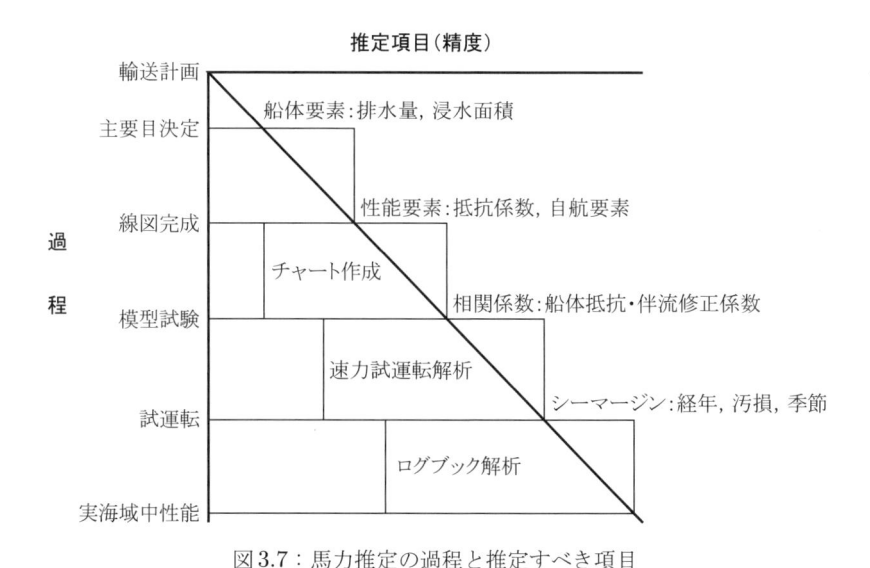

図3.7：馬力推定の過程と推定すべき項目

各過程における推定精度を向上させるため，ログブック解析によるシーマージンの調査や速力試運転解析から得られる船体抵抗と伴流に関する模型・実船間の相関係数のデータベース化などが行われる．時には系統的模型試験を実施し，抵抗係数と自航要素の推定チャートを作成することもある．

　狭義の一般的な馬力推定法とは排水量・浸水面積などの船体要素，抵抗係数・自航要素からなる性能要素および船体抵抗・伴流に関する相関係数の3つの要素を推定し，設定された主機馬力と回転数のもとでプロペラを設計し船速と馬力の関係を求めることである．船体要素に関する推定式などの記述は省略するが，これらの推定には対象船と類似の船型を水槽試験データベースから母船型として選定し，対象船と母船型との相違点の影響分をチャート類や近似式を用いて修正することにより推定精度を高くすることができる．

性能要素：性能要素には抵抗係数（K, r_W）と自航要素（t, w, η_R）がある．これらは主要目比の他にプリズマティックカーブ，フレームライン，バルブおよび舵などの影響を受ける．

抵抗係数：2つの抵抗係数は何れも解析に使用された**平板摩擦抵抗式**に対応した値である．**形状抵抗係数**（K）は船尾肥大度および船尾フレームラインが支配的要素であり，船首バルブ，船首肥大度などが副次的要素である．造波抵抗係数（r_W）を母船型からチャート類を用いて推定する場合は，母船型と使用するチャートのもとになった船型群のプリズマティックカーブやフレームラインの特性がr_Wカーブにそのまま反映される．

自航要素：自航要素の詳細は「自航要素」の項に記す．馬力推定ではη_Rには母船型の値を用いることが多いが，t, wは直径などのプロペラ特性や舵およびそれらと船体との相互位置の影響をも受ける．

相関係数：通常の速力試運転においては速力，馬力，回転数の3種のデータが得られるので，模型と実船を結ぶ相関係数は2種類となる．日本で常用されている thoretical method では**船体抵抗の相関係数**（ΔC_f）と**伴流の相関係数**（ϵ）である．これらは使用した平板摩擦抵抗式やプロペラ特性に関する尺度影響の取扱いのほかに，厳密には水槽の特性・計測要領

および試運転状態や解析方法に固有の値である．従って，これらに対応した独自チャートの作成もしくは公表されたチャートを使う場合には何らかの補正が必要である．

伴流を除く性能要素に関する尺度影響は無視できるとの仮定に基づいて解析した船体抵抗の相関係数は，定性的には実船のレイノルズ数（R_n）が大きいほど小さい値となる．

同一船における2次元と3次元外挿法のΔC_fの間には，形状抵抗係数と**摩擦抵抗係数**（C_f）をパラメータとして次の関係がある．添字mは模型，sは実船を意味する．

$$\Delta C_{f3} - \Delta C_{f2} = K(C_{fm} - C_{fs})$$

伴流の相関係数（ϵ）は粘性による境界層と伴流の相対的厚さが実船では模型船より薄いという尺度影響を主に修正する係数であり，次式で定義される．肥大船を対象としたϵについては矢崎のチャートがある．

$$\epsilon = \frac{1 - w_s}{1 - w_m}$$

プロペラ設計：プロペラ設計は馬力推定の最終過程として，プロペラ設計用チャート（$\sqrt{B_P} \sim \delta$）などを用いて，プロペラ直径，展開面積比およびピッチ比とプロペラ効率（η_0）を求める．プロペラ直径はチップクリアランスや喫水条件などから制限されることもある．

翼数はプロペラ効率の他に，船体および上部構造物の固有振動数との共振を避けるように回転数と合わせて決定する．

回転数は主機の過トルクを防ぐため一定の回転数マージンを設定する．また，主機をディレーティングする場合はプロペラ効率と燃料消費率などを考え合わせて回転数を決定する．

通常の使用範囲では，展開面積比は小さいほどプロペラ直径は大きくなり効率が良いので，キャビテーション性能の判定基準を満たす範囲で小さくする．

3.5.2 自航要素

自航要素は船体とプロペラ出力の関係を表す係数として自航試験から得られ t, w および η_R があり，日本造船学会「船舶工学用語集」にはそれぞれ次のように表記されている．

- t : thrust deduction fraction, **推力減少率**
- w : wake fraction, **伴流率**
- η_R : relative rotative efficiency, **プロペラ効率比**

また，自航要素と**推進効率**（η）とは**伝達効率**（η_T）およびプロペラ効率（η_0）を介して次の関係がある．

$$\eta = \eta_T\, \eta_0\, \eta_R \frac{1-t}{1-w}$$

t はプロペラの作動による船尾近傍の流速増加による抵抗増加であり，曳航時の船体抵抗を R，自航時の推力を T で表すと，次のように定義される．

$$t = \frac{T-R}{T}$$

船が航走することによって，その周囲の水は速度を与えられ伴流を構成する．その伴流の任意の位置の速度を v，船速を V とすると，w は次式のように定義される．馬力推定においては w は尺度影響を含む相関係数で修正した値を用いる．

$$w = \frac{V-v}{V}$$

プロペラは船後の複雑な流れの中で作動するため，静水中で単独で作動する場合と効率は異なる．**船後の効率**を η_B，**プロペラ単独効率**を η_0 とすると，プロペラ効率比（η_R）は次のように表される．

$$\eta_R = \frac{\eta_B}{\eta_0}$$

3.5.3 シーマージン

シーマージン（**S.M.**）とは矢崎によれば「大洋航海に実際に必要とされる伝達馬力（P）と風浪のない穏やかな深い海面を船底清浄な船が操舵せずに直進

する場合の所要伝達馬力（P_0）との差」と定義され，通常，馬力余裕として次式のように％で表される．

$$\text{S.M.} = \frac{P - P_0}{P_0} \times 100 \, (\%)$$

同一船速における実海域中の所要馬力（P）が，上記P_0より増加する要因は大きく分けると，次の3項からなる．

- 船体・主機関・プロペラの経年影響
- 船体・プロペラの汚損影響
- 季節（風・波浪）影響

初期設計時の馬力推定においては一種の基準値またはシーマージン解析の実績をもとに指定されることが多いが，実際のシーマージンは航路，季節，船の大きさおよび船速などによって異なる．長期にわたって就航航路が一定であるような専用船などについては，これらの特性を考慮してシーマージンを推定することもある．この場合，経年影響と汚損影響はその航路における運航実績から求め，また，季節影響については対象船がある海象の中を航行する場合の波浪による抵抗増加量および風圧抵抗増加量などを平水中抵抗に加えた有効馬力カーブをもとに，船体運動や主機特性に関する制限条件を満たす船速を求めるなどの計算を航路上の海象分布に従って統計的に処理することで長期の値を推定する方法がある．

シーマージンの具体的数値としては，計画造船に関する運輸省告示第174号（昭和30年4月8日）「確定速力算出明細書及び確定速力の算出要領」の試運転成績の解析要領の項に「出力についてのシーマージンが，15％以上として満載航海状態における伝達馬力を求めること」との記載がある．

3.6 省エネ付加物

一般の船舶の抵抗推進性能を改善する装置には，(1)船体そのものの形状（線図）を特殊な形状とするもの，(2)船体や舵に付加的な形状を取り付けるもの，および(3)プロペラを特殊な形状とするものがある．

(1)には**非対称船尾**や**トンネル船尾**などがあり，(3)には**二重反転プロペラ**（CRP）や**ダクトプロペラ**などがある．一般に「省エネ付加物」とは，(2)に相当する装置を言う．

省エネ付加物を一言で定義するならば，「船舶の省エネルギ装置のなかで，船体抵抗や推進効率を改善する目的で船体やプロペラの周辺に装備される装置または付加的な形状」[1]と言える．

日本の造船各社は，造船市場での性能競争を有利に展開するために，それぞれ独自の省エネ付加物を開発し，またその多くが実用化され実際の船舶に装備されている．

省エネ付加物の分類方法には，形状から分類する形態的分類と，作用から分類する機能的分類がある．機能的分類にも色々と考えられるが，省エネ付加物とは，通常は船舶が航走することによって水中に捨てられるロストエネルギーを何らかの方法で減少あるいは回収する装置であると考えられることから，ここではその方法によって分類することにする．ロストエネルギーを大ざっぱに分類すると，船体によって発生する波と伴流，プロペラによって前方に発生する誘導速度と後方に発生する回転流を含む後流がある．プロペラの誘導速度をロストエネルギーと呼ぶのは正確ではないかも知れないが，船体の周りに新たに発生する流体現象のひとつとして，ここではロストエネルギーに含めることとする．

船体が造る波を減らす付加物としては，船尾波を減らす船尾端バルブ（SEB）がある．船首波を減らす装置として古くから用いられている船首バルブも，広い意味では省エネ付加物と言える．

船体が造る伴流を利用して粘性抵抗を減らす装置として，LV fin（Low Viscous fin）がある．この伴流とプロペラ前方の誘導速度を利用する付加物としてプロペラと船体の間に取り付けられる，リアクションフィン，DPF（Down flow Prevention Fin），**MIDP**（Mitsui Integrated Duct Propeller），HZノズル，arched fin，HDF（Half Duct with Fins），WED（Wake Equalized Duct），**SSD**（Super Stream Duct），SILD（Sumitomo Integrated Lammeren Duct），SDF（SemiDuct with Fins）などがある．これらは，船体の粘性抵抗を減らす効果や，自身が推力を発生することやプロペラに流入する流

れを変えることによって推進効率を向上させる効果がある.

プロペラの後流を利用する付加物として,舵に装備されるものとプロペラに装備されるものがあり,自身が推力を発生したりプロペラ効率を向上させる効果がある.舵に装備されるものには,AT fin (Additional Thrust fin),MIPB (Mitsui Integrated Propeller Boss),RBS (Rudder Bulb System),RBS-F (Rudder Bulb System with Fins),SURF (Swept-back Up-thrusting Rudder Fin),**SURF-Bulb** などがあり,プロペラに装備されるものには,PBCF (Propeller Boss Cap Fin),GVW (Grim Vane Wheel),ターボリングなどがある.

以上の省エネ付加物のなかからいくつかを選んでその原理を紹介する.

SEB(図3.8):**船尾端バルブ**(SEB)は,船尾端の船体中心線で喫水線付近に取り付けられ,船体とバルブの干渉によって非線形な船尾波を弱める効果がある.高速で喫水の変化の少ないフェリーなどに取り付けられる.

図3.8:SEB (Stern End Bulb)

LV fin:プロペラ前方の船体の両舷に取り付けられる三角形のフィンで,船尾の縦渦の強さを弱めて渦抵抗を減少させ,粘性抵抗を減らす効果がある.

リアクションフィン（図3.9）：プロペラ前方のプロペラ軸付近から放射線状に取り付けた複数のフィンによって，プロペラと逆方向の回転流をプロペラ面に与え，プロペラ後流の回転流を減少させる．これによってプロペラの効率が改善される．フィンの先端をリングで結合する場合もある．

図3.9：リアクションフィン

MIDP，HZ ノズル：両者はほとんど同じ形状と効果を持つ．プロペラ直前に取り付けられるダクトで，後端の直径はプロペラよりもわずかに大きく，断面のコード長は上部から下部に向かって小さくなる．船尾付近の流れを整流することによって粘性抵抗を減らす効果，およびプロペラの誘導速度によってダクトが推力を発生して推進効率を向上させる効果がある．主にタンカーやバルクキャリアのような船尾が肥大した船型に装備される．

WED：WID (Wake Improved Duct)，または発明者の名を冠して **Schneekluth's duct** と呼ばれることもある．プロペラ前方の軸よりも上方の船体両舷に取り付けられる半円形のダクトで，プロペラの上半部に流れ込む遅い流れを整流して，推進効率を改善する効果がある．

SSD (図3.10)：MIDP，HZノズルと同様にコード長が上部から下部に向かって小さくなり，プロペラの前方に取り付けられるダクトであるが，プロペラからの距離が離れていること，後端部の直径がプロペラよりも小さいことによって，強度，製造コストの面で改良されている．船尾付近の流れを整流して粘性抵抗を減らす効果とダクトが推力を発生する効果は，HZノズルと同じであるが，HZノズルでは悪化した（速くなった）プロペラ面への流入速度も改善される．

図3.10：SSD (Super Stream Duct)

SILD(図 3.11):SSD と同様にプロペラの前方に一定の距離をおいて取り付けられる.SSD と異なるところは,ダクトのコード長が一定であること,中心がプロペラ軸よりもやや上方に位置すること,ダクトは 4 枚のフィン(支持材)で船体に取り付けられることなどである.SSD と同様に粘性抵抗および自航要素の全てが改善される.

図 3.11:SILD(Sumitomo Integrated Lammeren Duct)

SDF(SemiDuct with Fins):プロペラ前方の軸上方に設けられる半円形のダクトで,直径はプロペラ直径よりも小さい.プロペラ軸から放射線状に配置された 3 枚のフィンで保持される.ダクトによる整流効果と,フィンがプロペラと逆の回転流を与える効果によって,自航要素が改善される.

AT fin(図 3.12),**SURF**(図 3.13):舵の両舷に水平に取り付けられるフィンで,プロペラ後流の回転流を回収して推力を発生し,推進効率を向上させる.

図3.12：AT fin（Additional Thrust fins）

図3.13：SURF（Swept-back Up-thrusting Rudder Fin）

MIPB(図3.14),**RBS**:古くから知られている**コスタバルブ**を改良・実用化したもので,プロペラボスの形状やバルブとの間の流れの連続性を工夫している.プロペラの翼根から出る渦を分散させる効果,プロペラの伴流率を改善する効果などによって,推進効率を向上させる.

図3.14:MIPB (Mitsui Integrated Propeller Boss)

図3.15:RBS-F (Rudder Bulb System with Fins)

RBS-F（図3.15），**SURF-Bulb**：フィンとコスタバルブとを組み合わせて舵に取り付け，プロペラ後流の回転流の回収とプロペラの翼根から出る渦の分散，および両者の相互干渉によって推進効率を向上させる．RBS-Fは水平に2枚または放射状に4枚のフィンを，SURF-Bulbは水平に2枚のフィンをバルブに取り付ける．

PBCF：**プロペラボスキャップ**に装備される小翼で，プロペラと共に回転する．プロペラ翼の翼根に発生するハブボルテックスを消し，これによって誘起される抵抗を減らすことによってプロペラの効率を向上させる．

GVW：プロペラの後方に，プロペラ直径よりも10〜20％大きい遊転するローターを取り付ける．ほぼプロペラ直径に相当する内側のタービン部でプロペラの後流中に捨てられる回転エネルギーを捕捉し，外側のプロペラ部でスラストに変換する．

【参考文献】

1) 佐々木紀幸：船舶の省エネ付加物とその動向，日本舶用機関学会誌，第33巻，第9号，1998

第4章

構造

4.1 船体構造方式

4.1.1 船体構造と船体強度

　船底，船側，甲板などの船体の船殻外面は，水密性を確保するため板部材から構成されているが，板部材のみでは強度上不十分である．そのため，船体構造は板部材とその補強部材である大小の骨部材で成り立っている．骨部材は，板部材の局部的な補強だけでなく，縦強度（船体前後方向に関する強度）部材，あるいは横強度（船体深さおよび幅方向に関する強度）部材として寄与する役目も持っている．

4.1.2 構造方式の種類

　構造方式は，骨部材が板に対してどの方向に配置されているかによって，トランス方式（transverse system）とロンジ方式（longitudinal system）とに大別される．**トランス方式**は，図4.1に示すようにフレームあるいはビームと呼ばれる骨部材を横方向に配置し，これらの小骨をガーダーと呼ばれる大骨で支える構造方式である．**ロンジ方式**は，図4.2に示すようにロンジと呼ばれる骨部材を縦方向に配置し，これらの小骨を適当な間隔で横方向に設けたウェブフ

レームと呼ばれる大骨で支持する構造方式である．

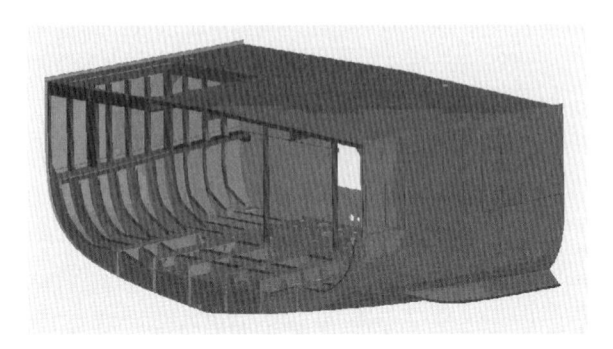

図4.1：トランス方式

図4.2：ロンジ方式

4.1.3 構造方式の決定

これらの構造方式は，2つの観点から決定される．1つは船体構造強度上から見る場合で，その基本は板の面内において主な力が加わる方向に小骨を配置することである．船の中央部の上甲板や船底外板のように縦曲げによる船の前後方向の力が大きい場所では，骨部材は前後方向に配置される．すなわちロンジ方式である．ロンジ方式の場合，ロンジの断面積が船体断面性能に直接寄与して，船体の縦曲げ応力を減少させる働きをするとともに，上甲板や船底外板などの比較的大きな縦曲げ圧縮応力がかかる板材に対しては，ロンジが座屈強度を高める役割を担っており，縦曲げ応力が高くなる大型船では，構造強度の面でトランス方式より優れている．

もう1つは，船を使用する立場から見た場合である．たとえば，ばら積貨物船の船側構造ではトランス方式が採用されている．これは積荷がロンジに溜まらないようにとの配慮によるものである．また，通常の貨物船の場合，ロンジ方式にするとロンジを支える大骨が必要となり，それだけ載貨容積を減少させるため，ロンジ方式は適していない．

4.1.4 構造方式別による代表的な船

以上の点より，ロンジ方式はオイルタンカー，鉱石運搬船，コンテナ船をはじ

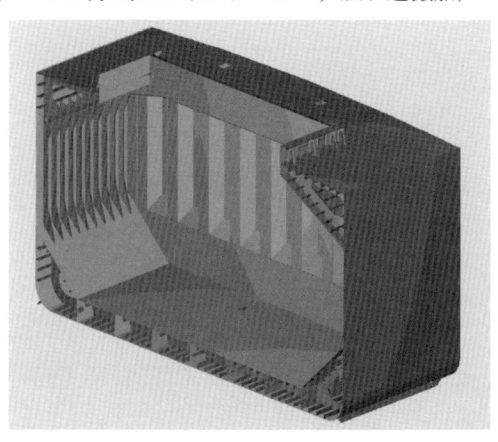

図4.3：コンバインド方式

めとする大型専用貨物船に広く採用されている．また，大型の一般貨物船は，縦曲げの影響を最も大きく受ける上甲板および二重底構造のみをロンジ方式とし，下層甲板および船側構造をトランス方式とする**コンバインド方式**を採用するのが普通である（図4.3参照）．また，ばら積貨物船は上甲板，二重底およびタンク部船側構造のすべてをロンジ方式とするが，貨物倉船側構造では貨物が小骨に滞留しないようトランス方式としている．

4.2 船体構造図面

船体の構造設計を上流から下流に大きく分けると，基本設計，機能設計，詳細設計の3つに分類することができ，それぞれの段階で図4.4のフローチャートに示されているような図面が主に作製される．ここでは，基本設計図のうち中央横断面図・鋼材配置図・外板展開図の3つの図面について説明する．

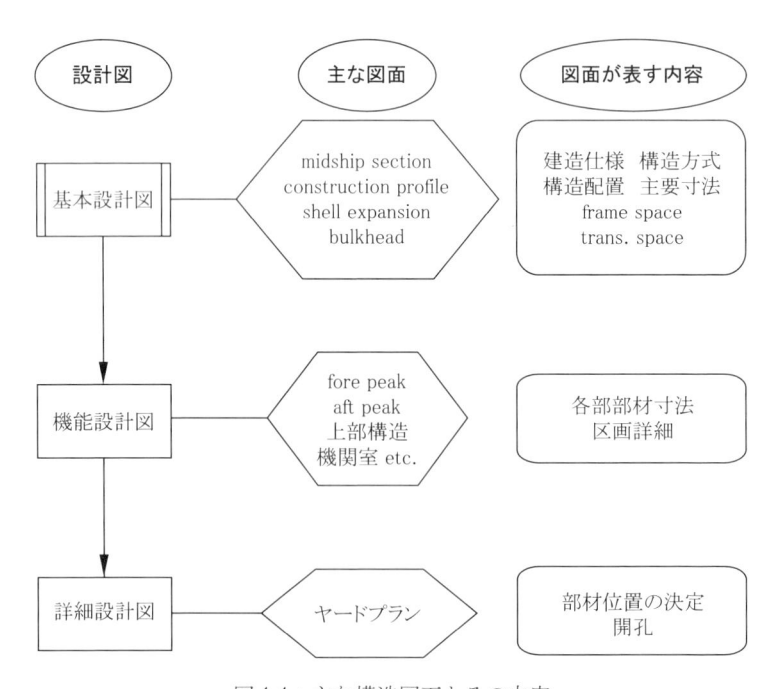

図4.4：主な構造図面とその内容

4.2.1　中央横断面図（midship section）

　中央横断面図は，船体中央部における代表的な横断面を示したもので，船体構造図の中で最も基本的な図面といえる．この図面では主に，主要寸法，船体中央部の形状，船体の構造方式，主要部材の寸法・板厚・材質，部材間の取り合い詳細など，船の性能・機能を示す情報が表されている．この図面をもとに船体各部の構造・寸法などが決定される．図4.5にバルクキャリアの中央横断面図の例を示す．

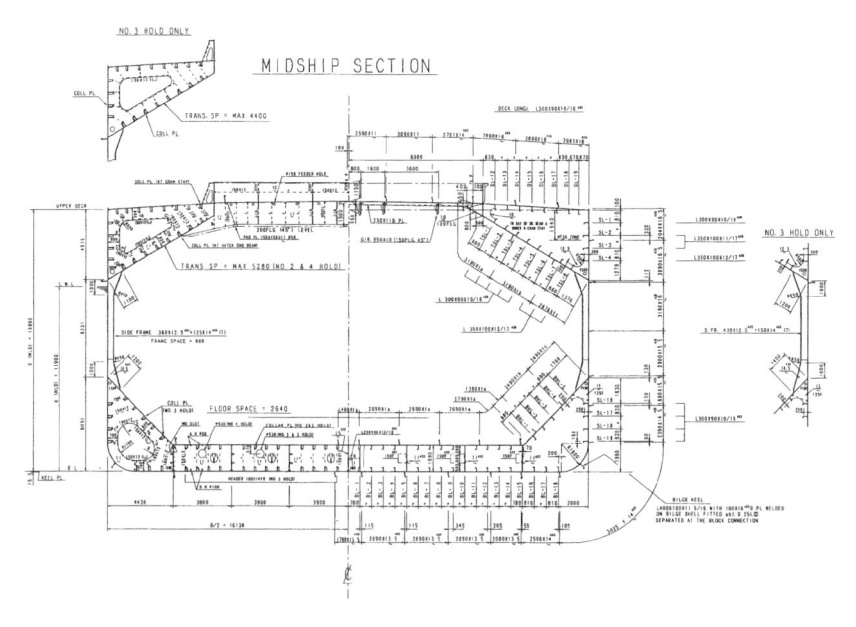

図4.5：中央横断面図（バルクキャリア）

4.2.2　鋼材配置図（construction profile）

　鋼材配置図は，縦断面図，各甲板や二重底の平面図などを示し，さらに各部材の板厚や桁部材，骨部材の寸法を示しており，詳細図作製の基礎・指針となる基本構造図である．中央横断面図と異なり，中央部から船首尾部に向けて，部

材寸法や構造配置がどのように変化しているかを把握することができる．船体の縦断面図は，フレームやフロアーなどの主要強度部材の配置・寸法や船倉部の配置を表す．甲板や二重底の平面図は，それらの板厚や配置を示す．図4.6にバルクキャリアの甲板の平面図の例を示す．

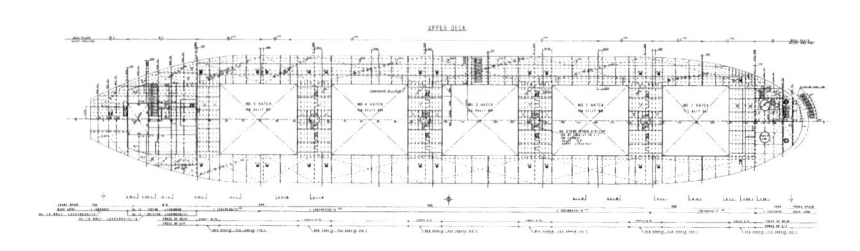

図4.6：鋼材配置図（バルクキャリアの例）

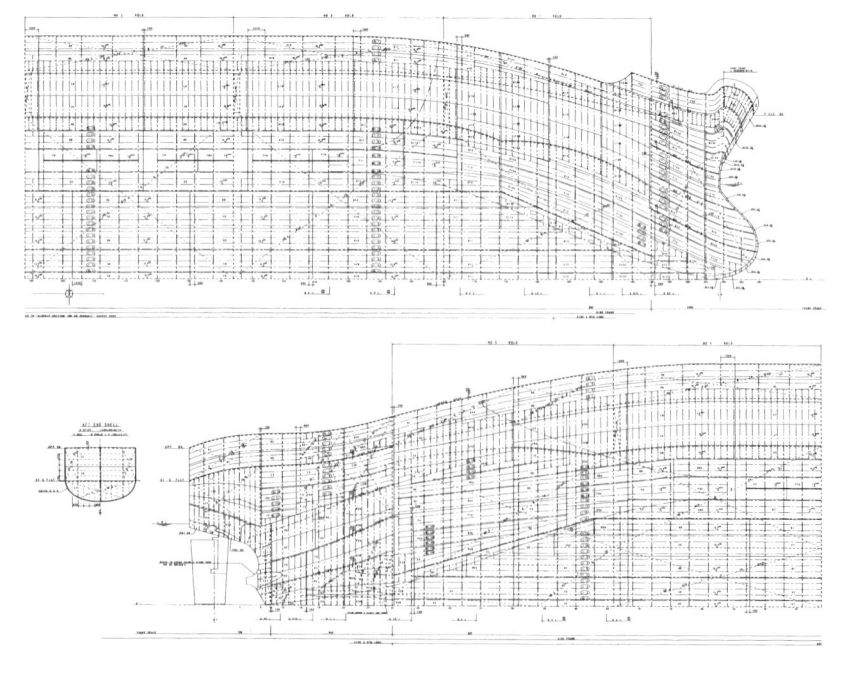

図4.7：外板展開図（バルクキャリアの例）

4.2.3　外板展開図（shell expansion）

外板展開図は，船体外板を全船にわたり平面展開した図面である．この図面には，船首から船尾にわたり，外板の配置・寸法・板厚・継手位置・ブロック継手などの情報が示されている．図4.7にバルクキャリアの外板展開図の例を示す．

4.3　船体強度

船体構造には重力，浮力に加えて，波浪や風などによる複雑な荷重が作用する．船級協会規則ではこれらの荷重に対抗する船体強度を，縦強度，横強度，および局部強度の3種類に大別して取扱うようになっている．これらの強度は本来独立ではなく相互に作用し合うものであるが，同時に取り扱うと非常に複雑なので，相互の影響を考慮しながら個別に取扱うようになっている．

最近の大型船の構造設計では，まず建造仕様に応じて一般配置を決めた後，ルール計算により初期構造を決定し，次に直接強度計算を行って，より合理的な構造に改良する手順が一般的になっている．

ここでは，これらの強度と強度計算方法について説明する．

4.3.1　ルール計算（design by rule）

船級協会規則で与えられる計算式を用いて板厚や断面係数を決定することを，一般にルール計算という．これらの計算式は，構造力学の考え方をベースに，建造経験，損傷実績，海象データの統計値などの経験的情報を加味して設定されており，部材配置などの基本的な条件を与えるだけで，容易に要求板厚や断面性能が計算できるような簡単な式で表されている．

4.3.2　直接強度計算（design by analysis）

ルール計算が梁などの材料力学による単純なモデルを用いるのに対して，**有限要素法**（FEM：Finite Element Method）などの構造解析手法を用いて，船体を立体構造としてモデル化して強度計算を行うことを，一般に直接強度計算

という．FEMでは船体中央部の1ホールド～3ホールド程度を取り出してモデル化することが多いが，最近では全船をモデル化する場合もある．直接強度計算の結果得られた寸法が，ルール計算により得られる寸法以上となる場合には，直接強度計算の結果得られた寸法以上とするように，船級協会規則に定められている．また船級協会規則には，直接強度計算を行う場合の荷重や許容応力が設定されており，計算にはそれらを用いる．

4.3.3　縦強度（longitudinal strength）

船体を1本の梁と考えたときの船長方向の曲げ，剪断，ねじりに対抗する強度を縦強度といい，最も基本的かつ重要な船体強度である．船長方向の**縦曲げモーメント**および**剪断力**の分布は，積付け状態により決まる静水中の縦曲げモーメントおよび剪断力と，波浪中の縦曲げモーメントおよび剪断力から求められる．縦強度に関する設計はこれらの値が許容値以下になるように行われ，日本海事協会（NK）では船体中央部の縦曲げ強度に関して，以下の計算式で求められる断面係数以上とするように規定している．

$$Z_\sigma = 5.72 \left| M_\mathrm{S} + M_{\mathrm{W}(+)} \right|$$

$$Z_\sigma = 5.72 \left| M_\mathrm{S} + M_{\mathrm{W}(-)} \right|$$

M_S：静水中縦曲げモーメント

M_W：波浪縦曲げモーメント

$M_{\mathrm{W}(+)} = +0.19 C_1 C_2 L_1^2 B C_\mathrm{b}'$ [kN-m]

$M_{\mathrm{W}(-)} = -0.11 C_1 C_2 L_1^2 B (C_\mathrm{b}' + 0.7)$ [kN-m]

C_1：次の算式による値

$L_1 \leq 300\,\mathrm{m}$ の場合：

$10.75 - ((300 - L_1)/100)^{1.5}$

$300\,\mathrm{m} < L_1 \leq 350\,\mathrm{m}$ の場合：

10.75

$350\,\mathrm{m} \leq L_1$ の場合：

$$10.75 - ((L_1 - 350)/150)^{1.5}$$

L_1：船の長さ（m）と計画最大喫水線上における船の全長（m）の97％のうちいずれか小さい値

C'_b：計画最大満載喫水線に対する型排水容積を$L_1 Bd$で除した値とする．ただし，0.6未満のときは0.6とする．

C_2：考慮している船体横断面が船の長さ方向において位置する場所により定まる係数（図4.8参照）

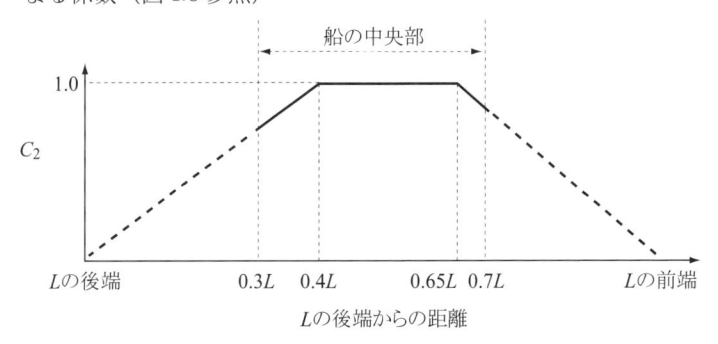

図4.8：係数C_2の値（NK）

現在，縦強度に関しては，各船級とも国際船級協会連合（IACS）の統一規則を適用しており，上記のNK規則もこの統一規則を適用している．

商船では特殊な構造とする場合を除き，中央部$2L/5$以上にわたり縦通している部材を**縦強度部材（longitudinal strength member）**とするのが普通であるが，船級協会の規定では，中央部$L/2$以上にわたり縦通するか，それと同等の効力のある部材を縦強度部材として要求している．主な縦強度部材には，甲板（deck plate），船底外板（bottom shell），船側外板（side shell），内底板（inner bottom plate），縦桁（longitudinal girder），縦通肋骨材（longitudinals），縦通隔壁（longitudinal bulkhead）などがある．

4.3.4　横強度（transverse strength）

船体を輪切りにしたときの断面に作用する水圧や貨物の荷重に対抗する強度を横強度といい，主な**横強度部材（transverse strength member）**には，横

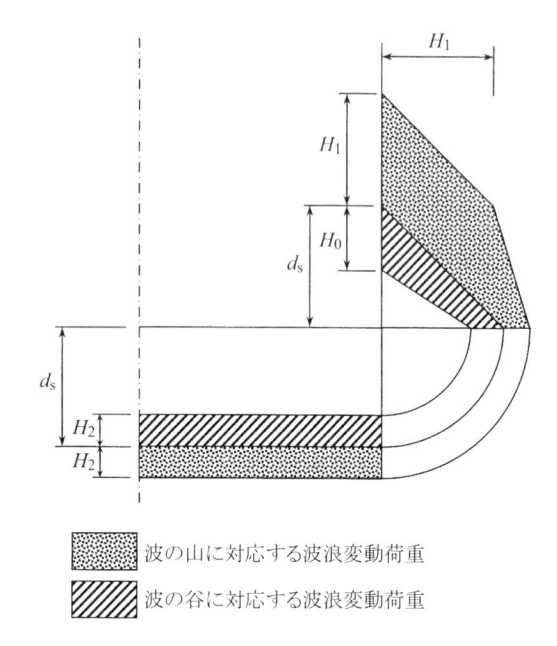

図4.9：直接強度計算における波浪変動荷重（NK）

隔壁（transverse bulkhead），トランスウェブ（transverse web），甲板梁（deck beam），船底外板（bottom shell），内底板（inner bottom plate）などがある．これらの部材には単純に横荷重のみが作用しているのではなく，縦方向の荷重も影響するので，3次元の立体構造として強度検討をすることが必要になり，FEMを用いた直接計算を行う場合が多い．船級協会規則では，横強度の直接計算を行う場合の荷重条件（波浪，積付け条件）および許容応力が示されている．荷重条件の一例として，NKの波浪変動荷重を図4.9に示す．この場合，波の山および谷に対応する波浪変動荷重を設定しており，各係数は次式で与えられる．

$$H_0 = 0.5H_{\mathrm{w}}, \quad H_1 = 0.9H_{\mathrm{w}}, \quad H_2 = 0.25H_{\mathrm{w}}$$

$$H_{\mathrm{w}} = 0.61L^{1/2} \quad (L \leq 150\,\mathrm{m})$$

$$H_{\mathrm{w}} = 1.41L^{1/3} \quad (150\,\mathrm{m} < L \leq 250\,\mathrm{m})$$

$$H_{\mathrm{w}} = 2.23 L^{1/4} \qquad (250\,\mathrm{m} < L \leq 300\,\mathrm{m})$$
$$H_{\mathrm{w}} = 9.28 \qquad\quad (300\,\mathrm{m} \leq L)$$

4.3.5 局部強度 (local strength)

縦強度や横強度が船体を全体的に見たときの強度であるのに対して，構造中の各部を局部的に見た場合の強度を局部強度という．全体としての強度は満足していても，部分的な強度が不足していればそこから変形やき裂が発生してしまうので，設計に際しては局部強度に関しても注意を払う必要がある．船種などにもよるが主な局部強度として，隔壁などの強度，防撓材や桁の強度，ハッチ周辺の強度，スラミングや波浪衝撃に対する船首構造の強度，舵などの船尾構造の強度などが挙げられる．

これらに加えて**疲労強度（fatigue strength）**の検討も必要に応じて行われる．疲労とは，部材が波浪や船体運動などにともなう繰返し応力を受けることによりき裂を生じる現象であり，き裂損傷の大きな要因のひとつとなっている．疲労き裂は，部材を結合する溶接部などに生じる応力集中が原因となるため，

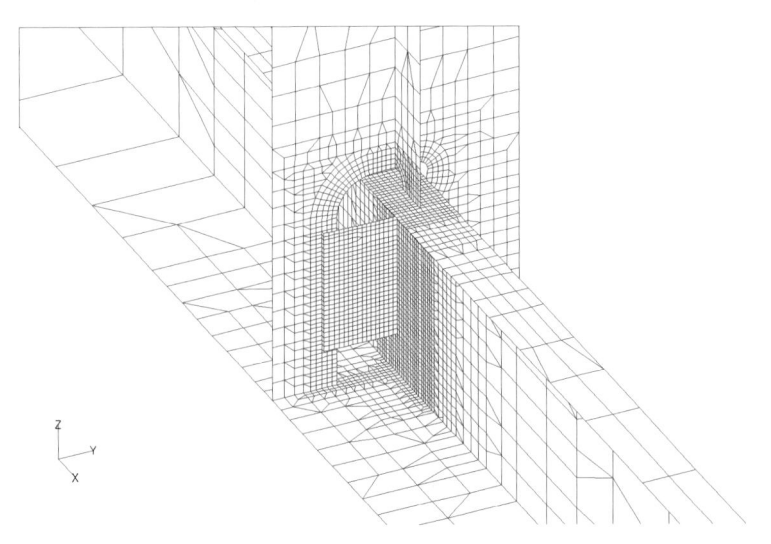

図4.10：ズーミング解析モデル（船底スロット周り）

この応力集中を緩和するような局部形状を採用することが重要となる．そのため，疲労き裂の発生が懸念されるような代表的な箇所については，その周辺を取り出して細かく要素分割したモデルを用いたFEM解析（ズーミング解析）を行って，局部応力の詳細な検討が行われる．ズーミング解析モデルの一例を図4.10に示す．

4.4　船体構造材料

現在，最も多く使用されている船体構造材料はいうまでもなく鋼材であり，一般商船のほとんどは鋼船である．この他に高速船や小型船舶などでは，アルミニウム合金やFRPといった材料も使用される．ここでは，船体用鋼板を中心に，これらの船体構造材料について概説する．

4.4.1　船体用鋼板

鋼板規格：船体構造に使用される鋼材は，船級を取得するために，船級協会が規定する規格鋼材を使用しなければならないことになっている．溶接船が建造され始めた当初は各船級毎に鋼材規格が定められていたが，現在では国際船級協会連合（IACS）により，船体構造用軟鋼材および船体構造用 $490\,\mathrm{N/mm^2}$（50キロ）級高張力鋼の統一規格が制定されている．IACS加盟の各船級協会は統一規格を取り入れる義務があり，船体用鋼板の基本グレードの統一が図られている．

規格を満足していることを保証するために，鋼板には納入時に**ミルシート**と呼ばれる品質証明書が添付される．ミルシートには，製造番号や鋼種の他に，化学成分や機械的性質の検査結果が記載される．

軟鋼（mild steel）：引張強さが $400 \sim 490\,\mathrm{N/mm^2}$ の鋼材を総称して軟鋼といい，造船用の鋼材として最も一般的に使用されている．炭素（C）の含有量が少なく，硫黄（S）や燐（P）の量も制限されているために，溶接性が非常に良いのが特徴である．

船体構造用軟鋼板は，靭性規格によりA，B，D，Eの4グレードに分

類されており，靱性の要求性能はこの順に厳しくなる．この要求性能を実現するために，添加される元素の成分量や熱処理方法が規定されている．各グレードの靱性の要求性能は，A級鋼は靱性の規定がなく強度保証のみ，B級鋼はシャルピー吸収エネルギーが0°Cで27 J以上，D級鋼は−20°Cで27 J以上，E級鋼は−40°Cで27 J以上である．

　タンカーやばら積み貨物船などの一般商船では，ほとんどの内構材にA級鋼が使用されている．また，鋼板は板厚が増大するほど切欠き靱性が低下するため，板厚の増大に伴って靱性の高いD, E級鋼を使用するよう規定されている．特に船体の中央付近の上甲板では，脆性き裂伝播停止特性が重要視されるので，一般的にD級鋼やE級鋼が使用されることが多い．

高張力鋼（high tensile strength steel）：船体用としては，降伏点315 N/mm^2 以上で，かつ引張強さ440 N/mm^{2}以上の強度を持つ鋼板を高張力鋼と呼んでいる．船体用鋼板はかつては軟鋼のみであったが，1962年から始まった原油タンカーの大型化にともなって高張力鋼板の必要性が増し，VLCCの出現によって高張力鋼板の実船適用が開始された．1980年には制御圧延と圧延後の加速冷却を組み合わせた**新制御圧延**（**TMCP**：**Thermo Mechanical Controlled rolling Process**）技術が開発され，高張力鋼板を軟鋼板なみの低炭素当量（低Ceq）で製造することが可能となった．その結果，高張力鋼板の靱性および溶接性が大幅に向上し，高張力鋼板が本格的に適用されるようになった．

　船体用高張力鋼板は，その降伏強度により315 N/mm^2（32キロ）級と，355 N/mm^2（36キロ）級に分類され，さらに要求靱性によりA, D, Eの3グレードに分類される．強度と靱性の組合わせにより，規格記号がA32, D32, E32, A36, D36, E36のように制定されている．それぞれの**靱性規格**は，シャルピー吸収エネルギーが315 N/mm^{2}クラスで31 J以上，355 N/mm^{2}クラスで34 J以上であり，その温度はA級で0°C, D級で−20°C, E級で−40°Cである．また，さらに強度の高い降伏点390 N/mm^2（40キロ）級鋼，420 N/mm^2（43キロ）級鋼なども，一部の船体構造に使用されている．

海洋を航行する船舶は，積荷，波浪，自重などによって船体に大きな縦曲げモーメントを受けるため，特に船体の長さ方向の中央部付近で大きな応力を生じる．この力に抗するために曲げ応力が大きくなる上甲板などでは板厚を増す必要がある．しかし，板厚の増加は船体重量，加工工数の増加，さらには貨物積載量の減少を招くため，板厚を増加する代わりに軟鋼材に代えて高張力鋼材が使用される場合が多い．特に上甲板に開口部を持つばら積み貨物船などでは，一般にその使用範囲が原油タンカーよりも広くなる．

低温用鋼材：低温用鋼材は，LPG 船や LNG 船などの液化ガス運搬船の貨物タンク，二次防壁の他，これに隣接する船体構造など，低温にさらされる部位に使用され，低温時に十分な靱性を有することが要求される．低温用鋼材は各船級協会が**国際ガス船規則**（**IGC コード**）に準拠して，使用温度に対する低温用鋼材規格を定めている．

その他の鋼材：内構材などに使用されるその他の主な鋼材を以下に列挙し，若干の説明を加える．

　形鋼：H 型や I 型などの断面形状に圧延された鋼材を一般に形鋼といい，比較的小型の防撓材として使用される．船体構造で利用される主な形鋼は，L 型断面の**不等辺山形鋼**，平鋼の一縁の片側に突起をつけた断面の**バルブプレート**などである．大型船の縦通材などの場合，形鋼では断面係数が不足する部分には鋼板を溶接して製作した L 型または T 型断面の防撓材を使用する．このような部材は**ビルトアップ材**と呼ばれる．

　差厚プレート：1982 年頃に開発された長手方向で階段状に板厚の差を設けた鋼板である．板厚の異なる鋼板を溶接でつなげるかわりに差厚プレートを利用すると溶接線を減らすことができるため，溶接工数を削減できるなどの利点がある．原油タンカー，コンテナ船，ばら積み貨物船などの隔壁に利用される．

　テーパープレート：鋼板の長手方向または幅方向について徐々に板厚を減じ，一定の勾配を持たせた鋼板である．差厚プレートと同様に利用することができる．

4.4.2 その他の船体構造用材料

アルミニウム合金（aluminium alloy）：耐食性と比強度（引張強さ／比重）に優れているため，少量のマグネシウムを加えたアルミニウム合金が船体構造用としては最も多く用いられている．アルミニウム合金の最大の特徴は，その軽さにある．そのため，高速性能を発揮するために船体の軽量化が求められる高速船に多く用いられている．この他にアルミニウム合金の特徴として，**押出形材**が挙げられる．押出形材はところてんを作るようにして加熱したアルミニウム合金素材を成形したものであり，比較的自由に断面形状を選択できる利点がある．船体構造用の代表的な押出形材として，その形状から**π形材**と呼ばれる板材と骨材を組み合わせた押出形材がある．π形材を使えば板材と骨材の隅肉溶接が省略されることにより溶接変形，溶接工数の低減が可能となるため，利用頻度が高い．逆にアルミニウム合金の問題点としては，鋼材よりも溶接変形が大きい，価格が高いなどの点が挙げられる．

FRP（Fiber Reinforced Plastics）：FRPとは**繊維強化プラスチック**のことをいい，樹脂とガラスなどの繊維を一体成形した複合材料である．FRPは軽量，高強度で，耐食性に優れていることから，プレジャーボートや漁船，救命艇など多くの小型船舶に利用されている．船体や甲板を一体成形できる点も利点となっている．FRP船の課題は廃船処理であり，解体・破砕時の騒音や，焼却方法などが問題となっている．

木材：海上自衛隊の掃海艇は全て木造である．これは，機雷の中には磁気に反応して爆発するものがあるので，船体は非磁性材料でなければならないためである．この他，沿岸漁船などの小型船舶でも木造船があるが，外板をはじめとする主要構造材はFRPに急激に代替されている．

【参考文献】

1) (社)鋼材倶楽部，鉄鋼製品普及委員会編，"造船と鋼材"，(1993)

4.5 船体振動

一般に船体振動といった場合，船体が梁としての挙動をする場合のhull girderの振動，機関室内のタンク隔壁や床板などのlocal structureの振動，乗組員の作業や生活の場所である居住区，すなわち上部構造の振動が主な対象となる．

船は少なからず振動するものである．とはいえ，hull girderの振動やlocal structureの振動が大きいと，船体構造の損傷に至る可能性がある．また上部構造の振動が大きいと，その船は**乗り心地**の悪い船となってしまう．そこで造船設計者は，できるだけ振動の小さい船となるように様々な配慮をしている．

構造設計における振動への配慮は，**共振**の回避と振動応答量の低減の，大きく2つに分けることができる．これらを念頭において，初期計画段階，構造設計段階，海上試運転段階の各段階において，振動対策が行われる．ここでは，これらに就航後の対策を含めて，各段階における振動対策について解説する．

4.5.1 初期計画段階

起振力：船体構造を振動させる原因となるものを起振力（**exciting force**）というが，主なものは次の2つである．

- 主機による起振力
- プロペラによる起振力

主機による起振力には，爆発力に起因する起振力（気筒数が起振次数となる）と，ピストン慣性力の着火順序による不平衡によって生じる起振力（**アンバランスフォース**）の2種類がある．

また，プロペラによる起振力には，プロペラ軸を介して船体に伝わる力（**ベアリングフォース**）と，プロペラが回転することで生じる流体圧力による力（**サーフェスフォース**）がある．特に，サーフェスフォースは，プロペラの翼数だけでなく，船尾部の形状によっても異なる．

初期計画の段階において，主機とプロペラを選定するが，船体構造との共振を回避するように配慮される．たとえば，主機の選定では型式・回転数に留意し，起振周波数と予測される船体の固有振動数が近づきすぎ

ないようにされる．プロペラの選定に関しても，船体の形状やプロペラ翼の数などを決定する際に，同様の配慮がなされる．

構造配置：構造配置をする際にも，振動を考慮に入れた配置をする．たとえば，上部構造の基部において，縦通隔壁や横隔壁の位置を上部構造の壁と一致させ，上部構造ができるだけしっかりと支えられるような工夫をし，上部構造が過度に振動することのないようにするのが一般的である．

4.5.2　構造設計段階

上述のように，振動を極力減らすような工夫が行われているが，「果たしてどの程度揺れるのか」「共振は起こらないのか」を調べるためには，ある程度設計が進み，構造が確定した時点で，より詳細な振動の推定を行わなければならない．

hull girderの振動推定：hull girderの振動推定では，FEM解析を用いた方法が主流である．全船をモデル化するという方法もあるが，通常は船体を梁と考えた簡易なモデル化，すなわち2次元FEM解析によって推定が行われている．

第一段階として，固有値計算を行い，船の**振動モード**および**固有振動数**を調べる．第二段階として，起振力ごとの船体各部応答を調べる．船体各部とは言っても，通常は船首端，船尾端，上部構造頂部，煙突頂部の4点が対象となる．

上部構造の振動推定：上部構造の振動を推定するために，上部構造全体を3次元のモデル化したFEM解析が行われる．上部構造の「どの部分」が「どれくらい振動するか」を知ることができる．時には，上部構造の下部構造をもモデル化することによって，より精密な推定を行っている．

振動の推定精度：FEM解析により，hull girder，上部構造の振動特性を知ることができる．しかしながら，船体の重量・剛性などの完全に正確なモデル化は難しいため，解析の結果は「共振は起こらないのではないか」と

いった目安に過ぎないところもあり，その検証は船が建造されてからしか行うことができないのが現実である．

4.5.3 海上試運転段階

構造設計段階で行っている推定結果の検証は，実際に建造された船での計測という形で初めて行われる．一般に，建造した船の性能確認のために海上試運転を行うが，その際に振動計測を実施する．

hull girderの振動計測：船体振動の計測には，多点同時計測システムが用いられる．船体各部にピックアップといわれる振動センサーを配置し，それらは計測器に接続されている．プロペラシャフトの回転もモニタリングされ，それらのデータとともに船体各部での振動が計測されるようになっている．船体振動の計測には，以下のような種類がある．

スイープテスト：メインエンジンの回転数を徐々に上げていき，それに応じて船体各部の振動の推移を計測することを，スイープテストと言っている．主に「hull girderの振動推定」の項で述べた船首端，船尾端，上部構造頂部，煙突頂部の4点の振動を計測している．この計測により，hull girderの振動の共振回転数と最大応答量がある程度確認できる．

ステップアップテスト：スイープテストにより，おおよその振動特性は分かるものの，より詳細なデータを得るために，ステップアップテストを行う．これは，メインエンジンの回転数を段階的に上げていき，船体各部の振動を計測するものである．通常，スイープテストに比べ計測点数は多くなる．たとえば，船体振動で節となる横隔壁の位置や上部構造各部などが，一般的な計測点である．

スピードトライアル時振動計測：通常航行時の主機常用出力を**NSO（Normal Service Output）** というが，海上試運転におけるスピードトライアルはこのNSOの回転数で行われる．NSO航行時に，船体・上部構造・機関室内各部の振動計測を行う．実際に振動が大きい船であるかどうかは，このNSO航行時の振動計測において判断される．

上部構造の振動計測：一般に，作業や生活の場所である居住区の振動計測が，船主から義務づけられている．船主の了解のもとに決定された計測場所の振動を，NSO航行時に計測する．通常，計測はポータブル式のレコーダー付き振動計によって行われる．

4.5.4　振動の評価基準

　上述のような振動の推定および計測を行っているが，「その船の振動が大きいのかどうか」を判断するためには，客観的な判断基準が必要である．

　代表的なものとして，居住区内の振動評価基準を示したISO 6954がある．評価は振動周波数毎に，また3方向（前後，左右，上下）毎に行う．

　ロイド船級協会のようにsteel structureの振動評価基準を定めているところもある．また，日本海事協会では，振動に関する設計指針を作り，その設計基準についてまとめている．これらの基準値および船主との間で定めた許容値を踏まえながら，振動の評価を行う．

4.5.5　就航後の振動問題

　構造物は，液体に接することによって，固有振動数が変わることが知られている．このことが原因となった**接水振動**には，海上試運転中には発見されず，就航後に船主からのクレームなどによって初めて明らかになるものもある．

　その1つに，カーゴホールドやバラストタンク内の振動がある．これらのタンクには，海上試運転中だけでなく就航後もなかなか人が立ち入ることもないため，振動の発見が困難である．そのため，損傷の発見によって初めて明らかになることが多い．

　また，機関室などのタンク隔壁の振動も，接水振動が問題である．タンク内の液位があるレベルになった時に，大きい振動が観測されるというものだが，海上試運転中だけでは，タンク液位がほとんど変わらないため見つかりにくい．そのため，就航後に報告されることが多い．

4.5.6　振動対策

　海上試運転時に基準値や許容値を満たさない振動が発生したり，就航後に振動が報告された場合，まず設計者は疲労強度の観点から，このような振動が続いた場合に損傷に至るかどうかの確認を行う．損傷に至る可能性が高い場合はもちろんのこと，比較的大きな振動である場合にも，パネル上にスチフナを配置するなどの対策を講じている．ただし，対策を講じるかどうかの判断は，許容値などによるものではなく，経験によるところも多い．

【参考文献】

1) ISO 6954 / Mechanical vibration and shock − Guidelines for the overall evaluation of vibration in merchant ships
2) Lloyd's Register / SHIP DIVISION (Guidance Notes on Acceptable Vibration Levels and their Measurement)
3) 日本海事協会 / 船舶振動設計指針
4) VERITEC / VIBRATION CONTROL IN SHIPS
5) 日本造船学会誌 807（1996.9）
6) 日本造船学会誌 844（1999.10）

第5章

艤装

5.1　腐食，防食

　船舶は，腐食によって船の強度，安全性が脅かされるので，防食がきわめて重要な問題となる．腐食により，板厚が減少し，船体構造の強度低下を招き，損傷し，海難事故に至ることがある．ここでは，これらの船舶の腐食，防食に係わるキーワードについて，以下に簡潔に解説する．

5.1.1　腐食の原因と現象

海水による腐食：海水が電解水溶液であるため，種々の原因による**電気化学腐食**が起こりやすいことが主因である．なお，**溶解酸素量**は水深とともに減少するので，水線部付近の外板が侵されやすい．また，陸上，淡水中では保護皮膜をつくり耐食性の大きい金属（アルミニウム，ステンレス鋼など）でも，海水中では塩素イオンの作用で保護被膜が破壊され，さらに腐食が点食で進行するため極めて著しく侵される．

応力腐食：金属に静的応力が加わっている場合には，引っ張り応力の高い部分が表面保護皮膜の破壊，金属学的変化を通じて他よりも激しく腐食される．たとえば，バラストタンク内で応力集中の著しい部分などに見ら

れる．

腐食疲労：応力が繰り返してかかる金属材料が，腐食性雰囲気にさらされて表面腐食を生じた場合，腐食箇所が切欠となって応力集中により**疲労破壊**を早める．このような金属材料が腐食によって疲れを早め，**疲労限界**が低下することを腐食疲労という．

粒界腐食：金属の粒界は粒内と性質が異なるうえ，電気化学的には粒内より卑となる場合が多いので，両者の電位差が十分大きいと腐食環境下では粒界のみが選択的に侵されやすい．

異種金属（接触）腐食：電位に差のある2種の金属が電解質溶液中で電気的に接触していると，より卑な金属が陽極となって腐食が促進される．この場合，両者の電位差が大きいほど，または卑な金属の面積が貴な金属のそれと比べて小さいほど，著しく腐食する．これを異種金属（接触）腐食と呼び，たとえば銅合金の推進器翼と鉄鋼の船体との電位差によって船体が腐食する場合などがある．

すきま腐食：金属と金属，または金属と非金属との間にできたすきまの内部にある溶液は，外部の溶液と容易に交換されないため，通気差電池その他の濃淡電池が生成し，あるいはすきまの内部に腐食性の腐食生成物が蓄積して，すきま内部の腐食が促進される．

キャビテーションエロージョン：ポンプ，推進器などの流体機器で，流体が加速され圧力が下がる時，ある限界値より低下すると流体内に気泡が生じる．これが**キャビテーション**である．低圧部で生じたキャビテーション気泡は高圧下にさらされると急激に崩壊し衝撃圧を生じ，これが物体表面に伝播すると表面に侵食を起こす．この侵食をキャビテーションエロージョンと言う．船舶では，外板，推進器翼，舵をはじめ，各種配管類，ポンプ類，ディーゼル機関のシリンダーライナーなど，高速流水に接する部分が多いので，特に注意を要する．

5.1.2 新造船の防食

有機被覆

　塗装は，最も広く採用されている防食法であり，塗料の性能とその区画の用途により適当な種類の塗料が用いられている．

- **塗装前表面処理**：鋼材のミルスケール除去を主目的とした**一次表面処理**と，防食のために行う第一層目の防錆塗装の前に浄化を目的として錆，汚れ，油脂分，水分などの除去を行う**二次表面処理**の二種類がある．一次表面処理は，**ショットブラスト**マシーンにより**スチールショット**を鋼板あるいは型鋼などの素材に投射して行い，その直後，同マシーンによりショッププライマーが塗装される．二次表面処理は，**サンドブラスト**あるいは，圧縮空気による動力工具を使用する場合，手工具による場合など，塗料に要求されるグレードにより種々の方式で施工される．

- **ショッププライマー**：ショットブラストにより，一次表面処理の終了した鋼材表面を第一層目の防錆塗料が塗装されるまで錆の発生を防ぐ目的で塗装する．これをショッププライマーという．溶断性，溶接性，耐熱性，折曲加工性，各種上塗適合性に優れており，薄型，速乾型の防錆プライマーである．造船所では，鋼種により色を変えて見分けやすいようにしている．**無機ジンクプライマー**が一般的によく使われている．

- **ストライプコート**：切断した後の鋼材端部は，両面端がおよそ直角であるため，表面張力により塗料が付着しにくい．そこで，塗装の前または後でその端部を刷毛で塗装し，仕上がり塗膜を厚くする．バラストタンク，清水タンクに主に用いられる．

- **防汚塗料**：船底，水線部の外板に用いられ，**自己研磨性**により船速低下をもたらす海洋生物の付着を妨げる．従って，修繕ドック期間に合わせた寿命が設定され膜厚が決まる．環境の厳しい水線部が船底より厚く塗られる．

- **タールエポキシ樹脂塗料**：コールタール，コールタールピッチ，膨潤炭などを用いたエポキシ樹脂で，黒または茶色の塗料である．**厚塗り型塗料**で吸

水率が低く，非常に高い耐海水性を持ち，バラストタンクに用いられている．

ブリーチドエポキシ樹脂塗料：キシレン樹脂などの石油系合成樹脂や，石炭を原料とするクマロン樹脂，あるいはタール軽油から合成する一名ホワイトタールなどをエポキシ樹脂に配合した塗料である．毒性も少なく，各種調色が可能．バラストタンク，カーゴホールドや，暴露部の塩化ゴム系塗料の下塗りに用いられている．

塩化ゴム樹脂塗料：塩化ゴム単独または他の樹脂を併用したものに可塑剤として塩化パラフィンやアルキド樹脂を加えたもので，**溶剤揮発乾燥型塗料**である．低温乾燥性，層間付着性に優れ，作業性，厚塗り性がよい．船上補修も容易なため，主に外舷部，暴露部に用いられる．

アルキッド樹脂塗料：多価アルコールと多塩基酸の縮合反応によって形成された樹脂である．刷毛塗りでも塗りやすく作業性がよく，居住区，機関室の室内に用いられている．

エアレススプレー塗装機：塗料に直接高圧をかけ，スプレーガンで霧状に噴射して吹き付け塗装する．高粘度の塗料を厚膜にしかも早く塗装できるため主に用いられている．塗料への加圧は，圧縮空気駆動によるプランジャーポンプによる．

無機被覆

溶融亜鉛メッキ：460°C前後の高温に溶解された亜鉛浴中に対象物を浸漬させて金属亜鉛の表面被覆を施すものであり，メッキ層の厚さは50から100ミクロン程度としている．メッキ層表面に生成する緻密な錆の薄膜が保護皮膜となって，腐食の進行を抑える．また亜鉛メッキ層に傷が発生した場合には，亜鉛が**犠牲陽極**となり鉄の腐食を抑制する．管，舷梯，小型通風筒などに用いられている．

電気防食

流電陽極防食法，アノード：被防食体より卑な電位を持つ金属アノードを直接被防食体に取り付けることで連続的に防食電流を発生させ，その金属自ら消耗する防食法であり，**犠牲陽極法**とも呼ばれる．陽極材料として外板や船尾プロペラ付近には，**アルミニウム陽極**が使われる．バラストタンク内は**亜鉛陽極**が使われる．陽極の大きさにより消耗する寿命があり，それを過ぎると取り替えまたは補充が行われる．

外部電源防食法：側外板の没水部に配した，円盤状または帯状の電極から電流を流し，船体の表面を常に**防食電位**に保ち防食する．そして**基準電極**を設け，それとの電位差を検出して自動制御装置により常に適当な電位が与えられる．プロペラシャフト，ラダーストックは船体に接地される．

気化性防錆材

V.P.I.（Vapour Phase Inhibitor）：密閉された鉄製品内の防錆に使われる．船では，ボックス型密閉構造のハッチカバー内部は無塗装であり，その内部に封入される．比較的蒸気圧が高く，内部で揮発し，温度降下に伴って水蒸気と共に鋼面に凝縮吸着し防錆効力を発揮する．引火爆発する危険性が無いとは言えないので，火気の使用前に内部を換気することが必要とされている．

5.2　マーク

船を外から見ると，顔立ち，目鼻立ちを示すものにいくつかのマークがある．運航上必要なものや，船主の要望で取り付けるものに分けられる．以下に図5.1に示すような貨物船の暴露部に取り付けられているマークについて解説する．マークの主な施工方法は，溶接ビードで縁取られた後に塗装する方法と，その形に切り抜かれた鋼板を溶接で取り付ける方法がある．

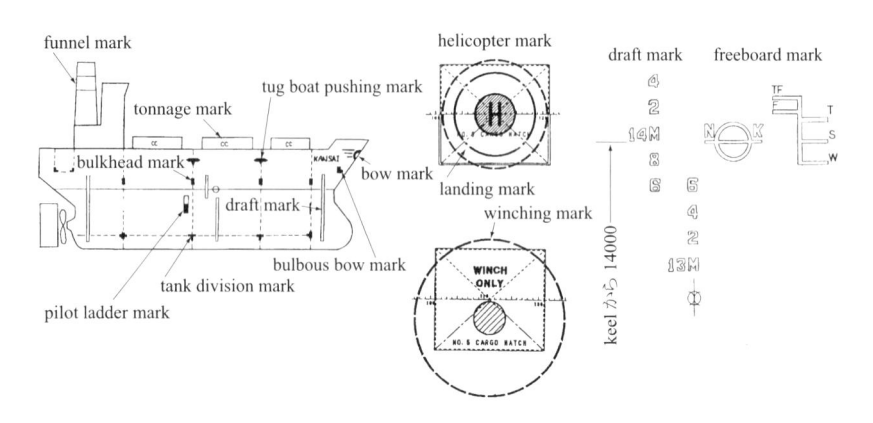

図5.1：貨物船の暴露部に取り付けられているマーク

5.2.1　運航上必要なマーク

船名 (ship's name)：船首の船名は，船主により命名され，命名式が挙行される．船名のところでシャンペンを割り，安全運航を祈願する．船首両舷と船尾に描かれ，船首船名はSOLAS条約によりアルファベットで明瞭に，よく見えるように描くことを要求されている．なぜなら，事故が起こった時，容易に船名が見分けられるようにするためである．船籍国の文字で併記する場合もある．船尾にも，通常アルファベットで描かれるが，SOLAS条約では要求されていないので，船籍国の文字で描かれることもある．再塗装が容易なように鋼板を文字の形に切り抜き，外板に溶接で張り付けることもよくある．

船籍港マーク (port of registry)：船尾の船名の下に，船名より少し小さめに描かれる．これも，船籍国の文字，アルファベット，またはそれらが併記される．船籍国と船籍港は通常違うが，PANAMA, HONG KONG, SINGAPOREなどは，同じなので注意したい．

乾舷標 (freeboard mark)：International load line convention 1966にて定められる乾舷位置を示すマークである．必ず型板を溶接することにより取り付けられる．その両側には，主管庁または船級協会の略称を意味

する2文字が取り付けられる.

喫水標（draft mark）：FP, midship, APの両舷に数字の型板を溶接で取り付け，喫水を読む．大型船では，100 mmの高さの数字を200 mm間隔で取り付ける．喫水標の取り付け位置は，FP, APからそれぞれ数メートル船体中央寄りとなっており，FP, APでの喫水と差がある．この差については，ローディングマニュアルの排水量表がこの差を換算し作られているため，ドラフトマークの読みをそのまま使うことができるようになっている．また，midship両舷に取り付けられたマークにより船体ヒールを読むことができる．

バルバスバウマーク（bulbous bow mark）：バルバスバウの上方の乾舷部両舷に施工され，没水部にその存在を示し，小舟に注意を促す．FPから最先端までの寸法を付したものもある．

タグボートプッシングマーク（tug boat pushing mark）：乾舷部のバルクヘッドの位置に施工され，接岸または離岸する時，タグボートが押しても良い範囲を示すものである．

バルクヘッドマーク（bulkhead mark）：乾舷部のバルクヘッドの位置に施工され，カーゴホールド番号が付記される．船外から荷役作業位置を確認しやすいようにするためである．

パイロットラダーマーク（pilot ladder mark）：船体中央部のパイロットラダーが降ろされる位置をパイロットボートに知らせるマークである．上が白で，下が赤である．

タンクディビジョンマーク（tank division mark）：燃料タンクや清水タンクの外板における境界位置を示し，存在を知らせるものである．たとえば入渠中に，タンク位置の誤認を回避できる．

ヘリコプターマーク（helicopter mark）：上甲板上に施工され，ヘリコプターのウインチング（ホバーリング）とランディングの2種類がある．船用物資の運搬やパイロットの乗降のために用いられる．

トンネージマーク（tonnage mark）：International Convention on Tonnage Measurement of ships, 1969 により，貨物区画であることを示すマークである．乾貨物船では，ハッチコーミングに，タンカーではアクセスハッチに 100 × 80 mm の文字で施工される．

5.2.2　船主要望により取り付けられるマーク

化粧煙突マーク（funnel mark）：化粧煙突に描かれる船主，用船者などの固有のマークである．溶接ビードで縁取り，塗り分けられる．マークの形に切り抜いた鋼板に溶接用の足をつけて取り付ける場合もある．

船側マーク（side mark）：乾舷部に大きく船主名や荷主名を施工するものが多い．図柄を描く場合もある．

船首マーク（bow mark）：船首のブルワークの下に，船主のマークを施工する場合がある．ギリシャ系船主によく見られる．

5.3　騒音（noise）予測

　船舶乗員の健康，作業環境の改善や快適な居住環境の創出という観点から，**船内騒音**の低減は必要不可欠であり，また船体外板から海中への**放射雑音**の低減も，漁業調査船や海洋観測船などの調査観測機器に対する影響減少のために求められている．**騒音レベル**については各造船所と船主との合意に基づき，建造仕様書に盛り込まれることになるが，船内騒音の場合は一般的に **IMO Code**（表5.1）の基準値がその基本となっている．

　このため，騒音を低減するための対策は艤装上の重要な要素の1つとなっているが，船舶が完成後に騒音による仕様の変更や対策を施工することは，経済的にも施工方法においても困難な問題を発生させることになる．そこで計画・設計段階において騒音レベルを予測し，事前に対策を講じておくことが最も効果的である．船舶においてはその主要構造が鋼板であるために**固体音**（音源から固体を介して振動が伝播することで発生する騒音）が極めて伝播しやすく，また音源，伝播経路，受音室の種々の音響学的因子が複雑多岐にわたるために正

表5.1：船内騒音規制に対するIMO Code

国名	IMO
規則名	Res.A.468(XII) Code on Noise Levels onboard Ships
発効時期	1981年11月
適用範囲	1600 GT以上の新造船に適用 1600 GT以下の新造船および1600 GT以上の既成船には準用
	Recommendation
騒音規制値	作業区画　　　　　　　　　dB(A) 機関室（常時人の居る所）　　90 機関室（常時は人の居ない所）110 機関室（コントロール室）　　75 工作場　　　　　　　　　　85 不特定作業区画　　　　　　90 操舵室　　　　　　　　　　65 リスニングポスト　　　　　70 無線室　　　　　　　　　　60 レーダー室　　　　　　　　65 居室・病室　　　　　　　　60 食堂　　　　　　　　　　　65 娯楽室　　　　　　　　　　65 室外娯楽区域　　　　　　　75 ギャレイ　　　　　　　　　75 パントリー　　　　　　　　75 事務室　　　　　　　　　　65 常時は居ない区画　　　　　90
測定器具	IEC 179(1973)，IEC 123(1961)，IEC 225(1966)に適合した機器を使用する。
測定方法	場所により細かく規定している。
備考	1. Noise Exposure Limitを線図で与える。 2. dB(A)とdB(C)の差を20 dB以内に規定。 3. 居住区のInsulation規定：船主，乗組の責任明記。

確な騒音レベルの予測は困難ではあるが，これまでに実船計測データを基にしたいくつかの騒音予測手法が提唱されており，それを以下に紹介する．

5.3.1 実績法

多数の実船の騒音計測データを機関室の位置，主機別，馬力別，居住区の配置別などに分類・解析した結果より予測する方法であり，類似船のデータが信頼し得るもので，経験があれば，かなりの精度が期待できる．

5.3.2 簡易計算法

実船計測データを理論的根拠に基づいて統計的に求めた計算式により予測する方法で，Handbook for shipboard Airborne Noise Controlによる手法やJ.H.Jansenの方法などがあり，以下にその概要を述べる．

Handbook for shipboard Airborne Noise Controlによる手法：このハンドブックは，Bolt Beranek and Newman Inc. (BBN) で行った船内騒音の空気音対策に関する研究結果に，建築音響学および建築物，産業騒音対策の手法を含めて船内騒音の**空気音対策法**としてまとめたものである．騒音源から受音点までの経路を追跡することによって予測する方法で，騒音源の特性，経路上での伝播効果の評価，振動面の放射特性より受音点の**音圧レベル**を残響音場として求めている．

J.H.Jansenの方法：オランダTDPのJ.H.Jansenにより提唱された手法で，船舶の基本設計時に主に客船を対象とした居室内騒音の概略予測法を述べている．この手法では，プロペラおよび主要機器による居室騒音をかなりの精度で予測でき，騒音対策の見直しや効果の比較に有効とされ，空気音と固体音をそれぞれオクターブバンド毎に求めることにより，居室騒音を予測している．この手法は客船以外の船舶にも適用可能とされているが，不備な点も存在している．

5.3.3 理論計算法

これまで統計的エネルギー解析法（Statistical Energy Analysis method, SEA法）とWave-Guide法が提唱されており，以下にその概要を述べる．

統計的エネルギー解析法（SEA法）：R.H.Lyonらによって提唱され，結合している各要素間の振動エネルギー伝播を統計的な観点から評価を行う手法である．構造体は，板，梁などの要素と閉空間の空気要素の集合した振動系であり，各要素間で振動エネルギーは相互に変換されながら伝播するので，各要素の振動応答を，その要素（振動体）がもつ多くの固有振動モードの重畳として考え，振動体の音圧レベルと振動加速度レベルを求める．この手法は，船舶騒音予測にとって有効な手段ではあるが，実船構造に適用するには結合損失係数などの諸係数値の信頼度や要素数，結合数が膨大となるためデータ作成に多大な労力を要することなどに問題がある．

Wave-Guide法：A.C.Nilssonにより提唱され，SEA法の短所である簡便に使用するには入力データ量が多く，またモーダル密度の低下する低周波数領域で予測精度が下がる場合があることを考慮して，Heckelによる格子構造の振動問題に対する解析的方法を応用することで船舶の騒音を予測する手法である．この手法は，固体音のエネルギーが平板要素内をフレーム方向に伝達するとみなせることから，各甲板および側端壁板を隣接するフレームによって分割されたx–z平面に広がりをもつ帯状平板の結合体として船体構造をモデル化（図5.2参照）することにより，予測計算を行う．ただし，固体音は構造体中を曲げ波，縦波，振り波などとなって伝播しているが，この手法においてはエネルギー伝播には曲げ波が支配的であるとして，曲げ波とその他の波との練成は考慮されていない．

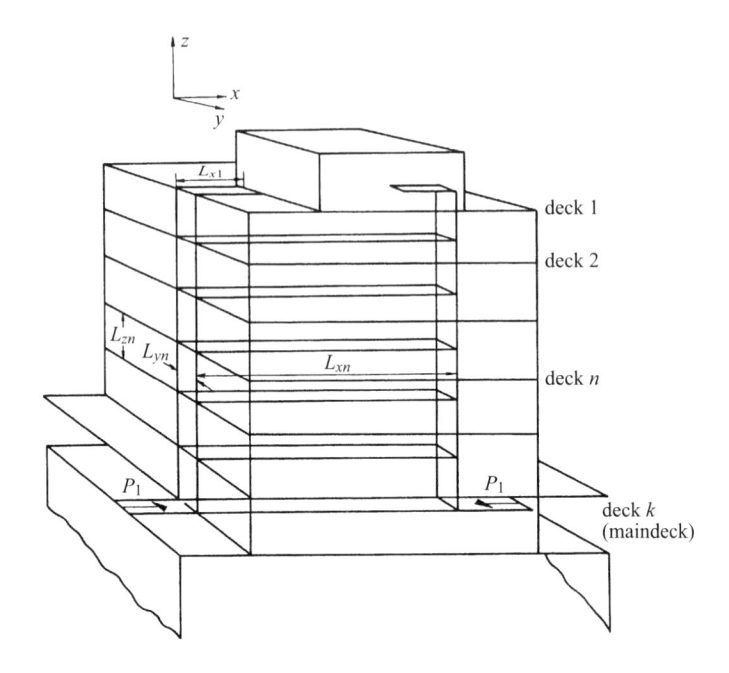

図 5.2：船体構造モデル（例）

5.4　配管系統図

　建造仕様書に定められた仕様に船級規則や造船所の標準を盛り込んで計画された各種の配管システムを，各システム単位にまとめて表現した図面の総称が配管系統図である．ばら積み貨物船の場合，配管系統図は造船所における作業所掌に従って船体部と機関部に分けられるのが一般的であるが，船体部では居住区をさらに独立させる場合もある．またタンカーなどでは前述に加えて，荷役関連装置の配管をまとめた系統図を作成する場合もある．

　本節では，これらの配管系統図に記載される内容や各系統図の構成について解説する．

5.4.1 記載の内容

配管系統図の分類は，作成元の作業所掌や配管の類似性，図面の利用面を考慮したもので，そこに記載される内容の項目としては大きな差異はなく，概ね以下の内容にて構成される．

仕様に関する記述：建造仕様書や船級規則によって定められた仕様に関する記述で，以下に挙げる項目などがある．

- 設置区画や内部流体によって，その系統に使用する管の材質や肉厚，塗装要領
- 配管上で使用される金物の材質や塗装要領
- 各系統の使用圧力とrating圧力，テスト圧力
- ポンプやエダクターなどの関連機器類の種別と能力

設計要領に関する記述：船級協会規則に定められた設計要領や造船所の標準設計要領に従って計画された仕様の記述で，以下に挙げる項目などがある．

- 各系統の口径
- 伸縮要領
- 弁などの使用される金物の種別と設置場所および操作場所
- 各系統毎の導設先と設置場所

工作要領に関する記述：取付や製作に対する船級協会規則や造船所の標準に関する記述で，以下に挙げる内容などがある．

- 各系統に適用する継手の種別や取付要領
- 隔壁の貫通要領
- 金物類の取付要領

これらの記述は配管系統図の中で文字や表，図によって表現され，造船所によりその目的や用途に応じて分かりやすいよう工夫されていて，様々な形態を成している．

系統図の例として船体部のバラスト管系統を図5.3に示す．

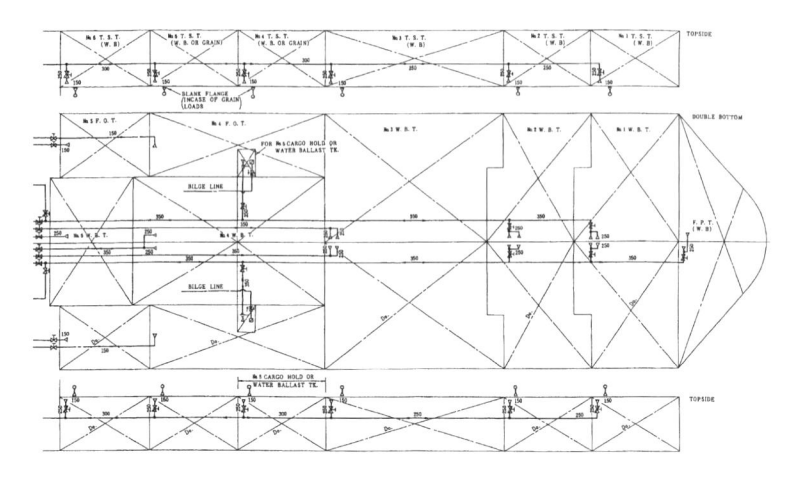

図5.3：バラスト管系統図

5.4.2　配管系統図の構成

　配管系統図の分類は造船所や船種によって異なるため，本解説ではばら積み船の系統図を船体・機関・居住区に分けた場合を例に説明する．

船体部系統図：船体部では以下に示すように船舶の運行や安全に関する配管装置を中心とした系統によって構成される．

- ビルジ管系統
- バラスト管系統
- 燃料張込管系統
- 燃料加熱管系統
- 甲板洗浄管（消火管）系統
- 圧縮空気管系統
- 空気抜き管系統
- 測深管系統
- 油圧管系統など

居住区系統図：居住区では以下に示すように乗組員が船上での生活に必要な配管装置を中心とした系統によって構成される．

- 清水管系統
- 温水管系統
- 飲料水管系統
- 汚水管系統
- 排水管系統
- 蒸気管系統など

機関部系統図：機関部では機関室内に設置される全ての配管系統によって構成される．船体部や居住区の配管のほとんどは機関室より導設されるので，前述の系統に以下に示す機関室内独自の系統が加えられたものとなる．

- CO_2消火装置管系統
- 制御空気管系統
- 冷却水管系統など

5.5　居住区配置図（joiner plan）

マンションや建売住宅の広告にはその建物の間取図が載っていて，これによって私たちは建物内部の構造や設備，使勝手の良し悪しなどを概略的に判断することができる．これを船舶乗組員の居住空間に当てはめたものが居住区配置図で，参考例を図5.4に示す．

また一般商船の場合，居住区の最上階が操舵室となっていて，このフロアーの配置もこれに含まれているのが一般的である．

居住区配置図には，各フロアー毎に鋼壁や造作壁による部屋割りや通路，階段の配置，各部屋の家具や扉，機器類のレイアウトなどが示されていて，これによって船主と居住設備や操舵室のレイアウトに関する綿密な打合せが行われる．

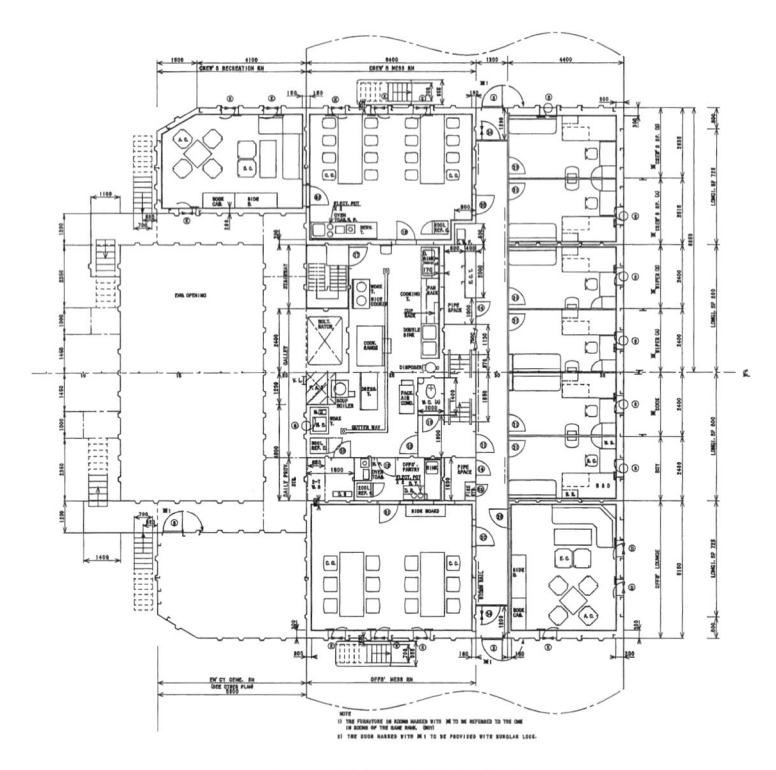

図5.4：居住区配置図（例）

　また造船所内ではこの図面を基に，防火構造配置，居住区艤装品取付図，通風装置図，居住区管取付図，電装品配置図，総トン数算出などの設計が進められる．
　居住区配置図の構成要素としては，一般的に以下のものが挙げられる．

- **甲板間高さ（deck height）**：各フロアーの鋼甲板間の高さのことで，天井高さに天井内張厚さと甲板敷物厚さを加えた寸法となる．
- **天井高さ（clear height）**：甲板敷物の上面から天井板下面までの寸法で，2.0 mから2.2 m程度が一般的である．ただし天井下面に取り付けられる凸型の通風金物や照明器具は，その寸法に含まれないのが普通である．

操舵室前方見通し(navigation bridge visibility)：操舵室の高さはそこからの前方視界によって決められる．これは前面窓直後の監視場所から船首端を見通し，その水面から船首端までの見えない範囲が規則によって決められているためで，その規則には以下のものがある．

- SOLAS条約
  ($1.5L_f$または$500\,\mathrm{m}$の小さい方，L_f：船の乾舷長さ (m))
- Panama canal rule
  (loading…$1.0L_{oa}$以下，ballasting…$1.5L_{oa}$以下)

ILO第92号，第133号 船内船員設備に関する条約：**ILO第92号条約**は，1949年に船内船員設備に関する基準を定めた条約であり，家具，通風設備，清温水設備，衛生設備などの要件が決められている．**ILO第133号条約**は，1970年に採択され，娯楽設備，衛生設備の基準が追加された．

騒音(noise)：各室が許容する騒音レベルは，その部屋の用途に応じて取り決められ，この騒音レベルがクリアーされるよう，その配置と対策が検討される．たとえば寝室では，およそ$60\,\mathrm{dB(A)}$以下が望ましく，騒音源から離れた場所に配置する．また生活音への対策として，ベッドどうしが間仕切りの両側に隣接しないように計画するが，ベッドどうしを隣接させる場合には，間仕切りに防音対策を施す．

第6章

機関

6.1 主機関

　一般的に船用の主機関は，その駆動原理の相違によりディーゼル機関，蒸気タービン機関，ガスタービン機関に分類できる．その他にも電気推進機関などが存在するが，ここではその説明は割愛する．

　船用主機関に要求される仕様・条件は，故障が少なく信頼性が高い，燃料消費量が少ない，保守点検が容易で維持費が安い，運転が容易，安価，コンパクト，性能の劣化が少ない，振動，騒音が少ない，などが挙げられる．実船への採用に際してはこれらの中で何を優先するかを検討しつつ型式，出力が決定される．

　現在では一般的に，船用の主機関としてディーゼル機関が広く採用されている．

6.1.1 ディーゼル機関

　ディーゼル機関とは，シリンダ内の空気を圧縮することにより高温高圧になった空気中に液体燃料を噴射して発火，燃焼させ，その燃焼ガスによりピストンを往復運動させ回転動力を得る機関である．

　ディーゼル機関は熱機関としては内燃機関に分類され，**往復動内燃機関**と呼

ばれる.また,その熱力学サイクルはディーゼルサイクルである.ディーゼル機関の特徴として,1)熱効率が良く,燃料消費量が少ない,2)操縦性が良く,起動および逆転操作が簡単である,3)構造が簡単で頑丈である,ことが挙げられる.一方,1)振動および騒音が大きい,2)摺動部が多いので保守点検に時間を要する,などの欠点を持つ.

ディーゼル機関は,その回転速度から低速ディーゼル機関,中速ディーゼル機関,高速ディーゼル機関に分類されるが,その他にも機関サイクル方式,燃料の給油方式,シリンダの配列,ピストンの作動方式,ピストンの形状によって以下のように区分される.

- 機関サイクル方式:2サイクル／4サイクル
- 燃料の給油方式:空気噴射式／無気噴射式
- シリンダの配列:直列型機関／V型機関
- ピストンの作動方式:単動式／複動式／対向ピストン式
- ピストンの形状:トランクピストン型／クロスヘッド型
- 機関の回転速度:低速／中速／高速

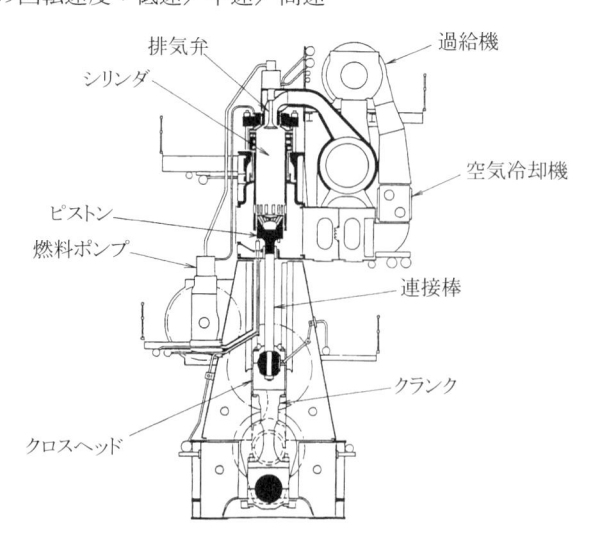

図6.1:2サイクル直列型クロスヘッド低速ディーゼルエンジン

燃料は主として重油が用いられるが，高速機関の場合，軽油が用いられることもある．

一例として，大型商船に搭載される2サイクル直列型クロスヘッド低速ディーゼル主機関の概略図を図6.1に示す．

6.1.2 蒸気タービン機関

蒸気タービン機関はボイラで発生した高温・高圧の蒸気の持つ熱エネルギを運動エネルギに変えるノズルと，運動エネルギを機械的仕事に変える羽根との組み合わせにより動力を得る原動機である．

蒸気タービン機関は熱機関としては外燃機関に分類される．また，その熱力学サイクルは**ランキンサイクル**である．

蒸気タービン機関の特徴としては，1) 小型で高出力が得られる，2) 振動および騒音が少ない，3) 重量が小さい，ことが挙げられる．一方，プラントとしてはディーゼル機関と比較して熱効率が悪く，従って，燃料消費量が多い．

蒸気タービン機関は再生サイクル方式と再熱サイクル方式に大別される．い

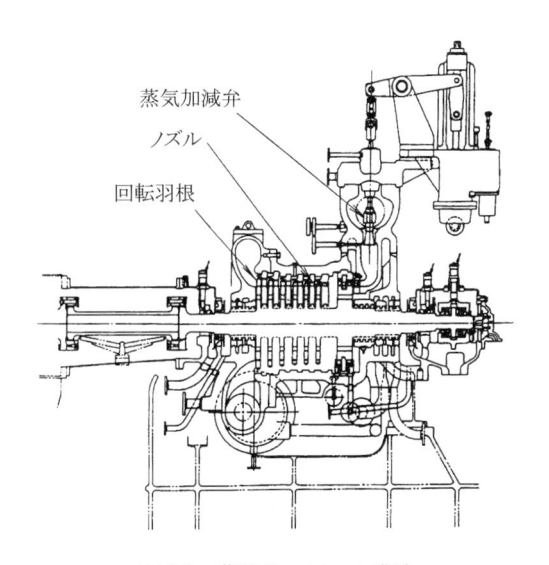

図6.2：蒸気タービンの構造

ずれもランキンサイクルの熱効率を改善させるための方式であるが，一般には再生サイクル方式が多く採用されている．この理由としては，再熱サイクル型は再生サイクル型と比較し，熱効率は良いが，蒸気タービンの構造および操作が複雑になるためである．

船用主機ではタービンの車室が複数で構成される複式タービン型が採用されており，ほとんどは高圧タービンと低圧タービンの2車室からなる．また，その車室配置はほとんどの場合，クロスコンパウンド式と呼ばれる2軸並列配置である．

蒸気タービンは3000〜6000 rpmの高速で回転するため，2段減速歯車により回転を80〜100 rpmに減速させて動力をプロペラに伝達する．

近年では，蒸気タービン機関はLNG船など限られた船舶に搭載されている．

蒸気タービンの構造例を図6.2に示す．

6.1.3　ガスタービン機関

ガスタービン機関は主として圧縮機・燃焼器・タービンから構成される．外部から取り入れた空気を圧縮機によって圧縮して燃焼器へ送り，そこで燃焼噴射弁から噴射された燃料と混合して燃焼させ，発生した高温・高圧の燃焼ガスを直接タービンに導き回転動力を得る機関である．

ガスタービン機関は熱機関としては内燃機関に分類される．また，その熱力学サイクルは**ブレイトンサイクル**である．

ガスタービン機関の特徴としては，1) 蒸気タービンと異なりボイラを必要としない，2) 小型で高出力が得られる，3) 振動，騒音が少ない，4) 取扱い操作が比較的簡単である，ことが挙げられる．一方，ディーゼル機関と比較し熱効率が悪く，この熱効率を上げるため高級な耐熱材料が必要となる．

また，ガスタービン機関は，排気を大気中に放出する開放サイクルと，同一動作流体を循環して使用する密閉サイクルとに大別され，タービン，圧縮機などの主要構成機器の組み合わせにより，その計画条件に適したサイクルを選定することができる特徴がある．

ガスタービン主機は前述のように熱効率がディーゼル機関より劣るが，一方

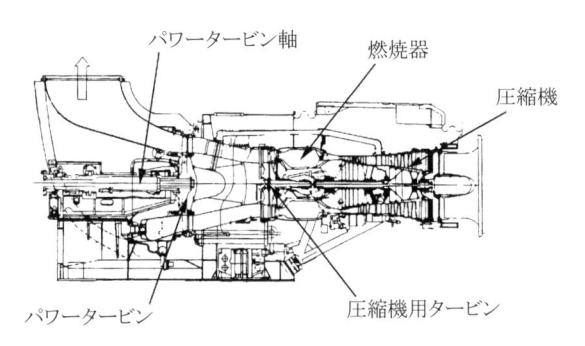

図6.3：航空転用型ガスタービンの構造

ではNO_xの排出量が低く環境に優しいといえる．大型商船にはあまり実用例がないが，高出力が得られ出力範囲が広いことから，主に艦艇ないしは警備艇などの高速船に使用される．

航空転用型ガスタービンの構造例を図6.3に示す．

6.2 NO_x，SO_x対策

地球環境保護に対する世界的関心が高まっている現在，船舶についても有害排出物の規制に対する取り組みが求められるようになってきている．ここでは，NO_x，SO_xに関する対策および規制について解説する．

6.2.1 NO_x

窒素酸化物を総称してNO_xといい，酸性雨や光化学スモッグの原因となる有害排出物とされている．

船舶におけるNO_xは，ディーゼル機関から排出され，その大部分は空気中の窒素成分の燃焼反応により生成される．日本におけるNO_xの主要発生源は自動車および発電所とされてきたが，船舶からのNO_xの排出量も少ないとはいえない．たとえばシップアンドオーシャン財団の調査では，日本における全NO_x排出量に占める船舶の割合が37％に達するとの結果となっている．

現在，一般商船のほとんどにディーゼル機関が採用されている理由は，その熱効率（燃費）の良さにある．しかしながら，一般にNO_xの排出量と燃費はトレードオフの関係にあり，燃費が良いほどNO_xの排出量が多くなってしまうことが避けられない．逆に，燃費を抑えると，NO_xが低減される代わりに，地球温暖化の原因となるCO_2の排出量が多くなってしまう．したがって，NO_xの低減対策は，これらのバランスを考慮しながら実施することが必要である．

NO_xは上述のとおりその大部分が燃焼中に生成され，燃焼温度が高いほど，また反応時間が長いほど生成量が増加する．したがって，NO_x低減には，この燃焼のコントロールに着目し，火炎温度や酸素濃度を低減させる対策が多い．このような対策としては，燃料噴射時期の遅延，圧縮比の増大などの方法が検討されている．また，水分や蒸気を添加することにより，高温部を冷却する方法もある．この他，処理装置を用いて排ガスの後処理を行う方法もあるが，装置の小型化や低コスト化が課題となっている．

6.2.2　SO_x

硫黄酸化物を総称してSO_xといい，NO_xと同じく**酸性雨**の原因とされている．

基本的にSO_xは燃料油中の硫黄分がそのまま排出されるため，その排出量は含有量に依存する．すなわち，機関内でSO_xの発生量を抑制することはほとんどできない．このため，SO_x低減の方法としては，燃料中の硫黄分を低減するか，排出ガスの処理を行う方法のいずれかとなる．燃料油の低硫黄化については，低硫黄原油の使用，原料油の水素脱硫による低硫黄化などの方法がある．一方，排出ガスの処理は，小型化（現状ではエンジンスペースの1/2以上に相当する容積），処理により生成される硫黄化合物の取扱い，高価格など，舶用として実用するためには課題が多い．

6.2.3　NO_x，SO_xに関する規制

船舶からの**排出ガス規制**の動きは，1988年の**海洋環境保護委員会**（MEPC）において，船舶の大気汚染問題を検討課題とすべきとの提案が，ノルウェーからなされたことに始まる．これを受けて国際海事機関（IMO）で審議が開始さ

れ，1997年9月にMARPOL 73/78条約の船舶からの大気汚染防止に関する新付属書VIとして採択されるに至った．この中には，NO_x，SO_xの規制の他，**オゾン層破壊の原因となるフロン・ハロン類，タンカーなどからの揮発性有機化合物の排出，および船上焼却炉からの排ガスに関する規制**も含まれている．

この新議定書は，締結国が以下の2つの要件を満たしたとき発効することになっている．

1. 締結国が15カ国以上
2. 総トン数で表した締結国の商船船腹量の合計が，世界の商船船腹量の50％以上

この発効要件はハードルが高く，条約の早期発効のために2.の総トン数の50％以上については20％以上とする案も出されたが，結局50％とすることとなったため，条約の早期発効は難しい状況にある[1]．ただし，2002年までに発効しない場合には，再度発効要件を見直す旨の付帯条件がつけられている．

この条約が発効すると，2000年1月1日以降の建造船に遡って，適用されることになっている．そのため，いまだ発効されていないものの，2000年1月1日以降に建造される船舶については，事実上，本条約に対する準備をしておくことが必要となっている．

本条約におけるNO_xに対する規制内容は，以下のようになっている．

1. 2000年1月1日以降に建造された船舶に搭載，あるいは主要な改造を施された舶用ディーゼルエンジンに適用される．
2. NO_x排出量の規制値は，

$$
\begin{aligned}
&17\,\text{g/kWh} &&n < 130 \\
&45 \times n^{-0.2}\,\text{g/kWh} &&130 \leq n < 2000 \\
&9.8\,\text{g/kWh} &&2000 \leq n
\end{aligned}
$$

n：定格回転数（rpm）

---

[1] 2004年5月18日に発効要件を満たし，2005年5月19日に発効した．

この規制値は5年毎に見直されることになっており，今後さらにきびしい内容となる可能性がある．

条約が発効すれば，対象船舶はこのNO_x規制値を満足していることを示す**国際大気汚染防止証書**（IAPP証書：International Air Pollution Prevention Certificate）を取得することが必要となる．

SO_xについては，燃料油中の硫黄分を4.5％以下とする規制が設けられ，特に指定された特別海域においては，1.5％以下とすることとなった．現在，バルト海が特別海域に指定されている．また，燃料油の改質を目的とした少量の添加物を除いて，燃料油中へのその他の物質の混入が禁止される．

第7章

建造

7.1 建造線表

　建造線表とは建造船が建造されるまでの工事を時間軸に表した図であり，建造される船の流れを示している．建造線表（以降：**線表**）とは一般的な新造船建造においては建造船が船台またはドック（以降：船台）を占有する期間を線で表し，どのような船が「いつ船台に搭載され」，「いつ引き渡されるか」を示したものであり，工場全体の主要日程を決定するものである（図7.1に線表のサンプルを示す）．これとは別に建造船毎に工事の流れを決定する日程がいくつかある．ここでは建造線表を広い意味で捉え，造船所内で計画される各種日程について概説する．

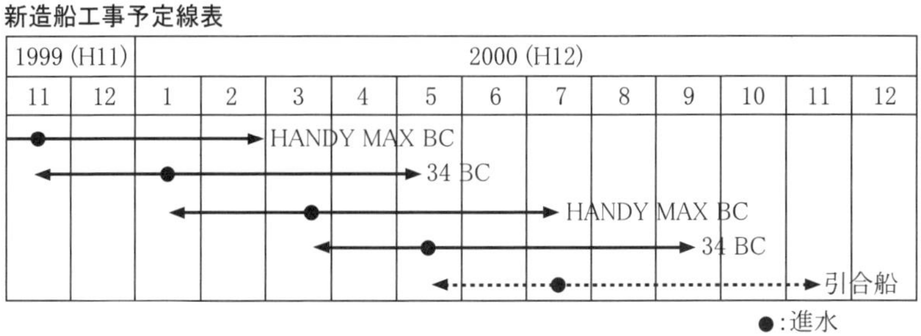

新造船工事予定線表

1999 (H11)		2000 (H12)											
11	12	1	2	3	4	5	6	7	8	9	10	11	12

HANDY MAX BC
34 BC
HANDY MAX BC
34 BC
引合船

●：進水

図7.1：建造線表

7.1.1 主要日程（線表）

　線表はすでに契約が成立または確実となった船の**船台期間**（本船が船台を占有する期間で，ブロック搭載から進水までの期間を指す）を中心として作成され，工場全体の運営を決める主要日程である．線表では各建造船の**起工日**（船体のブロックが最初に船台上に搭載される日），**進水日**（本船が進水する日），**引渡日**（本船を船主に引き渡す日）などの主要な日程が決定され，工場全体での船の流れが決定される．線表で決定された主要日程は数日の単位での微調整はあるものの，大幅な変更は難しい．また，線表はその工場，船台でどのような種類の船を建造するかを決定するものであるため，工場および造船所全体の経営戦略を決定する上で重大なものである．線表の策定には船価，予想収益，工場の建造能力など様々な情報が必要となり，この決定は高度に経営的な判断を必要とする．

　「線表が埋まる」とは線表に隙間なく建造船の船台期間を示す線が詰まっている状態を示し，建造工事が途切れることなく継続されることを言う．逆に「線表に空きがある」とは一定期間船台を占有する建造船がない状態を示す．すでに契約が成立している船以降には当然「空き」がある．この2年後，3年後の線表にどのような船を載せるかを検討するため，引き合い線表と呼ばれる引き合い中の船を含めた線表を作成し，工事期間，人員，設備などについてシミュレーションが行われる．引き合い線表は正に経営戦略そのものであり，今後の工場運営，人員配置，設備投資などにも大きな影響を与えるため機密扱いとされる．一方，先に工場の主要日程である線表を大幅に変更することは困難であると述べたが，外的要因（船主の納期延長要望など）により変更せざるを得ない場合がある．この場合は機器の納期変更をはじめ設計，建造の各作業日程の調整が必要となり，大きな労力が必要となる．

7.1.2 大日程（総合日程）

　工場全体の主要日程である線表と本船の管理物量（船殻：船殻重量，溶接長，艤装：パイプ本数，電線の総延長など），主要機器の**リードタイム**（機器発注から納入までの期間）および過去の建造実績などをもとに各船毎の総合日程が作

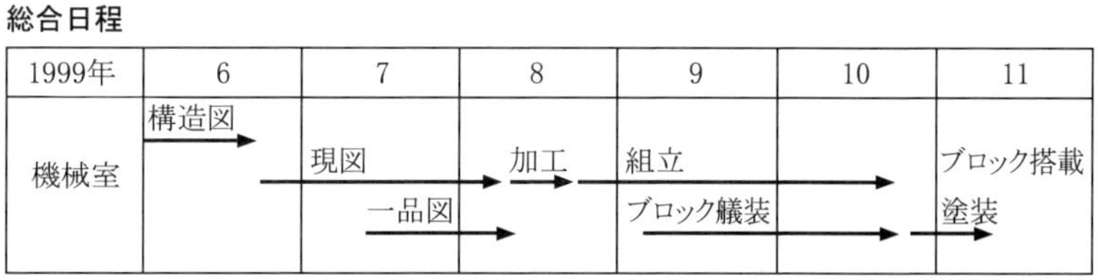

[第7章] 建造

総合日程

1999年	6	7	8	9	10	11
機械室	構造図→	現図→ 一品図→	加工→	組立 ブロック艤装	→	ブロック搭載 塗装

図7.2：総合日程

成される（図7.2に総合日程のサンプルを示す）．総合日程は起工，進水，引渡といった主要日程に加え，船殻工事では船殻構造単位毎（貨物倉，機関室など）での加工開始日，艤装工事では主機搭載などの主要な工事日程を設定し，各船毎の大日程に相当する．この大日程に従い，上流設計での作業工程が決定され，主要機器の納期設定および発注作業が行われる．

7.1.3 中日程（マスタースケジュール）

総合日程に従い，船殻，艤装工事の各中日程が作成される．船殻工事を例にとると，中日程として**搭載ネットワーク**とマスタースケジュールが作成される．

搭載ネットワークはブロックの搭載順序，搭載日および搭載ブロックの範囲を示すものであり，同時に船台上での作業日程でもある．ブロックの搭載順序はブロック分割要領および接合部での構造を左右する．また，一般に自動化が難しいとされる船台上での工事をより効率的に行い，船台期間を短縮するために，複数のブロックを船台搭載前に接合し，船台に搭載されるブロック数を少なくするなどの対策がとられるが，搭載ネットワークはこのような大組終了後のブロックの流れを決定するものである．

マスタースケジュールは搭載ネットワークに示されたブロックの搭載日程に従い，効率的にブロック製作を行うことを目的として作成される．また，同一時期に工事が並行する他船の工事との調整をした上で計画される．このため，各作業ステージでの正確な作業量の把握が必要となり，新型船建造時の作業量推定は現場作業を円滑に進める上で重要となる．マスタースケジュールは各船殻ブロック毎に作成され，地上での作業日程を決定するものである．ここでは各

船殻ブロックの加工開始日，加工，小組，大組などの各作業ステージの期間が設定され，同時にブロックの姿勢（正転，反転）も決定される．

さらに，ブロック建造中の艤装工事（先行艤装，ブロック艤装）を船殻工事との混在作業を避け効率的に実施するため，適切な時期に艤装工事期間も設定する．詳細設計はマスタースケジュールに従い，鋼材の入手および現場への鋼板切断データなどの工作情報の伝達を行う．艤装関係では船殻のマスタースケジュールに設定された艤装期間に対し，この期間で取り付けられる艤装品の手配，取付図および一品図の現場配布を行う．

これら中日程に従い，各々の作業ステージ毎の小日程が作成される．小日程は月間，週間といった期間で作業の日程を作業場所の選定を含め詳細に立案され，工事の進捗に応じ順次修正更新される．また，推進軸系および舵など主要な艤装工事については別途詳細な日程が計画される．

7.2 工作精度（精度基準）

一口に船の工作精度といっても漠然としていて捉えどころがないように思われる．船は数多くの船殻部材やパイプなどの艤装品を組み上げ，多くの工程を経て建造される．このため，各々の工程での作業精度が最終的な製品の精度に直結することは言うまでもない．そこで，造船所では作業毎に精度基準を設け，建造船の品質を管理している．本節では船殻構造（船殻工事）の精度を例に船の工作精度について概説する．

一般に船殻構造部材は図7.3に示すフローに従い船体へと組み立てられる．船殻工事には船を建造する上での数々のステージで，それぞれ精度基準があり，また，部材の重要度および機能により精度基準の厳しさも異なってくる．

船殻構造の工作精度で代表的なものとして，(1)罫書精度，(2)切断精度，(3)加工精度，(4)取付精度，(5)組立ブロック精度の5項目が挙げられる．ここでは上記の各精度および一般的な精度基準として(6)「日本鋼船工作法精度基準」(Japan Shipbuilding Quality Standard ; JSQS) について解説する．

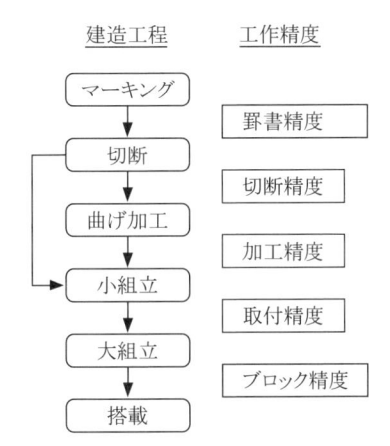

```
建造工程      工作精度
マーキング
  ↓         罫書精度
 切断
  ↓         切断精度
曲げ加工
  ↓         加工精度
 小組立
  ↓         取付精度
 大組立
  ↓         ブロック精度
 搭載
```

図7.3：船殻工事の工程と工作精度

7.2.1 罫書（マーキング）精度（accuracy of marking）

　素材に切断，曲げ，部材取り付けの位置などの情報を表示するための罫書線を書き込む作業の精度である．以前は墨入れによる手マーキングやEPM (Electro Print Marking：**電子写真罫書**，縮尺のかかったフィルム上の罫書線を鋼板に拡大焼き付けする機械）による罫書きが主流であったが，現状ではNC切断機が切断作業と並行して罫書線も書き込むため，この精度は格段に向上している．

7.2.2 切断精度（accuracy of cutting）

　切断作業についても罫書作業同様に精度が設備に依存している面が多い．以前のマーキング線に沿って作業者がガスで切断する手切りでは精度の保持，管理が困難であったが，NC切断機による切断では安定した精度が得られる．NC切断を行う場合の切断精度はNC切断機の機種，素材の板厚および切断トーチの消耗度に依存する．造船で使用するNC切断機には主にガス，プラズマ，レーザーの3種類があり，各々長所と短所がある（例：レーザー切断機は高精度であるが切断速度が遅い）．機械の長所を最大限に引き出せるように切断工程を計画する必要がある．

7.2.3 加工精度 (accuracy of fabrication)

　船体の特に前後部の外板には曲がりのある箇所が多い．これを精度よく曲げ加工することが船体形状を精度よく作成することにもつながる．また，それぞれの板が精度よく曲げ加工されていないと周囲の板との接合部でギャップが生じることになる．鋼板，特に外板の曲げ加工は作業者の高い技量を必要とし，機械化が困難な作業でもある．一般的に曲げ加工後の精度は現尺の曲げ型でチェックしている．

7.2.4 取付精度 (accuracy of alignment)

　マーキング線に沿って部材を配材，取り付けする際の精度である．取付位置だけでなく，取付角度にも留意が必要である．また，重要部材の目違いは強度を著しく低下させ，就航後の損傷の原因となる場合があり，特に目違いが懸念される箇所では取り付け時に計測を行い，精度を確保する．

7.2.5 組立ブロック精度 (accuracy of assembly)

　ブロック組立後のブロック寸法の精度である．7.2.1～7.2.4に示した精度の集大成であり，最終的にブロック搭載時の取合い寸法精度がよく，"切ったり""貼ったり"の作業が発生しなければ，ブロック精度を含め全て良好ということになる．

7.2.6 「日本鋼船工作法精度基準」
(Japan Shipbuilding Quality Standard ; JSQS)

　わが国では昭和39年に鋼船工作法研究委員会第一分科会により，建造される鋼船の品質を高度に維持し，しかも建造コストを抑えるため，理論と実績の両面から検討を行い，「日本鋼船工作法精度基準」(Japan Shipbuilding Quality Standard ; JSQS) が設定された．JSQSでは過去に建造された船または当時建造中の船舶について工作精度を計測し，これらの値を統計処理することにより標準範囲と標準範囲に許容できる余裕を加えた許容限界を定め，前者を品質管

大区分	中区分	小区分	項目	標準範囲	許容限界	備考
取付精度	隅肉継手の目違い 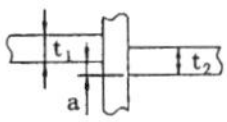 a=目違い量 t=板厚 $t_1 \geq t_2$		重要部材		$a \leq 1/3 t_2$	$\frac{1}{3} t_2 \leq a \leq \frac{1}{2} t_2$ 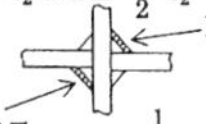 10%の増し脚長 10%の増し脚長　$a > \frac{1}{2} t_2$ 取付直し
			その他	$a \leq 1/3 t_2$	$a \leq 1/2 t_2$	$a > 1/2 t_2$ 取付直し
	ビームとフレームの喰い違い		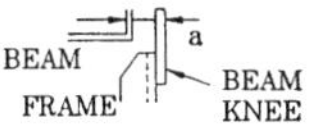 BEAM FRAME / BEAM KNEE	$a \leq 3$	$a \leq 5$	ビーム又はフレームの溶接をばらさずに引きつけて溶接できる範囲を示す
	取付時の隙間	隅肉溶接の場合 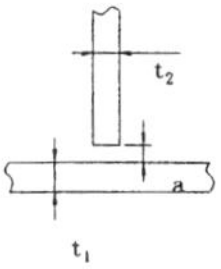		$a \leq 2$	$a \leq 3$	・$3 < a \leq 5$ 規定脚長＋(a−2)増し脚長 ・$5 < a \leq 16$ 1) 面取り溶接または 2) ライナー処理 面取り溶接要領 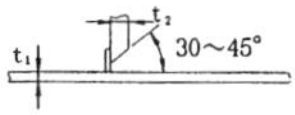 ウェブに開先を30〜45°に取り裏当材を当てて溶接する。その後、裏当材を取り欠陥部のみ裏溶接する。 ライナー処理要領 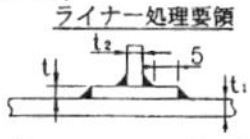 ・$16 < a$　$t_2 \leq t \leq t_1$ 1) ライナー処理または 2) 一部切替え 一部切替要領 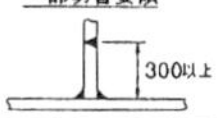　300以上
		突合せ溶接の場合 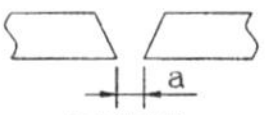 (手溶接)		手溶接 $2 \leq a \leq 3.5$ CO2溶接 $0 \leq a \leq 3.5$	$a \leq 5$	・$5 < a \leq 16$ 裏当材を当てて溶接後裏当材を外し裏掘溶接 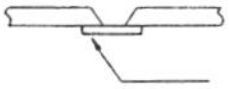 裏当材 ・$16 < a \leq 25$ 肉盛り整形後溶接または母材一部取替え ・$25 < a$ 母材一部取替え 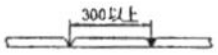 300以上
		突合せ溶接（自動溶接） 1. 両面サブマージアーク溶接 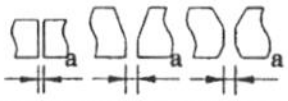		$0 \leq a \leq 0.8$	$a \leq 2$	・溶け落ちが予想される場合はシーリングビードを置く

図7.4：JSQSの例

理の指標,後者を手直しが必要となる限界としている.

　船殻関係の基準範囲は材料に関するものから上記7.2.1〜7.2.5に示した各項目を含み,さらに船型確保,溶接,仕上および歪量までを含んでおり,精度基準のバックデータも解説という形でまとめられている.これらの精度基準は工作技術の進歩とともに見直しが行われ,適宜改定されている(平成10年度に全面的に見直された).また,艤装関係についても基準が設けられている.図7.4にJSQSの精度基準の例を示す.

　JSQSで定められている精度基準が厳しいものではないとの認識を持たれている場合があるが,近年海外の船級が規定した精度基準の値がJSQSと同等なものであることから考えても,JSQSは妥当かつ厳しい精度基準であると言える.また,このような精度基準を30年以上も前に設けたことは,日本造船業界の品質に関する厳しい姿勢の表れであると言える.

　一般的に日本の造船所はJSQSで定められている各建造ステージ毎の精度基準を満足させつつ船を建造するわけだが,最終的に"ブロックになってみたらダメだった"では大量の後戻り工事が発生する.ブロックに至るまでのプロセスが大事であることは言うまでもなく,このため,各社とも建造法,工場設備により独自の精度基準を設けて精度管理を行っている.

　以上,工作精度について概説したが,船を全体として捉えた場合の船型確保の精度について一言付け加えておく.JSQSでは船の全長についての標準範囲として長さ100mにつき±50mmという数値を示している.絶対値としての50mmは誤差としては大きな値であるようにも思われるが,誤差の割合にすれば $50/100000 = 1/2000$ であり,決して悪い精度ではない(実際の精度はもっと良い).船は大きな構造物であり,また,屋外での工事が多いなかで1/2000以下の誤差範囲で製作されており,高精度の工業製品であると言える.

7.3　軽荷重量査定・傾斜試験

　建造船の軽荷重量は積み荷の量を決定づける重要な値である.軽荷重量は基本計画の段階から何度も推定される.最初の段階では船種と主要寸法(長さ,幅,深さ)程度の情報で推定されるが,段階を経る毎に,より詳細な情報を用

いて推定精度を向上させる．しかし，推定重量には板厚の公差による重量増減を含め，多少の誤差（数％程度）が含まれているため，実際の重量を計測する必要がある．船は巨大な構造物であり，ヨットなどの小型船を除けば，その重量を直接計量することはできない．このため，船体が進水した後に喫水を計測し，喫水線下の浮力により船体の重量が計測される．

また，船体の上下方向の重心位置は軽荷重量と同様に直接計測できないため，船体上で重量物を移動させ，その時の傾斜角を計測する傾斜試験を行い計測される．以下に軽荷重量査定および傾斜試験（両者を合わせて一般に**重査**と呼ばれる）について概説する．

7.3.1 軽荷重量査定 (lightweight measurement)

進水後，軽荷重量および長さ方向の重心位置（⊗G）を測定するために行われる試験．伝馬船を本船に横付けし，船体の船首，中央，船尾の左右舷に設けられた喫水標の位置で喫水を計測する．ほとんどの場合，進水後，艤装工事中に計測を行うため，事前に未搭載品（本来は本船上に装備されるべき艤装品であるが，重査時点で搭載されていない艤装品），非搭載品（艤装工事用の治具や工具など），仮搭載品（本船の搭載品であるが，工事の都合上，本来の取付位置とは別の所に仮置きされている艤装品）について調査をしておく必要がある．小型船では，波による動揺を避けるため，ドック内で行われる場合が多い．また，艤装岸壁で試験を実施する場合，係船索や錨鎖などの重量を修正することが必要．

商船などにおいては，載貨重量は保証項目であることや船の採算に関わる項目であるため，慎重に計測する必要がある．

試験で計測された軽荷重量，重心を用いて，完成ローディングマニュアルの作成およびローディングカリキュレータのデータ作成が行われる．

7.3.2 傾斜試験 (inclining test)

軽荷重量の重心高さ **KG** を求めるための試験．重りの移動やバラスト水の移動により船体に横傾斜モーメントを与え，傾斜モーメントと船体横傾斜角を測

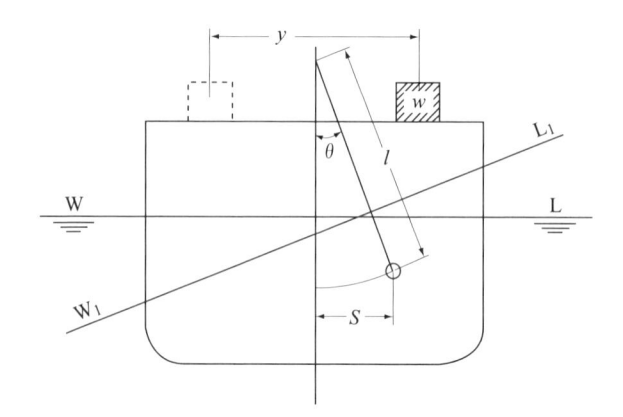

図7.5：傾斜試験（出典：造船設計便覧）

定する（図7.5参照）．通常，前述の軽荷重量査定と同時に行われ，同様に非搭載品などの事前調査が重要である．また，トリムによる影響を避けるため，バラストタンクなどでイーブンキール状態としておく．客船を除く姉妹船の傾斜試験は，船主および船級の承認が得られれば，省略することがある．

傾斜試験で計測された重心を用いて，完成ローディングマニュアルの作成およびローディングカリキュレータのデータ作成が行われる．傾斜試験を省略した場合は，一番船のKGを用いて完成計算を行う．

計画時点で推定したKGに比べ，完成時のKGが低い場合は，インタクトおよび損傷時の復原性の再計算は必要ないが，計画時点に比べ高くなった場合は，計算をやり直す必要がある．

7.3.3 軽荷重量査定・傾斜試験の流れ

事前準備

- 未搭載品，非搭載品および仮搭載品の調査．
- バラストタンクなどに張水し，ほぼイーブンキールとなるようにする．
- 各燃料タンク，清水タンクおよびバラストタンクの搭載量の計測（サウンディングテープで実測する）．空のタンクについても，空であることを確認するため，実測を行う．

- 係船索を緩めておく．
- ハッチカバー，クレーンなどは所定の位置に固定する．
- バラスト水を用いて傾斜試験を行う場合は，該当するバラストタンクに所定の海水を張水する．重りを使用する場合は「重り」の検定および所定の位置に「重り」を搭載する．
- 傾斜計の検定および設置．
- 傾斜試験時に移動する恐れのある仮搭載品，未搭載品の固縛．

軽荷重量査定

- 喫水標位置（左右舷の船首，中央，船尾，合計6カ所）での喫水計測．伝馬船を本船に横付けし，専用の計測器を用いて計測する．試験実施場所の都合上，伝馬船を横付けできない場合は，目視により計測を行う．
- 比重計を用いて，海水比重を計測する．比重計測の際には，なるべく深い位置から採水した海水を用いる．
- 計測喫水により本船の試験状態での排水量を計算する．撓みおよびヒールによる排水量の修正も行う．
- 非搭載品，未搭載品および仮搭載品の重量を差し引きし，軽荷重量および重心位置を求める．

傾斜試験

- 重りまたはバラスト水の移動により，横傾斜を生じさせる．このときのモーメントと傾斜角を計測する．
- 傾斜は左右方向に各一回ずつ与える．
- 傾斜角の計測は下げ振りもしくは精密傾斜計で行う．傾斜計の設置は船の前後方向2カ所．
- 傾斜角，傾斜モーメントおよび重査試験で計測した試験状態の排水量から，試験状態のKGを求め，未搭載品やバラスト水などを除外し，軽荷重量のKGを求める．

7.4 溶接施工法

船体の各部は**溶接**により接合され，組み立てられる．一口に溶接と言っても，溶接方法（隅肉溶接，板継ぎ溶接）の違いや接合する部材，施工ステージにより，採用される施工法は様々である．また，近年は工事の省力化を図るために自動化，ロボット化が進められている．

本節では，代表的な溶接法の原理を概説し，さらに，現在多く用いられている自動溶接について解説する．

7.4.1 溶接の原理

被覆アーク溶接（手溶接）：心線に**被覆剤（フラックス）**を塗装した被覆アーク溶接棒と母材との間に，交流または直流の電圧をかけ，アークを発生させると，溶接棒はアーク熱（約5000～6000℃）により，溶滴となって溶

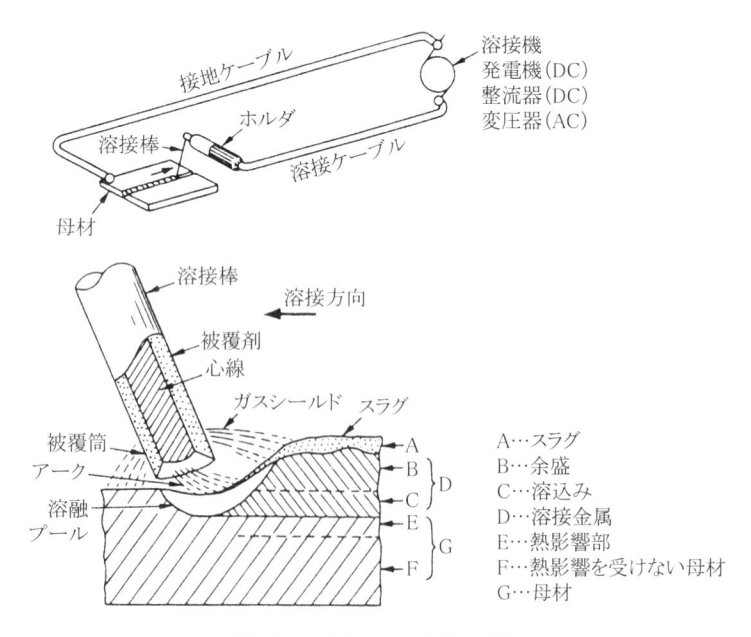

図7.6：被覆アーク溶接の概要

融プールに移行する．同時にアーク熱で溶かされた母材の一部と融合して凝固し，溶接金属となって接合すべきすきまを充填する．

被覆剤はアーク熱により分解してアークを安定にすると同時に，ガスや**スラグ**を生成して溶融または凝固中の溶接金属を大気からしゃ断し，大気からの溶接品質に悪影響を及ぼす物質（酸素，窒素など）の侵入を防ぐ役割を果たす．図7.6に被覆アーク溶接の概要を示す．

炭酸ガスアーク溶接（CO_2溶接）：コイル状に巻かれたワイヤが送給モーターにより**溶接トーチ**に自動的に送給され，溶接電源はコンタクトチップにより通電される．ワイヤ自体が電極となり母材との間にアークを発生し，母材とワイヤを溶融して接合する方法である．この時，溶接金属が大気中の酸素や窒素の影響を受けないように，ノズルから炭酸ガスを流し，シールドを行う．炭酸ガスアーク溶接の概要を図7.7に示す．

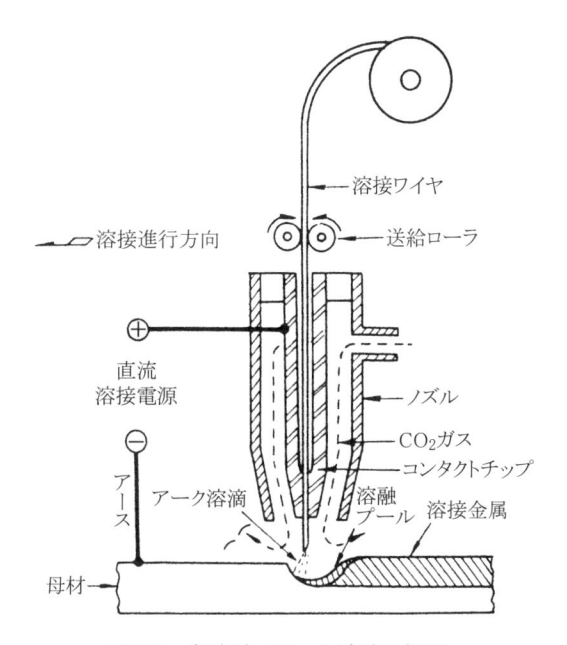

図7.7：炭酸ガスアーク溶接の概要

炭酸ガスアーク溶接法は被覆アーク溶接と比べて次のような長所，短所があげられる．

<長所>

- 溶着速度が大きい．
- 溶込みが深い．
- 溶着効率が良い．
- 経済的である．
- 溶接金属の機械的性質が良好である．

<短所>

- 風に弱い．
- アーク熱が強烈．

サブマージアーク溶接：ワイヤはコンタクトチップに内接しつつ送給装置により連続供給され，先行して散布されているフラックス中でアークを発生する．可変速の走行台車上にワイヤ，フラックス，送給装置，制御ボックスなどを装備した溶接機によって，電流，電圧などの設定条件を制御しながら非可視的に進行する．

電流はコンタクトチップから通電されるが，アーク端までの距離が短いためワイヤの抵抗発熱が少なく，大電流を使用することが可能である．

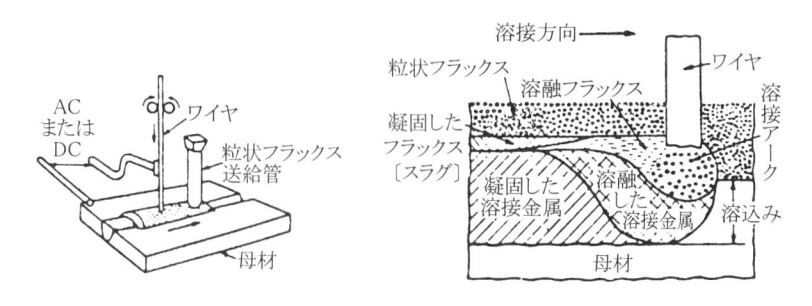

図7.8：サブマージアーク溶接の概要

フラックスはメルトホッパーよりチューブを通して供給され，アーク周辺の溶接部をシールドすると共に一部溶けて溶接金属と反応し，溶接部の健全性を保つために作用する．図7.8にサブマージアーク溶接の概要を示す．

7.4.2 造船工作における溶接の自動化

工作現場においては作業の効率化のために各種の自動化，ロボット化が推進されている．溶接の自動化については現場工作の各ステージで工事の効率化に効果的な方法が選択，採用される．表7.1に現在一般的に使用されている**自動溶接法**を各ステージ毎にまとめた．ここでは，表7.1に示した各自動溶接法について概説する．

表7.1 現場工作の各ステージでの自動化適用状況

ステージ	適用方法
小組	片面サブマージアーク溶接 グラビティ溶接 簡易自動溶接 溶接ロボット
大組	タンデム片面CO_2溶接 サブマージアーク溶接 簡易自動溶接 溶接ロボット
船台，ドック	エレクトロガス溶接 タンデム片面CO_2溶接

グラビティ溶接：ガイドレールにセットされたホルダーに溶接棒を挟み，アークをスタートさせると後は溶接棒の消耗につれてホルダーが自重で下降しつつ隅肉溶接が進行する簡易自動溶接法である．図7.9にグラビティ溶接機を示す．

図7.9：グラビティ溶接機

簡易自動溶接：自走する台車にCO_2溶接用トーチを搭載して隅肉溶接を行う方法である．グラビティ溶接と同じく1人で何台もの同時使用が可能で，主にブロック組立ステージの**隅肉溶接**に広範囲にわたって使用されている．図7.10に簡易自動溶接機を示す．

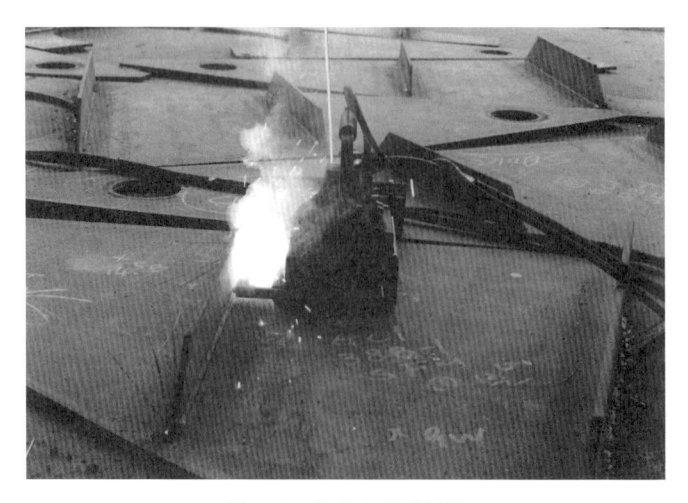

図7.10：簡易自動溶接機

片面サブマージアーク溶接：**板継ぎ溶接**は片面を溶接後に反転して裏側の溶接を行う両面溶接であったが，その反転のために反転場やクレーンが必要となる．

そこで効率化の観点から反転作業を省略し片側から仕上げる**ワンサイド溶接**の必要性が高まった．

造船所におけるワンサイド溶接の施工法は，主に裏面に何らかの**裏当て材**を用いることにより**裏波**ビードを出し，裏側からの溶接を省略する溶接法である．

サブマージ溶接での裏当て材としてはフラックス，フラックスと銅併用，アスベストを用いた施工法が考案された．

エレクトロガス溶接：開先両面に摺動銅当金を付け，その中でCO_2アーク溶接を行う方法である．

図7.11：エレクトロガス溶接機

溶接電流は600〜700Aの高電流が使用できるため，溶接速度は従来の手溶接に比べて4〜5倍と飛躍的に向上する．当初，船体中央部の船側外板の溶接に適用され，その後，縦横隔壁の溶接・船首尾の曲がりの少ない外板の溶接などにも適用箇所が拡大されている．図7.11にエレクトロガス溶接機を示す．

タンデム片面 CO_2 溶接：自走台車に溶接トーチを2本平行に設置して，先行極で裏波ビードを形成し，後行極で外観のきれいなビードを形成する溶接法である．船台での継手の溶接に用いられ，効率化に寄与している．図7.12にタンデム片面 CO_2 溶接機を示す．

図7.12：タンデム片面 CO_2 溶接機

溶接ロボット：溶接ロボットは単に溶接の自動化による生産の合理化／省力化，劣悪環境からの作業者の解放のみではなく，溶接品質の安定化を生み出し，広く生産性向上に寄与できる．また，システム化することで技量を技術に置き換えて，熟練工から素人工への技術の伝承など，高齢化に対する対策ともなる．ロボットへの情報入力・教示法としてはコンピュータを利用したオフラインティーチングが一般的であり，CADシステムで構築

[第7章] 建造

した3次元の船殻データを基にロボットの動作データが創成される．このデータにより稼働するロボットはNC溶接ロボットが主流となっている．

【参考文献】

溶接学会:「溶接技術の基礎」, 産報出版(株), 1990年5月

7.5 非破壊検査 (non-destructive test)

船舶などの鋼構造物においては溶接施工箇所の強度を確保するため，割れ，融合不良などの欠陥を防いで健全な溶接継手を得る必要がある．このために溶接施工箇所の欠陥を溶接部を破壊することなく調べる検査が**非破壊検査**である．本節では，代表的な非破壊検査法について解説する．

7.5.1 外観検査

外観検査は，特別な装置機器を使用せずに迅速に実施することが可能であり，非破壊試験の基本とも言える．溶接ビード表面の割れ，オーバーラップ，ピット，アンダーカット，スパッタ，クレータなどを検査することが可能である．試験方法には目視による試験と，専用のスケール・ゲージなどによって計測する試験がある．本試験は溶接後のみならず溶接作業中にも実施することが可能であり，これによって欠陥の発生を未然に防止することが可能となる．

7.5.2 放射線透過試験 (RT ; Radiographic Test)

放射線透過試験は溶接内部の欠陥を検出するのに有効な試験である．本試験は物質の厚さや種類によって透過の程度が異なるという性質を持つX線，γ線などの放射線を使用するものである．溶接部の片面から放射線を照射すると，溶接部に内部欠陥が存在する部分と無欠陥部では溶接部の裏面に透過する放射線の強さに差が生じる．これを検出することにより溶接部の内部欠陥を検出することが可能である．一般的にはX線フィルムを用いて放射線の透過の度合を

フィルムの濃淡で検出する．図7.13に透過写真の一例を示す．しかし，欠陥に対する照射角度によっては検出が不可能な場合がある．また，人体に対する放射線障害を防止する措置が必要となる欠点がある．

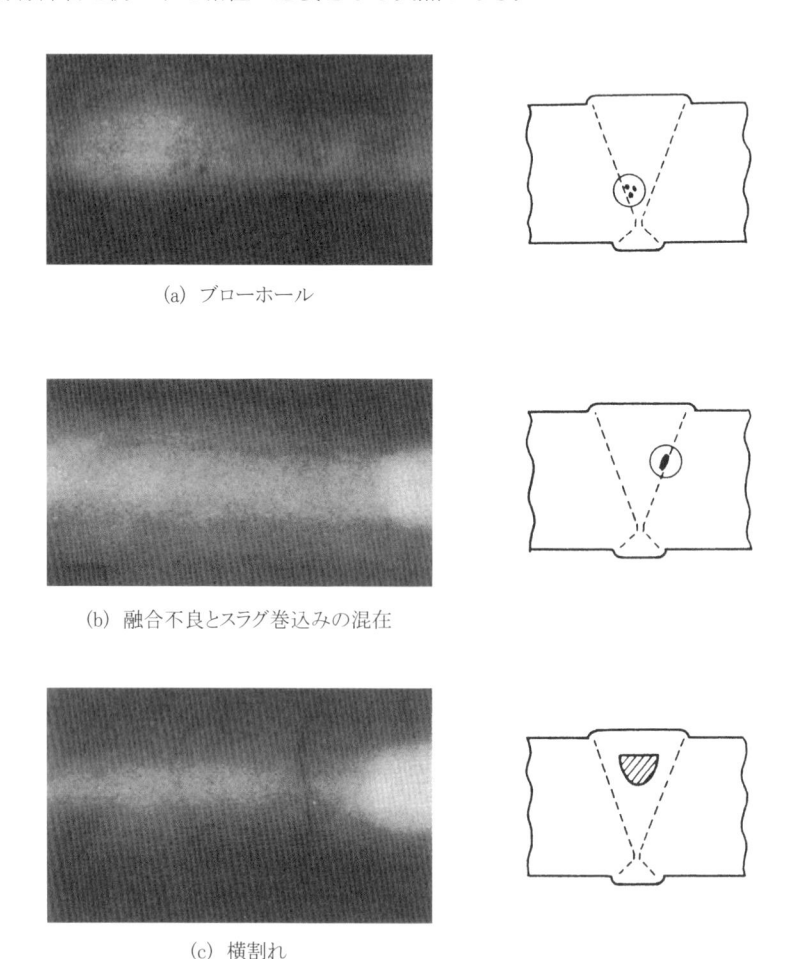

(a) ブローホール

(b) 融合不良とスラグ巻込みの混在

(c) 横割れ

図7.13：透過写真の一例
(出典：溶接学会編「溶接技術の基礎」，産報出版(株)，1990年5月)

[第7章] 建造 **263**

欠陥の種類	特　徴	探　傷　方　法
開先面の融合不良 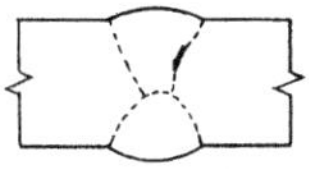	発生位置：開先面 反 射 面：滑らか 方 向 性：開先面と同じ 形　　状：平面状	一探触子法 (1) 周波数：5MHz (2) 屈折角：$\theta = 90° -$ (ベベル角)
層間の融合不良 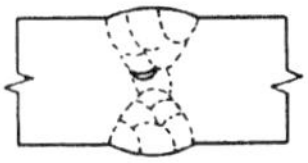	発生位置：層間 反 射 面：やや粗い 方 向 性：探傷面に平行 形　　状：曲面状	一探触子法 (1) 周波数：2MHz (2) 屈折角：40°～50°
内部溶込み不良 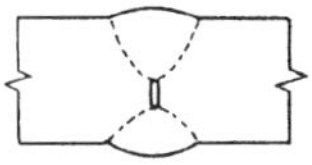	発生位置：ルート部 反 射 面：滑らか 方 向 性：探傷面に垂直 形　　状：平面状	(Ⅰ) タンデム探傷法 (1) 周波数：5MHz (2) 屈折角：40°～50° 　　（板厚が薄い場合は70°） (Ⅱ) 一探触子法 　　（ルート面の高さが2mm以下の場合） (1) 周波数：2MHz (2) 屈折角：70°
片側溶込み不良 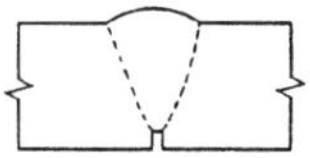	発生位置：ルート部 反 射 面：滑らか 方 向 性：探傷面に垂直 形　　状：コーナ形	一探触子法 (1) 周波数：5MHz (2) 屈折角：40°～50° 　　（板厚が薄い場合は70°）
縦割れ 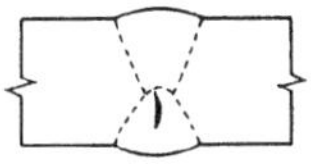	発生位置：溶接部全域 反 射 面：粗い 方 向 性：推定困難 　　（探傷面に垂直が多い） 形　　状：うねりをもった面状	一探触子法 (1) 周波数：2MHz (2) 屈折角：70°
横割れ 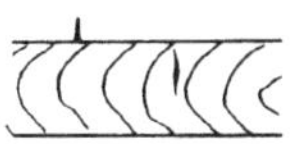	発生位置：表裏面近傍 　　（最終層直下） 反 射 面：粗い 方 向 性：溶接線に垂直 形　　状：うねりをもった面状	斜め平行走査又は溶接線上走査 (1) 周波数：5MHz又は2MHz (2) 屈折角：70°
スラグ巻込み 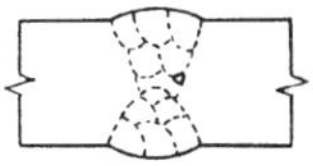	発生位置：開先面及び層間 反 射 面：やや粗い 方 向 性：推定困難 形　　状：複雑	一探触子法 (1) 周波数：2MHz (2) 屈折角：40°～70°
ブローホール	球状欠陥	対象外

図7.14：各種溶接欠陥の特徴と超音波による探傷方法
（出典：溶接学会編「溶接技術の基礎」，産報出版(株)，1990年5月）

7.5.3　超音波探傷試験（UT；Ultrasonic Test）

　超音波探傷試験とは，輪郭のはっきりした音の束となって物体の中を直進し，障害物があると反射するという超音波の性質を利用して，溶接内部の欠陥を検出する試験である．探触子を用いて試験部に超音波を発信し，反射してきた超音波を受信する．図7.14に超音波探傷試験における溶接欠陥の特徴と探傷方法を示す．内部欠陥に反射して返ってくる超音波を受信して，欠陥位置や大きさを調べることが可能である．この計測は，方眼目盛の付いたブラウン管で測定するのが一般的である．放射線透過試験に比べて装置が簡易なものなので手軽に計測でき，欠陥の板厚方向の位置が正確に検出できるが，欠陥の種類を明確に特定できないという欠点がある．

7.5.4　磁粉探傷試験（MT；Magnetic particle Test）

　磁粉探傷試験は試験片を電磁石や通電によって磁化させ，そこに磁粉を散布することによって表面の欠陥を検出する試験である．欠陥が存在すると磁束の流れに変化が生じるため，磁粉を散布すると実際の欠陥の大きさよりも数倍から数十倍の模様を形成する．これによって肉眼で検出することが可能である．ただし**ブローホール**のような円形状の欠陥は，磁粉模様がぼやけたり，形成されない場合がある．また本試験は鋼などの強磁性体にしか適用できないため，オーステナイト系ステンレス鋼やアルミニウム合金には適用不可能である．

7.5.5　浸透探傷試験（PT；Penetration Test）

　浸透探傷試験は，試験部の表面に開口した微細な欠陥を肉眼で検出しやすくするために，浸透液を用いて欠陥を明瞭にする試験である．まず試験部表面の不純物を洗浄液で除去し，染色物質または蛍光物質を溶解させた浸透液を欠陥部に十分に浸透させる．その後，洗浄液で余分な浸透液を除去し，白色微粉末の現像剤を散布して，欠陥部に浸透させた浸透液を明瞭にすることによって，肉眼で検出することが可能となる．また試験体が浸透液に染まったり溶けたりするものでなければ，非金属にも適用が可能である．ただし現像剤が非常に軽い

粉末であるために,換気に十分注意が必要である.また,散布部に軽く触れただけで現像剤が脱落するので注意が必要がある.

【参考文献】

1) 溶接学会:「溶接技術の基礎」,産報出版(株),1990年5月
2) 新版接合技術総覧編集委員会:「新版接合技術総覧」,(株)産業技術サービスセンター,1994年11月

第8章

運航

8.1 復原性資料

　復原性資料は船舶が安全運航を行うために必要な運航資料の一つである．復原性資料には非損傷時および損傷時において安全性を確保するために必要な復原性要件，およびその確認方法が述べられている．

　復原性資料は本船の積付け計画における一般的注意事項，本船の要目，本船が満たすべき復原性基準に付き概説される一般部，計算方法についての具体的解説が行われる部，さらに，標準的積付け状態の計算結果が示される部，および計算に使用する諸データ集をまとめた部で構成される．

　これらの構成は造船所，船主により若干異なるかもしれないが，内容はほぼ同じと思われる．

　一般部の積付け上の注意事項では，計算で使用されるべき本船の軽荷重量，重心，荒天中における船首最小喫水，および本船が満足すべき復原性基準が図，表などを使用して解説される（図8.1）．

　計算方法についての具体的解説部では，本船の喫水から本船の船体撓みを考慮し排水量を計算する方法，本船の積荷重量から本船の排水量，喫水などを計算する方法，および積付け状態での復原性計算方法について計算式を示し説明される．さらに，計算を行う際の計算間違いを防ぐため，造船所が用意する計

(a) 復原力曲線下方の面積は、傾斜角 θ=30° までは、0.055 メートル・ラジアン 以上でなければならない、又、θ=40° まで、または海水流入角 θf が 40° 未満の場合には、その角度までは、0.09 メートル・ラジアン 以上でなければならない。

面 積　A ≧ 0.055　メートル・ラジアン
面 積　A＋B ≧ 0.09　メートル・ラジアン

(b) 傾斜角 30° と 40° との間、または、θf が 40° 未満である場合は 30° と θf との間の復原力曲線下方の面積は、0.03 メートル・ラジアン 以上でなければならない。

面 積　B ≧ 0.03　メートル・ラジアン

(c) 復原てこは、30° 以上の傾斜角度で、少なくとも 0.20 メートル 以上でなければならない。
(d) 最大復原てこは、なるべく 30° を越える傾斜角で生じなければならない。
　　ただし、25° 未満で生じてはならない。
(e) 初期メタセンター高さは、0.15 メートル 以上でなければならない。

θf : 船体、船楼または甲板室における開口であって、風雨密に閉鎖することのできない部分が没水する傾斜角を言う。　本基準を適用の際、浸水が更に拡がらない小開口は、考える必要はない。

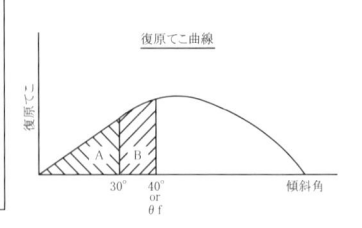

図8.1：復原性基準

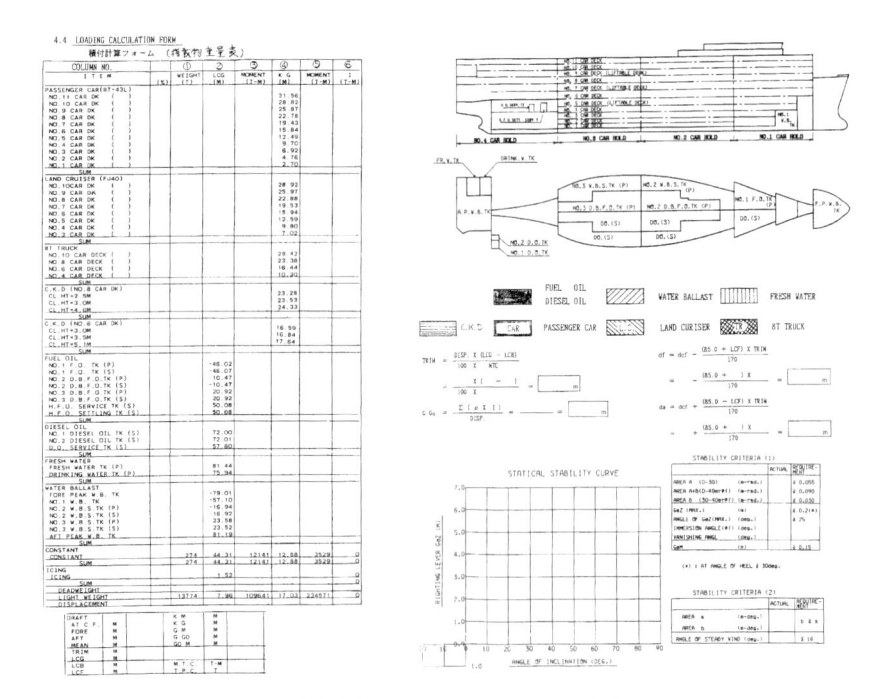

図8.2：積付計算フォーム（出典：NK鋼船規則）

算フォーム（図8.2）が添付されているが，このフォームに従った計算手順および計算例も解説されている．

標準積付け計算結果の部では，積付け状態の適否を本船上で判定する際の計算の手間をできるだけ減らすため，本船の使用条件を考慮して必要と思われる積付け状態，および船主から要望される積付け状態が標準積付け状態として示される．もちろん，これらの標準積付け状態は要求される復原性および縦強度を満足している．

船種，就航航路条件により変わるが，標準積付け状態としては一般的に通常

```
                                                              頁
4.1   トリムによる喫水修正表 ──────────────── D- 2
4.2   排 水 量 等 表 ────────────────── D- 4
4.3   載 貨 重 量 表 ────────────────── D-15
4.4   積付計算フォーム（搭載物重量表）─────────── D-16
4.5   トリムによる排水量修正表 ──────────────── D-17
4.6   船体たわみによる排水量修正表 ────────────── D-19
4.7   海水比重による排水量修正表 ─────────────── D-20
4.8   トリムテーブル ─────────────────── D-21
4.9   トリム－排水量曲線図 ──────────────── D-23
4.10  タンク容積表 ──────────────────── D-25
4.11  乗用車搭載表 ──────────────────── D-28
4.12  C．K．D．容積表 ──────────────── D-31
4.13  タンク容積－KG－I表 ────────────── D-32
4.14  復原力交叉曲線図（KN曲線）─────────── D-35
      （含、海水流入角曲線図）
4.15  喫水及びGoM別復原力曲線図 ───────────── D-36
4.16  横揺周期曲線図 ─────────────────── D-40
4.17  操船見透し距離図 ───────────────── D-41
4.18  風による船体傾斜 ───────────────── D-42
4.19  風の資料 ───────────────────── D-45
4.20  着氷資料 ───────────────────── D-46
4.21  換 算 表 ──────────────────── D-48

     付　録
     1．  載貨重量計算及び復原性試験成績書 ──────── E- 2
     2．  動揺試験成績書 ───────────────── E-16
```

図8.3：積付計算用諸資料目次（出典：NK鋼船規則）

航海時バラスト状態，荒天航海時バラスト状態，満載状態，入渠状態などが含まれている．なお，これらの計算結果は燃料，清水などの航海中に消費される物件の満載状態，90％消費した状態，およびその中間段階の状態につき，それぞれの復原性計算結果が示されている．

　積付け状態の計算用諸資料の例として自動車専用運搬船（PCC）の復原性資料に添付された諸資料の目次を図8.3に示す．これら諸資料には，排水量等表，載貨重量表，船体たわみによる排水量修正表などの積付け状態の計算に直接利用されるもの，および積付け状態の計算には直接使用されないが，本船の運航上必要な情報を得るための資料，たとえば，操船見透し距離図，風による船体傾斜なども含まれている．

8.2　ローディングマニュアル

　一般的に船舶の運航において船の安全を確保するために，最も注意が払われるのは**船体縦強度**である．船体の各部に作用する**縦曲げモーメント**および**剪断力**を船体強度から許容される限度内に止めておく必要がある．縦曲げモーメント，剪断力は船舶の積付け状態により決まる静水中の縦曲げモーメント，剪断力および波浪中の縦曲げモーメント，剪断力により構成される．波浪中の縦曲げモーメント，剪断力を極力少なくするような操船上の配慮は当然必要であるが，静水中の縦曲げモーメント，剪断力が許容値以下になるように積付け計画を行うことは，船舶が安全に航行するための基本的かつ重要な要件である．ローディングマニュアルは，復原性要件を満たす積付け案において静水中の縦曲げモーメント，剪断力が許容値以下になっているかを確認するための手順が述べられている．

　ローディングマニュアルは，積付け状態と船体強度の関係を総括的に把握し，積付けに関する指針を得るための概説部，標準的使用に対応する標準積付け状態の使用における注意事項などの説明部，さらに標準積付け状態と異なる積付けを行う場合の計算法についての説明部に大きく分けられ構成される．復原性資料と同じく，造船所，船主により構成は異なるが，含まれる内容はほぼ同じものである．

[第8章] 運航　**271**

　概説部では本船の主寸法などの一般説明，船体強度面からの積付け上の注意事項，および本船の強度上の静水中縦曲げモーメント，剪断力の許容値が示されている．

　積付け上の注意事項は船種，船舶の設計条件により異なるが，一般的には荒天時の船首船底補強に関する船首喫水制限，各船倉の貨物積高制限，多港積みにおける制限事項，タンク液面高さの制限などが説明されている．

　縦強度上の許容値は船体の指定された位置における許容縦曲げモーメントおよび剪断力につき，外洋航行時，港内航行時のそれぞれについて示される．

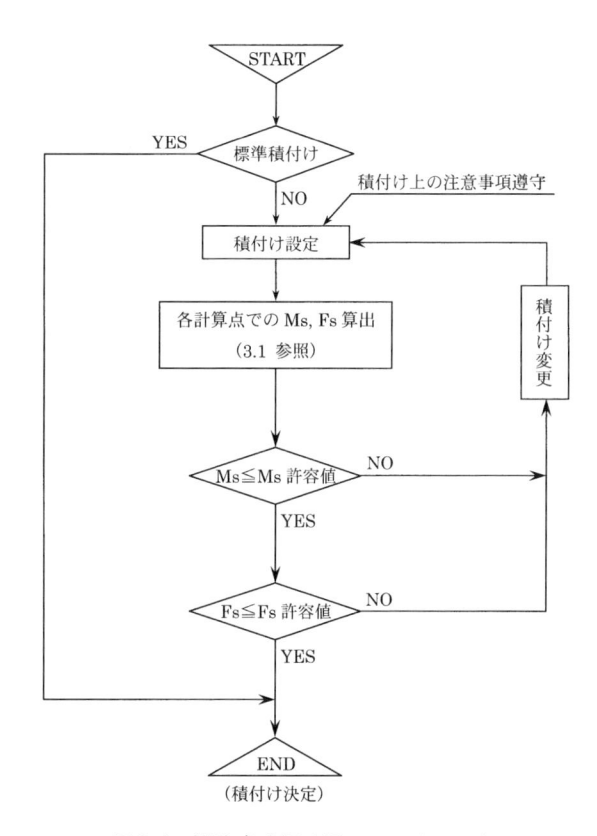

図8.4：縦強度確認手順フローチャート

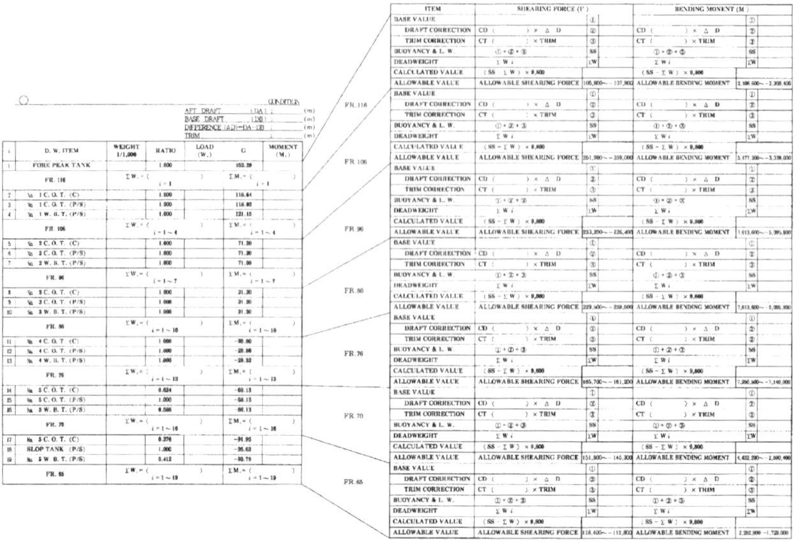

図8.5：縦強度確認フォーム（出典：NK鋼船規則）

ローディングマニュアルには計画積付け状態の縦強度の確認手順を示すフローチャート（図8.4）が示され，このフローチャートにしたがって縦強度の確認が行われる．

また，復原性の確認と同じく，計算の間違いを防ぐため，計算フォーム（図8.5）が添付されており，このフォームを利用すれば船体の確認すべき位置における静水中の縦曲げモーメントおよび剪断力の確認が行えるようになっている．

8.3 運航

8.3.1 用船形態

船の運航形態には裸用船，定期用船，航海用船の3種類がある．

裸用船は新造した船をそのまま第三者に貸し，その賃料をもって収入とする運航形態である．この場合の船主の必要経費は，船の償却費，金利であり，収益は収入（用船料）からこれらの必要経費を除いた分となる．

定期用船は新造した船に乗組員をのせて保険を掛け，その後，第三者に貸して用船料を取る方法である．この場合の船主の必要経費は，船の償却費，金利の他に，保険料，船員費，修繕費，潤滑油費，船用品費などが含まれる．

航海用船は船主が実際に船を運航し，荷主からの輸送料をもって収入とする運航形態である．この場合の船主の必要経費は定期用船の場合に加えて，燃料費，貨物費，港湾使用料などが含まれる．航海用船は一航海毎に荷主と契約する場合もあるが，長期間連続して契約する場合もあり，後者を連続航海用船と呼ぶ．これらの必要経費のうち，船舶を維持するのに必要な，償却費，金利，保険料，船員費，修繕費，潤滑油費，船用品費を船費と呼び，運航する場合に生じる費用である燃料費，貨物費，港湾使用料を運航費と呼ぶ．

8.3.2 必要経費

前項で述べた必要経費の内容についてもう少し詳しく説明する．

償却費：新造船は年々価値が下がっていき，最終的にはスクラップとなる．この資産の減少分を一定の方法で計算し，年度毎に損失として計上する．これを**減価償却費**と呼ぶ．償却費の計算方法は定額法と定率法がある．

定額法は毎年同じ金額を償却していく方法である．

$$減価償却費 = (取得価格 - 残存価格)/耐用年数$$

残存価格とはスクラップにしたときの価格である．

定率法は取得価格から償却費の累計を差し引いた価格，つまり船舶のその時点での価値に，一定の比率をかけて償却する方法である．耐用年数をn年とすると次式にて計算される．

$$(1 - 償却率)^n \cdot 取得価格 = 残存価格$$
$$償却率 = 1 - \sqrt[n]{残存価格/取得価格}$$

ここでいう取得価格とは，新造船の購入船価に乗出し費用を加えたものである．**乗出し費用**は建造期間中に払う金利，船主支給品費用，工務監督および艤装員派遣費用，船舶登録税などである．

金利：船の新造には多額の資金が必要であり，多くの場合は銀行などからの借入金で資金を調達する．これらの借入金や造船所への船価の一部を延払いするときの金利を必要経費として計上する．

保険料：船舶保険および船費保険に必要な費用であり，これらの保険で沈没，座礁，座洲，火災，衝突で生じた船体，機関，属具，燃料，食料などに生じた損害が補償される．

船員料：本船の乗組員，予備船員の給与，退職金，食料費，福利厚生費，船員保険料の会社負担分，船員団体保険料などが含まれる．

修繕費：定期検査，中間検査に必要な検査費用，ドック費用，船体および機関の保守整備費，修繕費などが含まれる．

潤滑油費：主機，補機などに使われる潤滑油の購入費，積込み費用．

船用品費：船内で使用される各種備品，消耗品にかかる費用．

PI保険：PI保険とはProtection & Indemnity insuranceの略で，船舶保険で補償されない第三者に対する賠償責任を補填する保険である．賠償責任は，海面を油で汚染した場合や荷役人夫の人身事故が挙げられる．

燃料費：航海に必要な燃料を購入する費用．

貨物費：貨物の荷役に必要な費用である荷役費や，代理店料，仲介料，船倉の清掃料，ダンネージ費用，カーゴクレームに対する弁償金などが含まれる．

　ダンネージ費用とは貨物が航海中に荷崩れや他との摩擦によって損傷を受けることを予防するための措置に必要な費用のことである．

港湾費：港湾の施設の使用料で，水先料金，トン税，曳船料，岸壁使用料などが含まれ，パナマ運河の通航料もこの項目で計上する．

8.4 船内の職制と担当業務

8.4.1 船内組織

図8.6に代表的な船内組織図を示す．船内の組織はその業務内容によって甲板部，機関部，無線部，事務部に分けられるが，最近では無線部，事務部は甲板部が兼任することが普通である．司厨長のみで司厨部員はいないことも多い．船医のかわりには衛生管理教育を受けた衛生管理者を乗船させる．

船長は各部を統括するが，待遇上は船長と機関長は同格とされ，居室などに差異は無い．また職員のうち，一等航海士，一等機関士，通信長，事務長，船医は**先任士官**と呼ばれ，その他の職員は**次席士官**と呼ばれる．部員においては甲板部と機関部を分けずに運航する例も多い．

これらの職員，部員名称は図面では略記されることが多いので，表8.1に名称と略号をまとめる．現在では他と兼任になってあまり用いられない名称も参考までに記した．

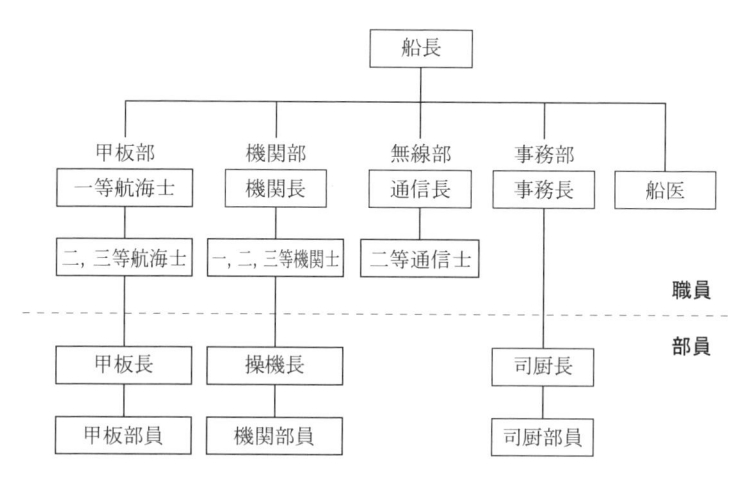

図8.6：船内組織図

表8.1　乗組員の名称と略号

和名	英語名	略号
船長	Captain	Cap.
一等航海士	Chief officer	C/O
二等航海士	Second officer	2/O
三等航海士	Third officer	3/O
甲板長	Bosun	Bos.
甲板部員	Sailor/Seaman	Sail./SM
甲板倉庫手	Deck store keeper	
船匠	Carpenter	
操舵手	Quarter master	
機関長	Chief engineer	C/E
一等機関士	First engineer	1/E
二等機関士	Second engineer	2/E
三等機関士	Third engineer	3/E
操機長	No.1 Oiler	1/Oil
機関部員	Oiler	Oil.
機関庫手	Engine store keeper	
操機手	Oiler	
操缶手	Donkeyman	
機関員	Fireman	
通信長	Chief radio operator	C/Op.
二等通信士	Second radio operator	2/Op.
事務長	Purser	Pur.

8.4.2　担当業務内容

　船長は本船の最高責任者であって，本船の運航上必要な一切の権限を任せられている．各部の所掌分担については，一般的に以下のように分けられている．

甲板部の業務

- 航海に関すること

- 船体の保全に関すること
- 貨物，郵便物に関すること
- 所管の船用物品に関すること
- 清水に関すること
- 水路，港湾に関すること
- 旗章，信号に関すること
- 気象，海象に関すること
- 船内使用時に関すること
- 船内消毒に関すること
- 総員訓練に関すること
- 所管の記録および報告に関すること

機関部の業務

- 機関の運用に関すること
- 機関および所管設備の保全に関すること
- 送電，送気，送水に関すること
- 燃料油，潤滑油に関すること
- 所管の船用物品に関すること
- 船内工作に関すること
- 所管の記録および報告に関すること

無線部の業務（近年では甲板部が兼任する）

- 無線通信の運用に関すること
- 所管設備の保全に関すること
- 公衆無線電報の取り扱いに関すること
- 所管の船用物品に関すること

- 気象情報の発受信に関すること
- 電話業務に関すること
- 所管の記録および報告に関すること

事務部の業務（近年では甲板部が兼任する）

- 経理事務に関すること
- 入出港手続きに関すること
- 乗組員の乗下船事務に関すること
- 文書の取り扱いに関すること
- 官庁認証，届出などに関すること
- 所管の船用物品に関すること
- 託送品に関すること
- 船長および職員の諸用務に関すること
- 船内の庶務に関すること
- 厚生関係備品に関すること
- 所管の記録および報告に関すること

索　　引

【A】

accuracy of alignment　*248*
accuracy of assembly　*248*
accuracy of cutting　*247*
accuracy of fabrication　*248*
accuracy of marking　*247*
AFRA max　*148*
air draft　*16*
alarm equipments test　*94*
aluminium alloy　*211*
anchoring test　*99*
A/R条件　*165*
assembly　*75*
automatic change over test　*102*
automation test　*101*
Average Freight Rate Assessment　*148*

【B】

bale capacity　*52*
ballast condition　*97*
bareboat charter　*144*
bell mouth　*57*
bending roller　*75*
berth schedule　*71*
BHP　*23*
bilge circle　*167*
bilge keel　*37*
block coefficient　*18*
block division planning　*69*
block painting　*82*

block system　*69*
body plan　*167*
bonus　*162*
Brake Horse Power　*23*
breadth　*18*
building berth　*70*
building slip　*70*
bulbous bow mark　*223*
bulkhead　*33, 71*
buttock line　*167*

【C】

C＆F契約　*166*
cabin arrangement　*34*
capacity table　*170*
Cape size　*150*
cargo line　*79*
cargo ship　*151*
cavitation test　*42*
C_f　*185*
CFD　*24, 171*
CGRT　*158*
charter　*142*
charterer　*12*
charter rate　*14*
CIF契約　*166*
classification society　*16*
clear height　*232*
CO_2溶接　*255*
COA　*146*

cold working　75
compartment painting　82
Compensated Gross Registered Tonnage　158
Computational Fluid Dynamics　24, 171
construction profile　201
C_p カーブ　37
crash astern and ahead test　100
crash stop test　99
critical speed zone quick pass control test　101
cross curves and flooding angle　170
cutting line　75
cutting plan　62, 73

【D】
damage stability　23, 41
deadweight　13, 96, 156
deck height　232
delivery　24
depth　18
direct calculation　36
displacement　155
displacement correction table　170
dock　70
dock spec.　121
draft　18
draft mark　89, 223
dry cargo　13
dry dock specifications　121
Dunkerque max　150

【E】
Effective Horse Power　23
EHP　23
electrical load analysis　65

endurance running test　100
energy saving apparatus　25
engine monitor test　95
engine room fire alarm test　103
engine room unmanned test　102
equipment number calculation　42
erection　77
exciting force　212

【F】
fairing　169
fatigue strength　207
FEM　36
FEU　13
finished plan　66
Finite Element Method　36
FOB契約　166
FOC (Flag Of Convenience)　115
FOC (Fuel Oil Consumption)　18, 100
FPA条件　165
FPSO　135
frame　25, 73
frame line　37, 167
free water effect　23
freeboard　23, 42
freeboard mark　89, 222
freight conference　146
Froude number　18
FRP　211
full load condition　97
funnel mark　224

【G】
GA (General Arrangement)　33
GA (General Average loss)　164
gas cutting　75
gas free　122

索　引

generator load test　94
GM　53
grace　161
grain capacity　52
grand assembly　75
gross tonnage　14, 157
guarantee claim　110, 112
guarantee dock　113
guarantee engineer　110
guarantee items　30
guarantee speed　24
Guldhammer図表　23

【H】
Handbook for shipboard Airborne Noise Controlによる手法　226
handy bulker　149
handy max　150
hawse pipe　57
heating line　79
Hess and Smith法　175
high tensile strength steel　125, 209
hot working　75
hull lines　34
hydrostatic calculation　19
hydrostatic table　52
hydrostatic test　88

【I】
IACS　16
ICLL 1966　54
IGCコード　210
ILO第92号条約　233
ILO第133号条約　233
IMO　15, 224
inclining test　251
initial design　24

inquiry specification　44
inspection certificate　87
intact stability　23
International Association of Classification Societies　16
International Convention for the Safety of Life at Sea　15, 139
International Convention on Load Lines, 1966　54, 139
international convention on Standards of Training, Certification and Watchkeeping for seafarers　115
International Maritime Organization　15
International Purchasing　44
international tonnage　54
IP　44
ISM code　106

【J】
Japan Shipbuilding Quality Standard　87, 248
J.H.Jansenの方法　226
JSQS　87, 248

【K】
keel laid　77
key plan　54
KG　251
knot　13

【L】
Lake size bulker　150
landing　73
launching　78
length　18
Letter of Intent　29

L/I *29*
lighting equipments test *94*
lightweight *156*
lightweight measurement *251*
line heating robot *75*
lines *19, 73*
Load Line条約 *139*
loading & stability information *52*
loading manual *96*
local strength *207*
longitudinal center of buoyancy *18*
longitudinal strength *19, 43, 204*
longitudinal strength member *205*
L_{pp} *167*

【M】
M/A *64*
machinery arrangement in engine room *64*
magnetic compass adjustment *99*
Magnetic particle Test *264*
main engine *71*
main engine automatic slow down test *102*
main engine emergency trip test *102*
main engine facing up *100*
main engine shop trial *91*
main engine starting test *100*
maneuverability *25*
maneuvering test *99*
Maritime Union of Australia *51*
marking *75*
MARPOL73/78条約 *140*
measurement of principal dimension *88*
MIC *129*
Microbial Influenced Corrosion *129*

MIDP *188*
midship form *19*
midship section *201*
mild steel *208*
mill scale *74*
minimum revolution measurement test *101*
MMGモデル *178*
mock-up *58*
mold loft *73*
mooring trial *92*
mould displacement *52*
MT *264*
MTC *53*
M.U.A. *51*

【N】
navigation bridge visibility *233*
NCプラズマ切断機 *75*
NCマーキン機 *75*
NCレーザー切断 *75*
negotiation *38*
nesting *73*
net tonnage *157*
No Cure No Pay *166*
noise *97, 224, 233*
non-destructive test *261*
Normal Service Output *214*
NSソルバー *176*
NSO *214*
numerical controlled laser cutting *75*
numerical controlled marking machine *75*
numerical controlled plasma cutting machine *75*

【O】
OCIMF 116
officer 15
Oil Companies International Marine Forum 116
OMBO 32
on board maintenance crew (team) 118
on board outfitting 81
One-Man Bridge Operation system 32
open tender 11
operator 143
ordinate 167
outfitting 79
outline specifications 27
owner 11, 143

【P】
painting schedule 62
painting shop 83
Panama Canal Authority 51
Panamax 149
passenger ship 151
P.C.A. 51
Penetration Test 264
PI保険 163, 274
piping 71
piping diagram 31, 61
piping practice 89
pitting corrosion 122
PMM試験装置 172
power curve 23
preliminary arrangement 27
preliminary general arrangement 27
press 75
principal dimensions 18
principal particulars 27, 30
profile 167
profiling of keelline 89
program load up and down test 101
propeller immersion 19
propeller racing 19
PT 264
purchase order specification 45

【R】
Radiographic Test 261
radio survey 95
ratings 15
register of ship 12
reject line 161
remote control & control position change over test 101
Richards Bay 150
riding squad 118
roll margin 25
RT 261

【S】
scantling calculation 43
scantling plan 54
Schneekluth's duct 191
sea keeping performance 25
sea margin 13
sea trial 96
sectional area curve 168
self-propulsion factors 37
shaft center sighting 71
shaft torsional vibration measurement 101
shell expansion 203
Ship Inspection Report Exchange 116
Ship Management Agreement 106

ship manager 106
shipping conference 146
shop primer 74
short list 29
shot blast 74
sighting of alignment 91
SIRE 116
slamming 23
S.M. 186
SMA 106
SOLAS 15, 139
sounding table 52
specifications 30
speed trial 97
SRB 129
SRCC 165
SSBC 165
SSD 188
stability calculation 19
station 167
STCW 115
steel storage yard 74
steering test 99
St. Lawrence max 14
St. Lawrence Seaway 150
strength calculation 43
sub assembly 75
sub-standard ship 15
Suez max 148
Sulfur Reducing Bacteria 129
superintendent 108
SURF-Bulb 189
survey 113

【T】
tank capacity table 52
tank test 24, 171

tariff 146
Taylor図表 23
teething problem 112
tender specifications 11
TEU 13
Thermo Mechanical Controlled rolling Process 209
thoretical method 184
time charter 144
TKM 53
TMCP 209
TPC 52
transverse strength 205
trim & stability calculation 41
trimming table 170
trip charter 145
turning circle test 99
type ship 18

【U】
ULCC 147
Ultrasonic Test 264
upper deck illumination test 103
UT 264

【V】
Vapour Phase Inhibitor 221
ventilation diagram 61
vibration measurement 97
VLCC 147
voyage charter 145
V.P.I. 221

【W】
WA条件 165
water line 167
Wave-Guide法 227

索　引　**285**

welding length　*71*
wet cargo　*13*
WID　*191*
wiring diagram　*66*
wiring inspection　*93*
world scale　*146*

【Y】
yard plan　*54*

【Z】
Z試験　*99*
zigzag test　*99*
zinc anode　*31*

【あ】
亜鉛陽極　*221*
厚塗り型塗料　*219*
アノード　*221*
アフラマックス　*14, 148*
アルキド樹脂塗料　*220*
アルミニウム合金　*211*
アルミニウム陽極　*221*
アンバランスフォース　*212*

【い】
異種金属（接触）腐食　*218*
板繰り　*74*
板継ぎ溶接　*76, 259*
一次表面処理　*219*
一般配置図　*33*
一品検査　*85*
一品図　*80*
イニシャルコスト　*18*

【う】
ウェットカーゴ　*13*

裏当て材　*259*
裏波　*259*
運河トン数　*157*
運航委託契約　*145*
運賃同盟　*146*
運賃表　*146*

【え】
エアドラフト　*16*
エアレススプレー塗装機　*220*
曳引台車　*172*
曳航水槽　*172, 181*
エクソンバルディス号　*133, 140*
エネルギースペクトル法　*181*
エレクトロガス溶接　*259*
沿海　*14, 152*
遠隔操縦及び遠隔操縦場所切換え試験
　　101
塩化ゴム樹脂塗料　*220*
エンジンモニタ試験　*95*
遠洋　*14, 152*

【お】
応札　*27*
往復動内燃機関　*235*
応力腐食　*217*
大組立　*75*
大組立日程　*71*
オーストラリア港湾荷役に関する船舶設
　　備　*51*
オーナー　*143*
オーバーパナマックス　*149*
オープンテンダー　*11*
押出形材　*211*
オゾン層　*241*
オペレータ　*143*
音圧レベル　*226*

【か】

海運同盟　146
外観検査　261
海上安全委員会　141
海上運送契約　145
海上試運転　66, 96
海上における人命の安全のための国際条約　139
海上保険　162
海水打ち込み　180
外板展開図　43, 203
外部電源防食法　221
海洋環境保護委員会　141, 240
概略仕様書　27
概略配置図　27
回流水槽　172
角水槽　181
確認書　29
隔壁配置　33
確約書　29
加工開始　74
加工精度　248
加工日程　71
可視化試験　174
ガス切断　75
ガスタービン機関　238
形鋼　210
型排水量　52
片面サブマージアーク溶接　259
片面自動溶接機　78
貨物海上保険　163
貨物船　13, 151
貨物倉容積　52
貨物積付要領書　96
貨物費　274
仮止め　78
簡易自動溶接　75, 258

管艤装設計　58
乾舷　23
乾舷計算書　42
乾舷標　222
乾舷標取付検査　89
完成検査　85, 90
完成図書　66

【き】

気化性防錆材　221
機関艤装　26, 79
機関艤装設計　63
機関室火災警報試験　103
機関室長さ　19
機関室配置　64
機関室配置図　34
機関室無人化運転試験　102
機関部　277
危急停止試験　99
起工　77
起工日　244
旗国　141
基準電極　221
基準排水量　155
起振力　212
犠牲陽極　220
犠牲陽極法　221
艤装工事　79
艤装数計算書　42
艤装設計　26
喫水　18
喫水標　223
喫水標取付検査　89
基本計画　18
基本構造図　54
決め方　77
客船　13

索引　**287**

ギャップ　77
キャビテーション　218
キャビテーションエロージョン　218
キャビテーション現象　172
キャビテーション試験　42, 174
キャビテーション水槽　172
ギャランティクレーム　110, 112
境界層方程式　175
共振　212
共同海損　164
強度解析モデル　44
強度計算書　43
局部強度　207
居住区配置図　33, 231
渠中位置決め検査　87
切図　73
近海　14, 152
金利　274

【く】
空気音対策法　226
区画艤装　82
区画塗装　82
組立ブロック精度　248
グラビティ溶接　257
グレース　40, 161
黒皮　74

【け】
軽荷重量　18, 156
軽荷重量査定　66, 96, 251
軽荷排水量　18
傾斜試験　66, 96, 251
形状抵抗係数　184
警報装置試験　94
係留運転　92
ケープサイズ　14, 150

罫書　75
罫書精度　247
化粧煙突マーク　224
減価償却費　273
検査の強化プログラム　130
現図　73
建造許可　45
建造線表　71, 243
限定沿海　14, 152
限定近海　14, 152

【こ】
航海保険　163
航海用船　273
航海用船契約　145
航行区域　14, 151
鋼材検査　86
鋼材検査証明書　87
鋼材配置図　43, 201
鋼材発注日程　71
鋼材ヤード　74
工作図　73
工作精度　246
高所作業車　78
構造詳細図　54
構造図　54
構造設計　25, 54
高速船　154
高速船コード　154
高張力鋼　31, 125, 209
甲板間高さ　232
甲板部　276
港湾費　274
国際安全管理コード　106
国際海事機関　15
国際ガス船規則　210
国際航海　154

国際船級協会連合　16
国際総トン数　54
国際大気汚染防止証書　242
国際調達　44
国際満載喫水線条約　54
小組立　75
小組立日程　71
コスタバルブ　194
固体音　224
固定定盤　72
個品運送契約　145
固有振動数　213
混乗　106
コンテナ保険　163
コンバインド方式　200
コンベアー定盤　72

【さ】

差厚プレート　210
サーフェスフォース　212
載貨および復原性資料　52
載貨重量　13, 156
最大搭載人員　15
最低回転数試験　101
砕波抵抗　174
再用船　144
材料検査　85
サブスタンダード船　15, 115, 141
サブマージアーク溶接　256
サルベージ・ロス・セトルメント　164
3次元外挿法　173
酸性雨　240
サンドブラスト　219

【し】

シーマージン　13, 186
磁気羅針儀自差修正　99

軸系ねじり振動危険回転数域自動回避試験　101
軸系ねじり振動計測　101
軸芯見透し　71, 91
仕組船　106
自航試験　172
自航要素　37, 186
自己研磨性　219
次席士官　275
自動化設備試験　101
自動溶接法　257
磁粉探傷試験　87, 264
事務部　278
社内検査　86
重査　251
自由水影響　23
修正総トン数　158
修繕費　274
主機関　235
主機関危急停止装置作動試験　102
主機関自動減速装置作動試験　102
主機関の陸上運転　91
主機始動試験　100
主機摺合せ運転　100
出力推定計算　23
主電路系統図　66
主要寸法　18
主要補機自動切換え試験　102
潤滑油費　274
純トン数　157
省エネ付加物　25, 187
蒸気タービン機関　237
償却費　273
上甲板照度試験　103
詳細性能計算　51
仕様書　30
承認申請図　50

索引　**289**

承認図　42
照明装置系統図　66
照明装置試験　94
剰余抵抗　173
ショートリスト　29
諸管工作法　89
初期一般配置図　27
職員　15
ショットブラスト　74, 219
ショッププライマー　74, 219
進水　78
進水日　244
靭性規格　209
新制御圧延　209
振動計測　97, 214, 215
振動推定　213
振動対策　216
浸透探傷試験　87, 264
振動の評価基準　215
振動モード　213
針路安定性　177

【す】
水圧検査　88
スイープテスト　214
推進効率　186
水線面積係数　167
水槽試験　23, 24, 42, 171
推力減少率　186
数値流体力学　171, 174
数量輸送契約　146
スエズマックス　14, 148
すきま腐食　218
スクラップ　25, 135
スタンション治具　76
スチールショット　219
ステップアップテスト　214

ストライプコート　219
ストリップ法　181
隅肉溶接　76, 258
スラグ　255
スラミング　23, 44, 180
スロッシング　44

【せ】
制動馬力　23
性能設計　23
性能保証　161
性能要素　184
接水振動　215
切断精度　247
切断線　75
繊維強化プラスチック　211
船員の訓練及び資格証明並びに当直の基準に関する国際条約　115
船員料　274
旋回性　177
旋回力試験　99
船殻重量　25, 35
船価見積　26
船級維持　113
船級協会　16
船級検査　86
船型設計　24
先行艤装　79
前後進試験　100
船後の効率　186
船主　11
船主打合せ　38
船主検査　86
船主責任保険　163
船首マーク　224
線状加熱ロボット　75
線図　19, 37, 42, 167

船籍　12
船籍港マーク　222
船速　13
船側マーク　224
全損　164
船台　70
船体運動　180
船台期間　244
船体艤装　26, 79
船体構造検査　87
船体構造材料　208
船体構造図面　200
船体主要寸法計測検査　88
船体振動　212
船体縦強度　270
船体抵抗の相関係数　184
船体の各種タンク容積表　52
船体用鋼板　208
前端入射角　167
剪断力　204, 270
船底キール見透し　89
船底勾配　167
セントローレンス水路　150
セントローレンスマックス　14
船内艤装　81
船内騒音　224
船内組織　275
先任士官　275
船舶管理会社　106, 143
船舶戦争保険　163
船舶による汚染の防止のための国際条約　140
船舶の操縦性基準　178
船舶のトン数測度に関する国際条約　157
船舶のトン数の測度に関する法律　157
船舶不稼動損失保険　163
船舶保険　163

船尾端バルブ　189
線表　243
船名　222
船用品費　274

【そ】
騒音　233
騒音計測　97
騒音レベル　224
相関係数　184
総組立　75
総組立日程　71
総合設計　18
総合日程　244
相似則　172
操縦性能　25, 177
操縦性能試験　99, 178
造船契約　40, 158
操舵試験　99
操舵室前方見通し　233
総トン数　14, 157
造波装置　172
造波抵抗　173
速力試験　23, 97, 100
続航試験　100
損傷時復原性　23
損傷時復原性計算書　41
損率　164

【た】
タールエポキシ樹脂塗料　219
第1種船　154
耐航性能　25, 180
第3種船　154
タイタニック号　139
第2種船　154
タイプシップ　18

索　引　**291**

第 4 種船　*154*
タクト生産　*75*
ダクトプロペラ　*188*
タグボートプッシングマーク　*223*
縦強度　*204*
縦強度計算　*19*
縦強度計算書　*43*
縦強度部材　*205*
縦曲げモーメント　*204, 270*
立て向き突合溶接機　*78*
短期応答　*182*
タンク測深表　*52*
タンクディビジョンマーク　*223*
タンク配置　*33*
タンク割り　*19*
ダンケルクマックス　*150*
短国際航海　*154*
炭酸ガスアーク溶接　*255*
タンデム片面 CO_2 溶接　*260*
単独海損　*165*
単独海損担保　*165*
単独海損不担保　*165*
単板工法　*76*

【ち】

チャーターバック　*144*
チャーターレート　*14*
中央横断面形状　*19*
中央横断面図　*201*
中央横断面積係数　*167*
柱形係数　*167*
注文仕様書　*45*
超大型タンカー　*147*
超音波探傷試験　*87, 264*
長期予測　*182*
直接強度計算　*203*
直接計算　*36*

【つ】

追従性　*177*
通風系統図　*61*

【て】

ディーゼル機関　*235*
低温用鋼材　*210*
定期航路　*146*
定期航路事業　*143*
定期用船　*273*
定期用船契約　*144*
抵抗係数　*184*
抵抗試験　*172*
テーパープレート　*210*
鉄艤装設計　*55*
電気化学腐食　*217*
電気艤装　*26, 79*
電気艤装設計　*65*
電気防食　*31*
電子写真野書　*247*
天井高さ　*232*
テンダースペック　*11*
伝達効率　*186*
電力調査表　*42, 65*

【と】

統計的エネルギー解析法　*227*
搭載　*77*
搭載ネットワーク　*245*
投揚錨試験　*99*
塗装　*82*
塗装完成検査　*90*
塗装工場　*83*
塗装設計　*62*
塗装前検査　*90*
塗装要領図　*62*
ドック　*70*

ドック工事仕様書　121
ドライカーゴ　13
トランススペース　25
トランス方式　25, 197
取付け　77
取付図　80
取付精度　248
トリムおよび復原性計算書　41
トリム計算　19
トンネージマーク　224
トンネル船尾　188

【な】
内業工場　74
長さ　18
流れの可視化　172
ナビエ・ストークス方程式　176
軟鋼　31, 208

【に】
2次元外挿法　173
二次表面処理　219
二重船殻構造　140
二重反転プロペラ　188
日程計画　71
荷主　12
日本鋼船工作法精度基準　87, 248
入級　45

【ね】
ネゴ　38
ネスティング　73
熱間加工　75
燃料消費量　18
燃料消費量計測　100
燃料費　274

【の】
ノット　13
乗り心地　181, 212
乗出し費用　273

【は】
π形材　211
配管系統図　31, 61, 228
配材ロボット　75
排出ガス規制　240
排水量　13, 155
排水量等曲線図　169
排水量等表　52
配線検査　93
ハイテン材　125
ハイテン問題　125
ハイドロ計算　19, 169
ハイドロテーブル　170
パイプユニット　80
パイロットラダーマーク　223
波形解析　174
裸用船　272
裸用船契約　144
発電機負荷試験　94
パナマ運河当局　51
パナマックス　14, 149
幅　18
バラスト状態　97
パリMOU　115
馬力曲線　23
馬力推定　183
バルクキャリア構造安全強化　130, 133
バルクヘッドマーク　223
バルバスバウマーク　223
バルブプレート　210
波浪荷重　180
ハンディーバルカー　149

索 引 **293**

ハンディーマックス　150
伴流　173
伴流の相関係数　184
伴流分布計測　173
伴流率　186

【ひ】
引合　11
引合仕様書　44
引き渡し　24, 105
引渡し遅延　162
引渡日　244
非損傷時復原性　23
非対称船尾　188
非破壊検査　87, 261
被覆アーク溶接　254
被覆剤　254
標準グレード　39
ビルジキール　37
ビルジサークル　167
ビルトアップ材　210
疲労強度　207
疲労限界　218
疲労破壊　218

【ふ】
部員　15
フェアリング　73, 169
深さ　18
復原性計算　19
復原性資料　267
復原てこ　170
部材計算書　43
部材表　73
腐食疲労　218
浮心　18, 167, 169
不定期航路　146

不定期航路事業　143
不等辺山形鋼　210
船会社　142
フラックス　254
ブリーチドエポキシ樹脂塗料　220
プリズマティック曲線　168
フルード数　18
ブレイトンサイクル　238
フレームスペース　25
フレームライン　24, 37, 168
プレス　75
ブローホール　264
プログラム増減速試験　101
ブロック艤装　79
ブロック組立　75
ブロック建造法　69
ブロック構造検査　87
ブロック塗装　82
ブロック分割　69
プロペラ効率比　186
プロペラ設計　185
プロペラ単独効率　186
プロペラ単独試験　174
プロペラボスキャップ　195
プロペラ没水率　19
プロペラレーシング　180
分損　164
分損担保　165
分損不担保　165

【へ】
ベアリングフォース　212
平水　14, 152
平板摩擦抵抗式　184
ペナルティ　40, 161
ヘリコプターマーク　223
ベルマウス　57

便宜置籍船　115, 141
ベンディングローラー　75

【ほ】
防汚塗料　219
方形係数　18, 167
放射雑音　224
放射線透過試験　87, 261
防蝕亜鉛　31
防食電位　221
ホースパイプ　57
ホールド割り　19
補機ユニット　80
保険料　274
保証期間　112
保証技師　110
保証項目　30, 40, 161
保証速力　24
保証値　40
保証ドック　113
ポテンシャル流れ　176

【ま】
毎センチメートルトリム変化モーメント
　　52
毎センチメートル排水トン数　52
摩擦抵抗　173
摩擦抵抗係数　185
マスタースケジュール　245
マルシップ方式　107
満載喫水線に関する国際条約　139
満載状態　97

【み】
ミルシート　208

【む】
無機ジンクプライマー　219
無線検査　95
無線部　277

【め】
メーカーリスト　41
メタセンタ　168, 169
目違い　77

【も】
木艤装設計　61

【や】
山付け　74

【ゆ】
有限要素法　36, 203
有効馬力　23
ユニット艤装　79

【よ】
溶解酸素量　217
溶剤揮発乾燥型塗料　220
溶接長　71
溶接トーチ　255
溶接ロボット　75, 260
用船　144
用船形態　272
用船契約　144
用船者　12
要目表　27
溶融亜鉛メッキ　220
横強度　205
横強度部材　205
横メタセンタ高さ　53

【ら】

ラインズ　*19*
ランキンサイクル　*237*
ランニングコスト　*18*

【り】

リアクションフィン　*190*
リードタイム　*244*
離散化　*175*
リジェクトライン　*161*
リチャーズベイ　*150*
粒界腐食　*218*
流線観測　*174*
流電陽極防食法　*221*
旅客　*151*
旅客船　*13, 151*

【る】

ルール計算　*203*

【れ】

冷間加工　*75*
レークサイズ　*150*
レーシング　*19*

【ろ】

ローディングマニュアル　*270*
ロールマージン　*25*
ロンジ先付け工法　*76*
ロンジ方式　*25, 197*
ロンドン・タンカー・ブローカーズ・パネル　*148*

【わ】

ワークマンシップ　*41*
ワールドスケール　*146*
枠組み工法　*76*

ワンサイド溶接　*259*
ワンマン・ブリッジ・オペレーション　*32*

ISBN978-4-303-52800-3

船—引合から解船まで

2007年 9月20日　初版発行　Ⓒ The Kansai Society of Naval Architects, Japan 2007
2020年 3月10日　5版2刷発行

編　者　関西造船協会編集委員会　　　　　　　　　　　　　　　　　　　　検印省略

発行所　公益社団法人 日本船舶海洋工学会
　　　　東京都港区芝大門2-12-9（〒105-0012）
　　　　電話 03-3438-2014・2015　FAX 03-3438-2016
　　　　https://www.jasnaoe.or.jp/

発売元　海文堂出版株式会社
　　　　東京都文京区水道2-5-4（〒112-0005）
　　　　電話 03-3815-3291(代)　FAX 03-3815-3953
　　　　http://www.kaibundo.jp/

PRINTED IN JAPAN　　　　　　　　　　印刷　東光整版印刷／製本　ブロケード

JCOPY <(社)出版者著作権管理機構 委託出版物>

本書の無断複写は著作権法上での例外を除き禁じられています．複写される場合は，そのつど事前に，(社)出版者著作権管理機構(電話03-3513-6969, FAX 03-3513-6979, e-mail: info@jcopy.or.jp)の許諾を得てください．